U0143074

新能源材料与化学实验

何 平 主编

穆晓玮 钟 苗 周 林 副主编

科 学 出 版 社

北 京

内 容 简 介

本书是新能源材料与化学领域的实验教材。全书共六章，包括实验安全和仪器使用规范、电化学储能材料基础实验、可再生能源的转化和利用实验、二氧化碳的捕捉与转化实验、新能源器件制备实验、原位测量技术实验，附录中还介绍了大型仪器的原理和使用规范。本教材所设计的 39 个教学实验涵盖了新能源科学与技术所涉及的可再生清洁能源(太阳能、氢能等)、电化学能源技术(动力电池、储能电池和燃料电池等)、碳捕捉和转化以及关键能源材料提取回收等科研和产业方向，力求立足基础，覆盖全面、贴近前沿。

本书可作为高等学校新能源科学与工程、新能源材料与器件、材料、化学、化工及相关专业的研究生和高年级本科生的教材和参考用书，也可供相关领域的研究人员和工程技术人员使用。

图书在版编目(CIP)数据

新能源材料与化学实验 / 何平主编. —北京：科学出版社，2024.7

ISBN 978-7-03-073474-7

Ⅰ. ①新… Ⅱ. ①何… Ⅲ. ①新能源-材料科学-应用化学-化学实验 Ⅳ. ①TK01-33

中国版本图书馆CIP数据核字(2022)第191883号

责任编辑：张 析 杨新改 / 责任校对：杜子昂
责任印制：徐晓晨 / 封面设计：东方人华

科 学 出 版 社 出版
北京东黄城根北街 16 号
邮政编码：100717
http://www.sciencep.com
北京九州迅驰传媒文化有限公司印刷
科学出版社发行 各地新华书店经销
*
2024 年 7 月第 一 版 开本：720 × 1000 1/16
2024 年 7 月第一次印刷 印张：22
字数：432 000
定价：88.00 元
(如有印装质量问题，我社负责调换)

本书编委会

主　编　何　平

副主编　穆晓玮　钟　苗　周　林

编　委（按姓氏笔画排序）

王永刚　　复旦大学

冯宁宁　　常熟理工学院

朱　嘉　　南京大学

刘建国　　华北电力大学

肖　飞　　力神电池(苏州)有限公司

何　平　　南京大学

张晓禹　　江苏大学

周　林　　南京大学

周豪慎　　南京大学

郑　波　　南京晓庄学院

郑明波　　南京航空航天大学

赵相玉　　南京工业大学

胡小鹏　　南京大学

钟　苗　　南京大学

夏　晖　　南京理工大学

郭少华　　南京大学

韩　民　　南京大学

谭海仁　　南京大学

穆晓玮　　南京大学

前　言

　　努力实现碳达峰、碳中和目标(简称"双碳"目标)是我国政府深思熟虑后做出的重大战略部署，也是我国应对世界气候变化做出的庄严承诺。实现"双碳"目标是一场广泛而深刻的经济社会变革，其深层次问题是能源问题。发展以风能、太阳能为代表的新型清洁能源替代化石能源是实现"双碳"目标的主导方向。

　　高技术集中的新能源产业已经成为推动全社会产业革新和技术进步的源动力之一。开发与利用新能源的首要前提是新能源科技的发展和新能源领域优秀人才的培养。高等学校作为基础和应用基础科学研究的主力军和高级人才培养基地，应主动承担这一任务。本人于 2011 年底回国赴南京大学工作，并于次年在现代工程与应用科学学院参与建立能源科学与工程系。该系于当年招收新能源科学与工程专业本科生。此后，本人一直给新能源专业本科生与研究生讲授相关专业基础理论课程并指导能源科学实验的教学工作。新能源科学与技术的发展需要物理、材料、化学等多学科交叉融合。南京大学的新能源专业主要包括可再生清洁能源(太阳能、风能、氢能等)、电化学能源技术(动力电池、大规模蓄电、燃料电池等)、二氧化碳捕捉与转化及关键能源材料提取回收等方向。该专业的学生不仅要学习理工科学生必修的公共基础课程，还要掌握多学科尤其是能源科技的核心——新能源材料与能源化学方面的基本理论知识。此外，尤为重要的一点，作为一门以实验为主的学科，以及与生产应用紧密结合的专业，还要求学生掌握与新能源相关的材料与化学的实验操作技能，熟悉能源转化与存储器件的原理、设计制备和测量评估方法。并通过科学实验的实践过程，将前序理论课程吸收消化并融会贯通。

　　基于这一目的，本人以多年来在南京大学主讲的"新能源科学基础实验"和"新能源器件与工艺实验"讲义为基础，重新修订与扩充，编写了本教材。以关键新能源材料为对象，以能源化学的理论和方法为核心，形成了以"可再生能源转化利用"——"电化学能量存储"——"二氧化碳消减利用"为主线的编写思路。本教材覆盖了"双碳"目标下的能源科学的主要领域，包括电化学能量存储中的锂离子/锂金属电池、全固态电池、空气电池；可再生清洁能源中的太阳能光、热利用，氢制备和利用；二氧化碳捕捉与转化中的二氧化碳光/电催化还原等。再者，为了学生能够应对未来科学研究和生产实践中的挑战，我们编写了新能源器件制备实验和新能源体系的原位测量实验。并向读者介绍多种实用的关键技术，包括离子扩散系数测量计算、电极系统的电池/电容行为解析、色谱数据的内/外标法处理、X 射线衍射图谱数据精修、原位气相质谱分析、原位拉曼光谱解析、固态核磁共振谱解析等。我们在每一个教学实验章节中都介绍了该实验的目的、基本原理和技术背景，并给出详细的实验方法与步骤。最后还附上相应的思考与讨论题。由于本教材主要面向新能源类专业高年级本科生和研究生，所以已经在化学基础实验和材料基础实验中涉及的常规实验内容并未在本书中体现。可见本教材虽然力求对于新能源材料和化学方面的重要选题进行全覆盖，但也不求面面俱到。

此外，近年来新能源材料与化学领域的研究突飞猛进，新的研究方向和实验技术层出不穷。结合南京大学能源科学与工程系在新能源领域的研究特色，吸收学术前沿领域的研究成果，将诸如钙钛矿太阳能电池、分步电解水制氢、锂电池回收技术、核磁共振谱观测离子输运、人工智能(AI)机器学习方法与高通量筛选等实验编入本教材中。这些都体现了本教材立足基础，覆盖全面、贴近前沿的特色。值得一提的是，在新能源科技领域，不论是实验室的教学和科研，还是产业化的生产实践，都需要安全规范来保驾护航。我们认为安全第一的思维烙印应该从学生时代就铭刻于心。作为一本好的专业实验教材，除了传授学生专业知识，还应给学生灌输"尊重生命"和"敬畏规章"的理念。因此我们在教材的初始章节中，编入了材料和化学实验室应该严格遵守的安全守则与操作规范。这是我们多年实验室管理与科研实践的经验与教训的归纳总结。相信我们的工作对实验室的安全教育做出了实实在在的努力。

本教材的编写离不开整个编写团队的努力。何平设计和统筹了全书的实验框架，编写了实验 1～11、15、17、21、30～32、35、39。穆晓玮编写了实验 36、第一章(实验通用仪器设备)和附录，并协助主编工作。钟苗编写了实验 13、14、16、22～26。周林编写了实验 18～20、28、29。此外，张烨[第一章(实验室安全注意事项)]、郑明波(实验 12)、谭海仁(实验 27)、刘建国(实验 33)、张晓禹(实验 34)、郑波(实验 37)和冯宁宁(实验 38)编写了本教材的个别章节和实验。何平审阅和校对了全书。南京大学能源科学与工程系的博士后和研究生也参与了编写工作，他们是李佳、李翔、叶竞、刘一杰、杨思飏、徐凝、郝玉洁、邓瀚、王鹏飞、程铸、杨金贵、韩巧雷、姜贺阳、侯振鹏、潘慧、孙心怡、夏潮、盛传超、李乐、王义钢、杨传浩、赵思扬、王旖婷、程茂曾、张振杰、汪岩。此外，南京大学现代工学院的领导及本教材编委会的其他成员在教材编写过程中给了大力支持和帮助，在此一并感谢。

由于编者水平有限，书中难免依然存在不妥和疏漏之处，恳请本书的使用者不吝指正。我们衷心希望本教材能为我国新能源材料和化学领域的人才培养贡献绵薄之力。

何　平

2023 年 12 月于南京大学仙林校区镇江楼

目　　录

第一章 绪 论

第一节 实验室安全注意事项

一、实验室安全基本要求

实验室是开展教学和科研工作的重要场所，也是创新性科研成果的诞生地。实验室安全是科研活动正常开展的基本保证。随着我国经济实力的不断增强、高等教育的快速发展以及高校和科研机构科技创新能力的大幅提升，实验室建设规模扩大的同时，实验室安全问题凸显。在许多化学实验中需要使用易制爆、易制毒和剧毒化学品等高风险物。科研人员与危险化学品和高风险仪器设备高频率接触，不规范的操作就有可能引发灼伤、火灾、爆炸、中毒等事故。另外，实验室废气、废液、固体废弃物等的任意排放也将带来安全和环境问题。因此，实验室的工作人员必须自觉学习并严格遵守相关的实验室安全规章制度。实验室安全的基本要求如下：

(1)所有进入实验室工作的人员均要参加安全培训，新进实验室人员必须在安全考核合格后方可从事实验室工作。

(2)要指定专人全职负责实验室的日常安全工作。严格遵守国家和学校的有关规定，并根据实验工作特点制订具体的安全管理制度，将其张贴或悬挂在醒目处。实验室内有危险性的场所、设备、设施、物品及技术操作要有警示标识，并配备安全防护用具和急救用品。

(3)不得乱拉电线或私自使用电热器，禁止超负荷用电，以确保安全用电。严禁在实验室内使用煤气、电炉等设备烹调食物和取暖。实验结束后应及时清理。离开实验室时，应确认实验室水、电、物品等的安全处置，并做好身体的清洁。下班离开实验室前，应切断或关闭水、电、煤气及其他可燃气体阀门，并关好门窗。

(4)要有仪器设备使用的管理制度、操作规程及注意事项等，仪器设备操作人员要先经过培训，再按要求进行仪器设备的操作。对于特殊岗位和特种设备操作者，须经过相应的培训后持证上岗。

(5)剧毒、易制毒、易制爆等危险化学品和放射性同位素及射线装置必须严格按国家和学校的有关规定管理，在领取、保管、使用以及废弃物处理等环节要有完整的记录，并定期核对，做到账物相符。

(6)消防器材要放在明显和便于取用的位置,不准随意移动或损坏室内消防器材。实验室周围的过道、应急出口等处必须保持畅通,不准堆放物品。

(7)发现安全隐患或发生安全事故及时采取适当措施,并报告实验室负责人。

(8)了解实验室安全防护设施的使用方法及布局,即熟悉在紧急情况下的逃离路线和紧急疏散方法,清楚灭火器、应急冲淋及洗眼装置的使用方法和位置。牢记急救电话。

(9)进行实验操作时,在做好个人防护的同时,要根据需要选择合适的防护用品。使用前应确认其使用范围、有效期及完好性等,熟悉其使用、维护和保养的方法。

(10)实验工作时必须穿着符合要求的服装,并穿着工作服。从事化学实验时不能穿拖鞋、短裤,女士不能穿裙子,并应把长发束好。

(11)实验过程中保持桌面和地板的清洁和整齐,与正在进行的实验无关的药品、仪器和杂物等不要放在实验台上。实验室内的一切物品须分类整齐摆放。

(12)保持实验室地面干燥,按相关规定及时处置实验室废弃物,保持室内通道畅通,便于开、关电源及取用防护用品、消防器材等。

(13)禁止在实验室内吸烟和饮食,不使用燃烧型蚊香,不允许使用电炉烧水、做饭等,不应在实验室内摆放与实验无关的物品,不在实验室从事与实验无关的活动。

(14)尽量避免独自一个人做实验。进行危险实验时须有 2 人及以上同时在场。

(15)严禁无关人员进入实验室、使用实验仪器和药品。

二、实验室用电安全

1. 触电急救措施

第一步:使触电者脱离电源。应立即切断电源,可以采用关闭电源开关,用干燥木棍挑开电线或拉下电闸。救护人员注意穿上胶底鞋或站在干燥木板上,想方设法使伤员脱离电源。高压线须移开 10 m 方能接近伤员。

第二步:检查伤员。触电者脱离电源后,应迅速将其移到通风干燥的地方仰卧,并立即检查伤员情况。

第三步:急救并求医。根据受伤情况确定处理方法,若触电者呼吸、心跳均停止,应在保持触电者气道通畅的基础上,立即交替进行人工呼吸和胸外按压等急救措施,同时立即拨打"120",尽快将触电者送往医院,途中继续进行心肺复苏术。

人工呼吸[图 1.1(a)]施救要点:

(1)将伤员仰头抬颜,取出口中异物,保持气道畅通。

(2)捏住伤员的鼻翼,口对口吹气(不能漏气),每次 1~1.5 s,每分钟 12~

16 次。

（3）如伤员牙关紧闭，可口对鼻进行人工呼吸，注意不要让嘴漏气。

胸外按压[图 1.1(b)]施救要点：

（1）找准按压部位：跪在伤员胸部位置侧边的地上，将一手手掌根部放在乳头连线中间位置的胸骨上，或利用手指感觉胸骨末端(肋骨相连之处)，隔两指位置紧贴放上手掌根部；另一手覆盖在上五指交握，让下面那只手的手指可以离开伤者胸部。

（2）按压动作不走形：两臂伸直，肘关节固定不屈，两手掌根相叠，掌根部不可离开胸壁，以免位置波动发生肋骨骨折。每次垂直将成人胸骨压陷 5～6 cm，然后放松。

（3）以均匀速度进行，每分钟 100～120 次。30 次胸外按压和 2 次人工呼吸为 1 个循环，每 5 次循环检查一次患者呼吸、脉搏是否恢复，直到医护人员到场。

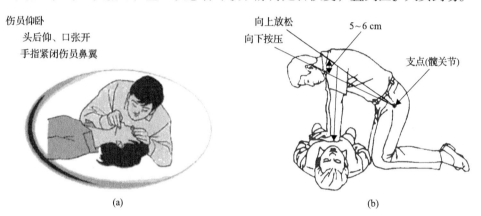

图 1.1　人工呼吸(a)和胸外按压(b)示意图

2. 实验室用电安全注意事项

（1）实验室用电设备线路建议加装漏电保护器。经常检查电线、插座和插头，一旦发现损坏要立即更换。

（2）非电器施工专业人员切勿擅自拆、改电气线路和修理电气设备；不得乱拉、乱接电线；不要在一个电源插座上通过转换头连接过多的电器。

（3）不得擅用大功率电器，如有特殊需要必须与单位主管部门联系，使用专门电气线路。

（4）仪器设备开机前要先熟悉该仪器设备的操作规程，确认状态完好后方可接通电源。

（5）电器用具要保持在清洁、干燥和状态良好的情况下使用，清理电器用具前要将电源切断，切勿带电连接电气线路。

(6) 烘箱、电炉、旋转蒸发仪、高压灭菌锅等高温、高压设备在运行时，一定要有人在现场照看。实验室突然停电后，停止所有的反应，切断实验室的总开关，以免突然来电时发生危险。

(7) 在使用吹风机吹干玻璃仪器时，需注意不要让液体滴入吹风机，吹风机不宜离瓶口太近。

(8) 关闭机械搅拌器和恒温磁力搅拌器时，须将转速调至零后再关闭电源，防止下次操作时搅拌桨快速搅拌，使溶液溅出；油浴加热时，温度传感器一定要置于控温体系中，防止无限制的加热引起危险。

(9) 配电室要"五防一通"：防火、防水、防漏、防雨雪、防小动物和通风良好；铅酸蓄电池充电时有可能产生氢气，要注意通风防爆；存在易燃易爆化学品的场所，应避免产生电火花或静电。

(10) 当手、脚或身体沾湿或站在潮湿的地上时，切勿启动电源开关或接触电器用具。

三、实验室用水安全

1. 实验室用水分类

了解实验室用水安全，首先要清楚实验室用水的种类。由于实验目的不同，实验中的用水对水质各有一定的要求，如冷凝回流、仪器的洗涤、溶液的配制以及大量的化学反应和分析及生物组织培养等，对水质的要求都有所不同。

(1) 自来水。自来水是实验室中最常用的水源，用于器皿清洗、真空泵的水循环和冷却等。若使用不当会带来诸多麻烦，如电气问题。应及时修理和疏通上下水管道故障，如水龙头或水管漏水、下水道排水不畅等。冷却水输送管道必须使用橡胶管，而非乳胶管。上下水管道连接处和上下水管道与仪器或冷凝管的连接处必须用管箍夹紧，下水管必须插入水池的下水管中，以确保安全运行。

(2) 蒸馏水。在实验室中，最常用的纯水是蒸馏水，经蒸馏处理后，自来水内的大部分污染物能被去除，但挥发性的杂质二氧化碳、氨以及一些有机物无法除去。新制的蒸馏水是无菌的，但是储存后易滋生细菌；此外，储存蒸馏水的容器也需要尽量选择惰性物质制造，以防止离子和容器的塑料物质析出而造成二次污染。

(3) 去离子水。实验室中常用的另一种纯水是去离子水。它是利用离子交换树脂去除水中的阴离子和阳离子获得的，但可溶性有机物仍然存在于水中，从而可能污染离子交换柱并降低其品质。此外，储存后也容易引起细菌的繁殖。

(4) 反渗水。反渗透技术可以生成反渗水。其原理是在一定的压力作用下，水分子通过反渗透膜成为纯水，而水中的杂质被反渗透膜截留排出。相对于蒸馏水和去离子水，反渗水具有更多的优点，可以有效去除水中的溶解盐、胶体、细菌、病毒和大部分有机物等杂质。但是需要注意不同厂家生产的反渗透膜可能会对反渗水的质量有很大的影响。

(5)超纯水。超纯水是指电阻率达到 18.2 MΩ·cm 的水。这种水中除了水分子外，几乎没有杂质。但是超纯水在总有机碳(total organic carbon, TOC)、细菌、内毒素指标等方面并不相同，因此在实验室中使用超纯水时需要根据具体实验的要求来确定。

2. 实验室用水注意事项

(1)水龙头和阀门应该做到不滴漏、不冒水、不放任水流。对于堵塞的下水道应及时疏通和修理。

(2)在停水后，要检查水龙头是否已经关闭，防止来水后造成跑水。

(3)如果发现有水溢出，应及时采取排水措施，避免泄漏。

(4)为了保护用水设备，可以采用棉、麻织物或稻草绳子等材料对室外水管和龙头进行防冻保暖。对于已经冰冻的龙头、水表和水管，应先用热毛巾包裹水龙头，然后用温水浇灌，使其解冻，然后慢慢地向管中倒入温水，以使水管解冻。绝不能用火烘烤。

(5)严禁将干冰和液氮倒入水斗中。

(6)实验室用自来水的水患多半来自于冷凝装置中使用的胶管老化或滑脱。因此，一般应采用厚壁橡胶管，每 1~2 个月更换一次。

(7)冷凝装置的水流量应适宜，以避免过高的压力导致胶管脱落。由于晚间水压较白天大，在晚上离开实验室时应关闭冷凝水，如果必须在晚上使用冷凝水，应适当减小水流量。

(8)离开实验室时，应关闭用水设备，以确保其安全。

(9)废液应按照规定分类处置，不得随意倒入下水道，以免污染水资源。

四、实验室用气安全

1. 常用气体的常识和安全知识

实验室内使用的一般是通过气体钢瓶直接获取的各种气体。气体钢瓶是储存压缩气体的特制耐压钢瓶，通常用于盛装永久气体、液化气体或混合气体。气体钢瓶阀是用于气体排放和流量调节的阀门装置。在使用时，通过减压阀(气压表)有控制地放出气体。由于气体钢瓶的内压很大(有的高达 15 MPa)，并且一些气体易燃或有毒，因此在使用气体钢瓶时必须注意安全。

(1)高压气体的种类

高压气体的种类包括压缩气体(如氧、氢、氮、氩、氨、氦等)、溶解气体(如乙炔，需溶于丙酮中并添加活性炭)、液化气体(如二氧化碳、一氧化氮、丙烷、石油气等)，以及低温液化气体(如液态氧、液态氮、液态氩等)。

(2)高压气体的性质

乙炔：无色，无嗅(不纯净时，因混有 H_2S、PH_3 等杂质，具有大蒜臭)。比空气轻，易燃，易爆，禁止接触火源，呼吸有麻醉作用。

一氧化二氮：又称笑气，无色，带芳香甜味，比空气重，具有助燃性和麻醉性。

氧：无色，无嗅，比空气略重，助燃，助呼吸，阀门及管道禁油。

氢：无色，无嗅，比空气轻，易燃，易爆，禁止接触火源。

氨：无色，有刺激性气味，比空气轻，易液化，极易溶于水。

氩：无色、无嗅的惰性气体，对人体无直接危害，但在高浓度时有窒息作用。

氮：无色，无嗅，不可燃气体，在空气中不会发生爆炸和燃烧，但在高浓度时有窒息作用。

氦：无色，无嗅，比空气稍轻，难溶于水。

(3)高压气体的容器与色标

①氧、氢、氩、一氧化二氮应使用无缝钢制造的钢瓶。乙炔、丙烷可用一般焊接钢制造的钢瓶。

②各类高压容器必须附有证书，此证书应随高压容器作为技术档案保存。

③在钢瓶肩部，用钢印打出下述标记：制造厂、制造日期、气瓶型号、工作压力、气压试验压力、气压试验日期及下次送验日期、气体容积、气瓶重量。

④为了避免各种钢瓶使用时发生混淆，常将钢瓶漆上不同颜色，写明瓶内气体名称。实验室常用气瓶颜色如表1.1所示。

⑤高压容器应定期检验，如三年一次，检验前应在钢瓶上刻上检验日期。如果发现问题，应及时更换。

表 1.1　常用气瓶颜色

气瓶名称	外表颜色	字样	字样颜色
氢	深绿	氢	红
氧	天蓝	氧	黑
氮	黑	氮	黄
空气	黑	空气	白
氩	灰	氩	绿
二氧化碳	铝白	液化二氧化碳	黑
氨	黄	液氨	黑
硫化氢	白	液化硫化氢	红
甲烷	褐	甲烷	白
乙烯	褐	液化乙烯	黄
甲醚	灰	液化甲醚	红

(4) 几种特殊气体的性质和安全

①氢气：密度小，易泄漏，扩散速度很快，易与其他气体混合。氢气与空气混合气的爆炸极限(体积分数)为 4.0%～75.6%，此时，一旦遇到火源或高温等激发条件，就会立即发生爆炸。

氢气使用注意事项如下：

a) 室内必须通风良好，保证空气中氢气最高含量不超过体积比的 1%。室内换气次数每小时不得少于 3 次，局部通风每小时换气次数不得少于 7 次。

b) 氢气瓶与明火或普通电器设备间距不应小于 10 m，要用无火花工具，能够防止静电积累并有良好的静电导除措施，着装要以不产生静电为原则。现场应配备足够的消防器材。

c) 氢气瓶与盛有易燃、易爆物质及氧化性气体的容器和气瓶间距不应小于 8 m，与空调装置、空气压缩机和通风设备等吸风口的间距不小于 20 m。最好放置在室外专用的小屋内，旋紧气瓶开关阀，以确保安全。

d) 禁止敲击、碰撞，不得靠近热源，在夏季应避免暴晒。

e) 必须使用专用的氢气减压阀，开启气瓶时，操作者应站在阀口的侧后方，动作要轻缓。

f) 阀门或减压阀泄漏时，不得继续使用；阀门损坏时，严禁在瓶内有压力的情况下更换阀门。

g) 瓶内气体严禁用尽，应保留 2 MPa 以上的余压。

②氧气：是一种强烈助燃烧气体。在高温下，氧气十分活泼；在温度不变而压力增大时，可以与油类发生急剧的化学反应，并引起发热自燃，进而产生强烈的爆炸。

氧气瓶一定要防止与油类接触，并且绝对禁止其他可燃性气体混入氧气瓶中。使用氧气瓶时，应严禁沾染油污。通气管道以及操作者的手部也应进行检查，以防氧气冲出造成燃烧和爆炸事故。禁止用(或者误用)盛放其他可燃性气体的气瓶来充灌氧气。禁止在氧气瓶附近吸烟。氧气瓶禁止放于阳光下暴晒。

③乙炔：是极易燃烧、容易爆炸的气体。电石制的乙炔因混有硫化氢、磷化氢或砷化氢而带有特殊的臭味。其熔点为-81.8℃、沸点为-84℃，闪点为-17.78℃，自燃点为 305℃。在空气中的爆炸极限(体积分数)为 2.5%～81.0%。在液态和固态下，或在一定压力的气体状态下，乙炔存在猛烈爆炸的危险。任何受热、震动、电火花等因素都可能引发乙炔的爆炸。含有 7%～13%乙炔的乙炔-空气混合气，或含有 30%乙炔的乙炔-氧气混合气最易发生爆炸。另外，乙炔还会与氯、次氯酸盐等强氧化性化合物混合发生燃烧和爆炸。

乙炔使用注意事项如下：

a) 乙炔气瓶在使用、运输、储存时，环境温度不得超过 40℃。

b) 乙炔气瓶的漆色必须保持完好，不得任意涂改。

c) 乙炔气瓶在使用时必须装设专用减压器、回火防止器，工作前必须检查是否完好，否则禁止使用，开启时，操作者应站在阀门的侧后方，动作要轻缓。

d) 使用压力不超过 0.05 MPa，输气流不应超过 1.5～2.0 m^3/h。

e) 使用时要注意固定，防止倾倒，严禁卧倒使用，对已卧倒的乙炔瓶，不准直接开气使用，使用前必须先立牢静置 15 min 后，再接减压器使用。禁止敲击、碰撞等粗暴行为。

f) 存放乙炔气瓶的地方要求通风良好，并应装上回闪阻止器。使用时还要注意防止气体回缩。如果发现乙炔气瓶有发热现象，说明乙炔已发生分解，应立即关闭气阀，并用水冷却瓶体。同时，最好将气瓶移至远离人员的安全处加以妥善处理。在乙炔燃烧时，绝对禁止使用四氯化碳进行灭火，应使用干粉灭火器或二氧化碳灭火器进行灭火。

(5) 气体检漏方法

① 感官法：感官法是指通过耳听、鼻嗅的方法来判断气体泄漏情况。如果听到气瓶有"嘶嘶"声或嗅到强烈刺激性气味或异味，可以判定为泄漏。虽然这种方法简单易行，但对于剧毒性气体和某些易燃气体不适用。

② 肥皂水法：肥皂水法可用于检测气瓶的漏气情况。将肥皂水涂抹在气瓶检漏处，如果出现气泡，则可确定存在漏气。这种方法使用普遍且准确，但注意不适用于检漏氧气瓶，以避免肥皂水中的油脂与氧接触发生剧烈氧化反应。

③ 气球膨胀法：用软胶管套在气瓶的出气口上，另一端连接气球。如气球膨胀，则说明有漏气现象。此法适用于剧毒气体和易燃气体检漏。

④ 化学法：该方法的原理是将事先准备好的某些化学药品与检漏点处的气体接触，若二者发生化学反应并出现某种特征，则可以判定为漏气。例如，在检查液氨钢瓶时，可以使用湿润的石蕊试纸接近气瓶漏气点。如果试纸与泄漏的气体发生反应，试纸上的染料会发生颜色变化，从而可以确认气瓶存在泄漏问题。需要注意的是，该方法仅适用于易挥发气体的检测，并且在操作时必须严格遵循安全规程，以确保检测结果的准确性和人员安全。

⑤ 气体报警装置：将气瓶集中存放可以减少空间和成本。在实验室角落安装气体泄漏报警器/易燃气体探测器可以帮助监测气瓶房内气体的泄漏情况。当气体泄漏时，感应探头会立即将信号传输到中央实验室的液晶显示屏上，并发出预警声音，以便及时采取维修措施。此外，还可以安装低压报警器，以便及时知晓气体的使用情况和气瓶压力是否充足。这对实验室实现不间断气体供应至关重要。

2. 气体钢瓶使用注意事项

(1) 正确识别气体钢瓶。不同种类钢瓶有不同的颜色标识。使用单位必须确保采购的气体钢瓶质量可靠、标识准确完好。气瓶必须专瓶专用，不得擅自改装，保持漆色完整、清晰。

(2)气体钢瓶必须妥善固定并直立放置。在搬运时必须旋紧钢帽，使用专用小推车进行轻装轻卸，严禁抛、滚、撞。要为气体钢瓶和气体管路做好标识，对于有多种气体或多条管路，应制定详细的供气管路图。

(3)气瓶钢瓶应放置在通风良好的地方，防止雨淋和日光暴晒，避免剧烈震动。不得靠近明火热源，一般规定距明火热源 10 m 以上。如果无法遵守此规定，应采取妥善隔热措施，但最小距离不能少于 5 m。

(4)操作必须正确。高压气瓶开阀时宜缓慢，必须使用减压阀，不得直接放气。放气时必须站在出气口的侧面。

(5)检查是否漏气的方法：见上面"1. 常用气体的常识和安全知识"的介绍。

(6)在冬季或气瓶内压力降低时，液化气体气瓶出气缓慢，可以使用热水加温瓶身，但不得使用明火烘烤。

(7)关阀时应该手动旋紧，不能使用工具进行硬性扳动，以防损坏瓶阀。日常需要定期检查阀门和连接管道是否破损或老化。

(8)瓶内气体不得全部用尽，一般应保持 0.05 MPa 以上的残余压力。可燃性气体应保留 0.2～0.3 MPa 的余压，氢气应保留 2 MPa 的余压，以备充气单位检验取样所需并避免重新充气时发生危险。

(9)高压气体进入反应装置前应安装缓冲器，不得直接与反应器相连，以免冲料和倒灌。

(10)对于有缺陷、安全附件不全或已损坏且无法保证使用安全的气瓶，必须退回供气商或由有资质的单位及时处理。

(11)废旧气体钢瓶必须报告学校资产与实验室管理处统一处置。

五、实验室消防安全

1. 防火安全须知

(1)实验室必须存放一定数量的消防器材，并放置在醒目位置，全体人员应熟知其位置和使用方法，定期检查、更新消防器材。

(2)实验室内存放的易燃、易爆物品(如氢气、乙醚和氧气等)必须与火源、电源保持一定的距离，严禁随意堆放、使用和储存。

(3)操作、倾倒易燃液体时，应远离火源。加热易燃液体必须在水浴锅中或密封电热板上进行，严禁使用火焰或火炉直接加热。

(4)应专门设置废液容器，用于收集易燃液体的废液，以免引起爆炸事故。

(5)可燃性气体(例如氢气)钢瓶与助燃气体(例如氧气)钢瓶不得混合放置。各种钢瓶不得靠近热源、明火，禁止碰撞与敲击。

(6)未经批准备案的实验室不得使用大功率用电设备，以免超出用电负荷。

2. 防爆常识

(1)严禁在开口容器或密闭体系中使用明火加热有机溶剂。若必须使用明火加热易燃有机溶剂，应配备蒸气冷凝装置或合适的尾气排放装置。

(2)严禁将锂、钠、钾等活泼金属与水接触，废钠通常用乙醇销毁。

(3)可燃易燃气体钢瓶应配置报警装置，以防气体大量溢入室内。同时，保持室内通风良好，严禁使用明火。

(4)开启储有易挥发液体的瓶盖时，须先充分冷却，然后开启。开启时瓶口应指向无人处。

(5)存放药品时，应将有机药品和强氧化剂(如氯酸钾、浓硝酸、过氧化物等)分开存放。

3. 灭火方法及灭火器的使用

在实验中发生火灾时，切勿惊慌失措，应保持镇静。首先立即切断火源和电源，然后根据具体情况积极采取正确的抢救和灭火方法。常用的灭火方式如表 1.2 所示。

表 1.2　火灾的类型及灭火方式

分类名称	燃烧特性	灭火方式
固体火灾(A 类)	含碳固体可燃物，如木材、棉毛、麻、纸张等有机物质燃烧造成的火灾	可用水型灭火器、泡沫灭火器、干粉灭火器、卤代烷灭火器
液体、可熔化固体物质火灾(B 类)	如汽油、煤油、柴油、甲醇、沥青和石蜡等燃烧造成的火灾。火势易随燃烧液体流动，燃烧猛烈，易发生爆炸、爆燃或喷溅，不易扑救	可用干粉灭火器、泡沫灭火器、卤代烷灭火器、二氧化碳灭火器
气体火灾(C 类)	可燃烧气体，如煤气、天然气、甲烷等燃烧的火灾，常引起爆燃或爆炸，破坏性极大，且难以扑救	应先关闭气体输送阀门或管道，切断电源，再冷却灭火，可用干粉灭火器、卤代烷灭火器
金属火灾(D 类)	指可燃的活泼金属，如钾、钠、镁等燃物的火灾，多因遇湿和遇高温自燃引起	可用干沙式、铸铁粉末或氯化钠干粉金属火灾专用灭火器(忌用水、泡沫、水性物质，也不能用二氧化碳及干粉灭火器)
带电火灾(E 类)	指带电设备燃烧的火灾，如配电盘、变电室、弱电设备间等的火灾	可用二氧化碳、干粉、卤代烷灭火器(禁止用水)，灭火时应先断电或与带电体保持安全距离

(1)在可燃液体燃烧时，应立即清除着火区域内的所有可燃物，关闭通风器，以防止火势蔓延。若着火面积较小，可用石棉布、湿布、铁片或沙土覆盖，隔绝空气使火熄灭。但覆盖时要轻，避免碰坏或打翻盛有易燃溶剂的玻璃器皿，导致

更多的溶剂流出而再着火。

(2) 酒精及其他可溶于水的液体着火时，可用水灭火。

(3) 汽油、乙醚、甲苯等有机溶剂着火时，应用石棉布或土扑灭。绝对不能用水，否则会扩大燃烧面积。

(4) 金属锂、钠着火时，可用沙子扑灭。

(5) 导线着火时不能用水及二氧化碳灭火器，应切断电源或用四氯化碳灭火器。

(6) 衣服被烧着时切不要奔走，可用衣服、大衣等包裹身体或躺在地上滚动从而灭火。

(7) 发生火灾时注意保护现场，较大的着火事故应立即报警。

常用灭火器的种类和使用方法如表 1.3 所示。

表 1.3 常用灭火器的种类及其使用方法

类型	外观	使用方法
二氧化碳灭火器		轮式：一手握住喷筒把手，另一手撕掉铅封，将手轮按逆时针方向旋转，打开开关，二氧化碳气体即会喷出 鸭嘴式：一手握住喷筒把手，另一手拔去保险销，将扶把上的鸭嘴压下，即可灭火
干粉灭火器		打开保险销，一手握住喷管，对准火源，另一手拉动拉环，即可扑灭火源

4. 逃生自救

实验室全体人员要熟悉实验室的逃生路径、消防设施及自救逃生的方法，并定期参与应急逃生预演。

(1) 在火灾发生时，首先要保持冷静，如果火势较小，应该尽快采取措施扑灭火源。如果火势较大，要在第一时间报警并迅速撤离。

(2) 在撤离时，应该尽可能地往楼层下方逃离，如果通道被烟火封堵，就应该背向烟火方向离开，并通过阳台、气窗、天台等通道往室外逃生。

(3) 为了防止火场浓烟呛入，可采用湿毛巾或口罩蒙鼻，扶墙或扶手匍匐撤离。

(4) 如果是电器或者线路着火，首先切断电源，再用干粉或气体灭火器灭火；不可直接泼水灭火，以防触电或电器爆炸。

(5)禁止通过普通电梯逃生。如果楼梯已被烧断、通道被堵死时，可通过屋顶天台、阳台、落水管等逃生，或在能承重的固定物体上(如窗框、水管等)拴绳子，然后手拉绳子缓缓而下。生命第一，切忌轻易跳楼；不可贪恋财物，切勿重返火场。

(6)在无路可逃的情况下，应退居室内，关闭所有通向火区的门窗，用浸湿的被褥、衣物等堵塞门窗缝，并泼水降温，以防止外部火焰及烟气侵入，等待救援。

(7)身上着火时千万不可奔跑或拍打，应迅速撕脱衣物，或就地打滚或用厚重的衣服压灭火苗。

六、实验室化学品安全

1. 实验室药品的安全储存

在化学试剂存储期间，试剂受自身的化学成分、结构特点及日光、空气、温(湿)度、周围环境等因素的影响，往往发生质量变化。为保证试剂储存期间的质量与安全，实验人员要熟悉试剂的化学成分、结构和理化性质，掌握试剂存储的规律，并采取科学的存储手段。

试剂在存储时要定期检查，如试剂外包装是否完好，标签有无脱落，试剂是否变质，以及存储室的温度和湿度是否发生变化，并及时采取积极的补救措施，以确保高质量的管理。

实验室药品安全储存的一般原则如下：

(1)所有化学品和配制试剂都应置于适当的容器内，并贴上明显的标签。对于无法辨认的药品，应当重新鉴别后小心处理，不可随意丢弃，以免造成严重后果。

(2)存放化学品的场所必须保持整洁、通风、隔热和安全，并远离热源和火源。

(3)实验室不得存放大容量的试剂桶和大量试剂，严禁存放大量的易燃易爆品及强氧化剂。

(4)化学试剂应密封分类存放，切勿将相互作用的化学品混放。

(5)实验室须建立并及时更新化学品台账，及时清理无名、废旧化学品。

实验室药品的分类存放原则如下：

(1)易爆品：应与易燃品、氧化剂隔离存放，宜存于 20℃以下，最好保存在防爆试剂柜、防爆冰箱中。

(2)易产生有毒气体或烟雾的化学品：存放于干燥、阴凉、通风处。

(3)腐蚀品：应放在防腐蚀性药品柜的下层。

(4)相互作用的化学品：不能混放在一起，要隔离开存放。

（5）剧毒品：应按照"五双"制度领取和使用，不得私自存放，专柜上锁。

（6）低温存放的化学品：一般存放于10℃以下的冰箱中。

（7）要求避光保存的药品：应用棕色瓶装或者用黑纸、黑布或铝箔包好后放入药品柜储存。

（8）特别保存的药品：如金属钠、钾等碱金属，应储存于煤油中；黄磷储存于水中；此两种药品易混淆，须隔离存放。

2. 化学试剂的取用

（1）严格按实验规程进行操作，在能够达到实验目的的前提下，尽量采用无毒、低毒物质代替有毒或高毒物质，或用危险性低的物质替代危险性高的物质。

（2）实验之前应先阅读使用化学品的安全技术说明书（material safety data sheet，MSDS，图1.2），了解化学品特性，采取必要的防护措施。

（3）在使用化学品时，严禁直接接触药品、品尝味道、凑到容器口嗅闻药品的气味。

（4）严禁在开口容器或密闭体系中用明火加热有机溶剂，不得在烘箱内存放干燥易燃有机物。

（5）实验人员应穿着合身的棉质白色工作服，戴上防护眼镜、口罩、手套等个人防护装备，并保持工作环境通风良好，以减少对人体的伤害。

（6）使用剧毒药品时必须佩戴个人防护器具，在通风橱中进行操作，做好应急救援预案，并确保应急救援设施的完备性。

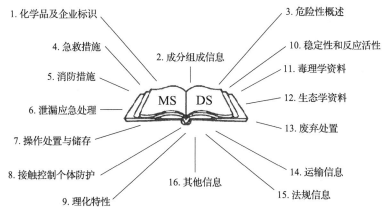

图1.2 化学品安全技术说明书包含的信息

实验室常见的不能共存的化学品如表1.4所示。

实验室常见的相互作用发生燃烧或爆炸的化学品如表1.5所示。

表 1.4 实验室常见的不能共存的化学品

化学品名称	存放注意事项
强酸(尤其是浓硫酸)	不能与强氧化剂的盐类(如高锰酸钾、氯酸钾等)、水共混放
氰化钾、硫化钠、亚硝酸钠、氯化钠、亚硫酸钠	不能与酸混放
还原剂、有机物	不能与氧化剂、硫酸、硝酸混放
碱金属(锂、钠、钾等)	不能与水接触
易水解的药品(乙酸酐、乙酰氯、二氯亚砜)	不能与水溶液、酸、碱等混放
卤素(氟、氯、溴、碘)	不能与氨、酸及有机物混放
氨	不能与卤素、汞、次氯酸、酸等共存

表 1.5 实验室常见的相互作用发生燃烧或爆炸的化学品

主要物质	相互作用的物质	产生结果
浓硫酸、硝酸	松节油、乙醇	燃烧
过氧化氢	乙酸、甲醇、丙酮	燃烧
高氯酸钾	乙醇、有机物;硫磺、有机物	爆炸
钾、钠	水	爆炸
乙炔	银、铜、汞化合物	爆炸
硝酸盐	酯类、乙酸钠、氯化亚锡	爆炸
过氧化物	镁、锌、铝	爆炸

3. 有机类试剂管理和使用方法

有机试剂是一类重要的化学试剂,由于其种类多、分类复杂,所以单独介绍有机试剂的管理。

(1)有机溶剂存在的潜在危险

①大多为易燃物质,遇到引火源容易发生火灾。

②大多具有较低的闪点和极低的引燃能量,在常温或较低的操作温度条件下也极易被点燃。

③大多具有较宽的爆炸极限范围,与空气混合后很容易发生火灾、爆炸。

④大多具有较低的沸点,因此具有较强的挥发性,易散发可燃性气体,形成燃烧、爆炸的基本条件。

⑤大多具有较低的介电常数或较高的电阻率,这些溶剂在流动中容易产生静电积聚,当静电荷积聚到一定的程度则会产生放电、发火,引发火灾、爆炸。

⑥大多对人体具有较高的毒害性,当发生泄漏、流失或火灾爆炸扩散后还会

导致严重中毒事故。

⑦少数溶剂如乙醚、异丙醇、四氢呋喃、二氧六环等，在保存中接触空气会生成过氧化物，在使用过程中升温时会自行发生爆炸。

(2)有机溶剂使用过程中的主要安全对策措施

①科学优化实验流程。在实验过程中，要科学优化实验流程，选择合适的溶剂并尽量减少易燃溶剂的使用量，从本质上消除或降低溶剂的危险、危害性。比如可以选用不易燃的有机溶剂、高沸点溶剂、电阻率小的溶剂以及毒性较小的溶剂。

②加强通风换气。特别是对易燃、易爆、有毒溶剂的实验，应在通风橱中进行以保证泄漏的气体不超过爆炸、中毒的危险浓度。

③惰性气体保护。由于大多数可燃有机溶剂的沸点较低，常温或反应温度条件下都有较大的挥发性，与空气混合容易形成爆炸性混合物并达到爆炸极限。因此，向储存容器和反应装置中持续地充入惰性气体(氮气、氩气等)，可以降低容器和装置内氧气的含量，避免达到爆炸极限，消除爆炸的危险。当有机溶剂发生火灾事故时也可用惰性气体进行隔离、灭火。

④消除、控制引火源。为了防止火灾和爆炸，消除、控制引火源是切断燃烧三要素的一个重要措施。引火源主要有明火、高温表面、摩擦和撞击、电气火花、静电火花和化学反应放热等。当易燃溶剂使用中存在上述引火源时会引燃溶剂形成火灾、爆炸。因此，必须特别注意消除和控制可能产生引火源的情况。

⑤配备灭火器材。配备足够的灭火器材，可应对突发的火警事件，将事故消灭在萌芽状态。针对有机溶剂来说，水及酸碱式灭火器通常是不适用的，干粉灭火器、泡沫灭火器、二氧化碳灭火器适用于有机溶剂的灭火。

⑥及早发现、防止蔓延。为了及时掌握险情，防止事故扩大，对使用、储存易燃有机溶剂的场所应在危险部位设置可燃气体检测报警装置、火灾检测报警装置、高低液位检测报警装置、压力和温度超限报警装置等。通过声、光、色报警信号警告操作人员及时采取措施，消除隐患。

4. 剧毒品的使用安全

(1)购买剧毒品必须向院系(所)、校保卫处、资产与实验室管理处申请并批准备案，经公安部门审批后，由学校统一采购。

(2)剧毒品管理严格实行"五双"制度，即：双人保管、双锁锁门、双人发放、双人领用、双人记账。严防发生被盗、丢失、误用及中毒事故。

(3)剧毒品保管实行责任制，"谁主管，谁负责"，责任到人。管理人员调动，须经部门主管批准，做好交接工作，并将管理人员名单上报学校资产与实验室管理处备案。

(4)凡使用剧毒品，必须按要求在防护设施或专用实验条件下操作。实验产生的剧毒品废液、废弃物等要妥善保管，不得随意丢弃、掩埋或倒入水槽，污染环境；废液、废弃物应集中保存，联系学校资产与实验室管理处统一处置。

(5)剧毒品使用完毕，其容器依然由双人管理，联系学校资产与实验室管理处统一处置。

(6)剧毒品不得私自转让、赠送、买卖。如各单位间需要相互调剂，必须经过校保卫处和资产与实验室管理处审批，在资产与实验室管理处办理调剂手续并在台账中登记调整情况。

七、实验室一般设备安全

使用设备前，需了解其操作程序，规范操作，采取必要的防护措施。对于精密仪器或贵重仪器，应制定操作规程，配备稳压电源、不间断电源(uninterruptible power supply，UPS)，必要时可采用双路供电。设备使用完毕需及时清理，做好使用记录和维护工作。设备出现故障应暂停使用，并及时报告、维修。

1. 机械加工设备

在机械加工设备的运行过程中，易发生切割、被夹、被卷等意外事故。

(1)对于冲剪机械、刨床、圆盘锯、堆高机、研磨机、空压机等机械设备，应有护罩、套筒等安全防护设备。

(2)对车床、滚齿机械等高度超过作业人员身高的机械，应设置适当高度的工作台。

(3)佩戴必要的防护器具(工作服和工作手套)，束缚好宽松的衣物和头发，不得佩戴长项链，不得穿拖鞋，严格遵守操作规程。

2. 冰箱

(1)冰箱应放置在通风良好处，周围不得有热源、易燃易爆品、气瓶等，且保证一定的散热空间。

(2)存放危险化学药品的冰箱应粘贴警示标识；冰箱内各药品须粘贴标签，并定期清理。

(3)危险化学品须储存在防爆冰箱或经过防爆改造的冰箱内。存放易挥发有机试剂的容器必须加盖密封，避免试剂挥发至箱体内积聚。

(4)存放强酸、强碱及腐蚀性的物品必须选择耐腐蚀的容器，并且存放于托盘内。

(5)存放在冰箱内的试剂瓶、烧瓶等重心较高的容器应加以固定，防止因开关冰箱门造成的倒伏或破裂。

(6) 严禁将食品、饮料存放在实验室冰箱内。

(7)若冰箱停止工作，必须及时转移化学药品并妥善存放。

3. 高速离心机

(1)高速离心机必须安放在平稳、坚固的台面上，启动之前要扣紧盖子。

(2)离心管安放要间隔均匀，确保平衡。

(3)确保分离开关工作正常，不能在未切断电源时打开离心机盖子。

4. 加热设备

实验室常用的加热设备包括：明火电炉、电阻炉、恒温箱、干燥箱、水浴锅、电热枪、电吹风等。

(1)使用加热设备，必须采取必要的防护措施，严格按照操作规程进行操作。使用时，人员不得离岗；使用完毕，应立即断开电源。

(2)加热、产热仪器设备须放在阻燃的、稳固的实验台上或地面上，不得在其周围堆放易燃易爆物或杂物。

(3)禁止用电热设备烘烤溶剂、油品、塑料筐等易燃、可燃挥发物。若加热时会产生有毒有害气体，应放在通风柜中进行。

(4)应在断电的情况下，采取安全方式取放被加热的物品。

(5)实验室不得使用明火电炉。

(6)使用管式电阻炉时，应确保导线与加热棒接触良好；含有水分的气体应先经过干燥后，方能通入炉内。

(7)使用恒温水浴锅时应避免干烧，注意不要将水溅到电器盒里。

(8)使用电热枪时，不可对着人体的任何部位。

(9)使用电吹风和电热枪后，需进行自然冷却，不得阻塞或覆盖其出风口和入风口。

5. 通风柜

(1)通风柜内及其下方的柜子不能存放化学品。

(2)使用前，检查通风柜内的抽风系统和其他功能是否运作正常。

(3)应在距离通风柜调节门至少 15 cm 的地方进行操作；操作时应尽量减少在通风柜内以及调节门前进行大幅度动作，减少实验室内人员移动。

(4)切勿储存会伸出柜外或妨碍玻璃视窗开合或者会阻挡导流板下方开口处的物品或设备。

(5)切勿用物件阻挡通风柜口和柜内后方的排气槽；确需在柜内储放必要物品时，应将其垫高置于左右侧边上，与通风柜台面隔空，以使气流能从其下方通过，且远离污染产生源。

(6)切勿把纸张或较轻的物件堵塞于排气出口处。

(7)在实验过程中，操作人员不应将头部和上半身伸进通风柜内，而应将玻璃视窗调节至手肘处，以保护胸部以上的身体部位。

(8)当操作人员不进行操作时，必须确保通风柜的玻璃视窗处于关闭状态，以避免空气污染和安全事故。

(9)如果发现通风柜有故障，不应进行实验操作，而应立即关闭柜门并联系维修人员进行检修。同时，需要定期检测通风柜的抽风能力，以保持其良好的通风效果。

(10)在每次使用通风柜后，必须彻底清理工作台和仪器，以保证下一次实验的安全和可靠性。对于被污染的通风柜，应挂上明显的警示牌并告知其他人员，以避免造成不必要的伤害。

八、实验室废弃物处理规范

实验室废弃物是指实验过程中产生的三废(废气、废液、固体废弃物)物质，以及实验用剧毒物品、麻醉品、化学药品残留物、放射性废弃物、实验动物尸体及器官、病原微生物标本以及对环境有污染的废弃物。科学、严格的分类回收处理是进一步加强实验室安全管理、创造安全良好的学习和科研环境的重中之重。实验室成员必须按照规定执行，否则不但会污染环境，也可能造成严重的安全事故。实验室各种废弃物应按不同方式进行处理，不得随意丢弃和排放，不得混放性质互相抵触的废弃物。

1. 固体废弃物处理

化学固体废弃物是指实验室所产生的各类危险化学固态废物，包括：固态、半固态的化学品和化学废物；原瓶存放的液态化学品；化学品的包装材料；废弃玻璃器皿等。

(1)实验室应自行准备大小合适、中等强度的包装材料(如纸箱、编织袋等)。包装材料要求完好、结实、牢固，纸箱要求底部加固。

(2)将废弃物收集于纸箱或编织袋中，贴上标签，并定期集中送到学校实验室废弃物回收点，办理移交手续，由学校联系有资质单位统一处理。

(3)放置易碎废弃物的纸箱(如玻璃瓶、玻璃器皿等)应采取有效防护措施避免在运输过程中破碎；瓶装化学品和空瓶不能叠放；每袋或每箱重量不能超过规定的承重力。

(4)废弃剧毒化学品应报告学校资产与实验室管理处，由学校负责与主管部门联系处理，不可擅自处理。

2. 废液处理

(1)实验室产生的一般化学废液应分类存放于专用废液桶中,并在桶口、瓶口加贴标签。应使用完好、结实、牢固的容器,不得使用敞口或破损容器。

(2)收集一般化学废液时,应记录倒入废液的主要成分,并仔细查看收集桶记录,确保不会与桶内已有化学物质发生异常反应。如可能发生异常反应,应单独暂存于其他容器中并贴上详细标签,做好记录。

(3)存放废液的容器应放于实验室较阴凉、远离火源和热源的位置。

(4)废液不应超过容器最大容量的80%,收集的废液应送至学校实验室废弃物回收点,办理移交手续,并由学校联系有资质的单位统一处理。

(5)不同种类的剧毒废液应分别存放于单独的容器中并详细记录,不得混装。剧毒化学品废液的处理应报告学校资产与实验室管理处,并由学校负责与主管部门联系处理,不得擅自处理。

3. 废气处理

实验室废气具有种类繁多、分散排放、排量较小、不连续等特点,如果废气无组织地排放至大气中,会对环境造成污染,经常被人体吸入会对健康造成不同程度的危害,因此,实验室的废气处理问题一直备受关注。废气处理应该满足两点要求:一是控制实验环境的有害气体不得超过现行规定的空气中有害物质的最高允许浓度;二是控制排出的气体不得超过居民区大气中有害物质的最高浓度。实验室排出的废气量较少时,一般可由通风装置直接排出室外,但排气口必须高于附近屋顶 3 m。少数实验室如果排放毒性大且量较多的气体,可参考工业废气处理办法,在排放废气之前,采用吸收、吸附、回流、燃烧等方法进行处理。

(1)吸收法

采用合适的液体作为吸收剂来处理废气,从而除去其中有毒害气体,一般分为物理吸收和化学吸收两种。比较常见的吸收溶液包括水、酸性溶液、碱性溶液、有机溶液和氧化剂溶液等,可以被用于净化含有 SO_2、Cl_2、NO_x、H_2S、HF、NH_3、HCl、酸雾、汞蒸气、各种有机蒸气以及沥青烟等废气。有些溶液在吸收完废气后又可以被用于配制某些定性化学试剂的母液。

(2)固体吸附法

吸附是一种常见的废气净化方法,一般适用于废气中含有的低浓度污染物质的净化,是利用大比表面积、多孔的吸附剂的吸附作用,将废气中含有的污染物(吸附质)吸附在吸附剂表面,从而达到分离有害物质、净化气体的目的。根据吸附剂与吸附质之间的作用力不同,可分为物理吸附(通过分子间的范德瓦耳斯力作用)和化学吸附(化学键作用)。常见的吸附剂有活性炭、活性氧化铝、硅胶、硅藻土以及分子筛等。常见的吸附质为有机及无机气体，可以选择将适量活性炭或者新制取的木炭粉，放入有残留废气的容器中；若要选择性吸收 H_2S、SO_2 及汞蒸气，可以选用硅藻土；分子筛可以选择性吸附 NO_x、CS_2、H_2S、NH_3、CCl_4、烃类等气体。

(3)回流法

对于易液化的气体，可以通过特定的装置使易挥发的污染物在空气的冷却下，液化为液体，再沿着长玻璃管的内壁回流到特定的反应装置中。例如在制取溴苯时，可以在装置上连接一根足够长的玻璃管，使蒸发出来的苯或溴沿着长玻璃管内壁回流到反应装置中。

(4)燃烧法

通过燃烧的方法来去除有毒害气体。这是一种有效的处理有机气体的方法，尤其适合处理排量大而浓度比较低的含有苯类、酮类、醛类、醇类等各种有机物的废气。例如对于 CO 尾气的处理以及 H_2S 等的处理，一般都会采用此法。

4. 常见废弃物的处理

(1)废酸、废碱液的处理

在实验室中经常使用各种酸和碱，也因此产生了大量废酸液和废碱液。一般采用中和法处理，将 pH 调至 7 左右。将收集的废液倒入废液缸中，可以使用酸碱物质进行中和。例如，对于含无机酸类废液，可以慢慢倒入过量的含碳酸钠或氢氧化钙的水溶液中，或用废碱互相中和；对于含氢氧化钠、氨水的废碱液，可以使用盐酸或硫酸溶液中和，或用废酸互相中和。当溶液的 pH 调至 6～8 时，再用大量水将其稀释至 1% 以下的浓度后即可排放。排放后要用大量清水冲洗。

(2)含磷废液的处理

对于含有黄磷、磷化氢、卤氧化磷、卤化磷、硫化磷等废液，可在碱性条件下，先用过氧化氢将其氧化后作为磷酸盐废液进行处理。对缩聚磷酸盐的废液，应用硫酸将其酸化，然后将其煮沸进行水解处理。

(3)含无机卤化物废液的处理

对于含有 $AlBr_3$、$AlCl_3$、$SnCl_2$、$TiCl_4$、$FeCl_3$ 等无机类卤化物的废液，可将其放入蒸发皿中，撒上 1:1 的高岭土与碳酸钠干燥混合物，充分混合后喷洒 1:1 的氨水，至没有 NH_4Cl 白烟放出为止。再将其中和，静置析出沉淀。将沉淀物过滤，滤液中若无重金属离子，则用大量水稀释滤液，即可进行排放。

(4)含氟废液的处理

在处理含氟废液时，可以将消石灰乳加入废液中，将其调至碱性。充分搅拌后静置一段时间，再进行过滤除去沉淀。滤液可作为含碱废液进行处理。如果这种方法不能将含氟量降至 10 mg/L 以下，则需要使用阴离子交换树脂进一步处理。

(5)有机废液的处理

有机废液的处理方法包括焚烧法、溶剂萃取法、吸附法、氧化分解法、水解法和生物化学处理法。对于易被生物分解的物质，可以将其稀溶液用水稀释后排放。对于有机废液中的可燃性物质，可用焚烧法处理。对于难以燃烧的物质和可燃性物质的低浓度废液，可使用溶剂萃取法、吸附法、氧化分解法和生物化学法处理。在处理含重金属的有机废液时，应妥善保管焚烧残渣，以避免造成新的污染。

①焚烧法 焚烧法处理有机废液是将有机物在高温条件下进行深度氧化分解，产生无害的水、CO_2 等物质，并将这些产物排放至大气中。焚烧有机物要尽量避免不完全燃烧而产生新的污染物。实验室产生的有机废液相对较少，可以将废液装入铁制或瓷制容器中，选择室外安全的地方进行燃烧。点火时，可以使用沾有油的布或木片，并且必须监视至燃烧完成为止。对于难燃的物质或含水的高浓度有机类废液，可以将其与可燃性物质混合燃烧，或者将其喷入配备有助燃器的焚烧炉中燃烧。对于会产生有毒有害气体的废液进行焚烧处理时，需要在装有洗涤器的焚烧炉中进行，产生的燃烧废气必须经过洗涤器吸收去除后才能排放。

②溶剂萃取法 萃取是利用物质在两种互不相溶（或微溶）的溶剂中溶解度及分配系数的不同，使溶质从一种溶剂内转移到另外一种溶剂中的方法。有机废液经过反复多次的萃取，就可以将很大一部分的化合物质提取回收。

③吸附法 对一些有机物质含量相对较低的废液处理可用活性炭、硅藻土、矾土、层片状织物、聚丙烯、聚酯片、氨基甲酸乙酯泡沫塑料、稻草屑及锯末之类吸附剂吸附有机物，充分吸附后，与吸附剂一起焚烧。

④氧化分解法 氧化分解法最常采用的工艺过程是先让废液经过一系列氧化还原反应，而使高毒性的污染物质转化成为低毒性的污染物质，然后再通过其他方法将其除去。常用的氧化剂有 H_2O_2、$KMnO_4$、$NaOCl$、$H_2SO_4+HNO_3$、HNO_3+HClO_4、$H_2SO_4+HClO_4$ 及废铬酸混合液等。

⑤水解法 对含有容易发生水解物质废液的处理，如有机酸或无机酸的酯类，以及一部分有机磷化合物等，可加入 $NaOH$ 或 $Ca(OH)_2$，在室温或加热下进行水解。水解后，若废液无毒害，把它中和、稀释后，即可排放；如果含有有害物质，用吸附等适当的方法加以处理。

⑥生物化学处理法 生物化学处理法指的是利用微生物的代谢，使废液中呈现溶解或胶体状态的有机污染物质转化成为无害的污染物质，从而达到净化目的的方法。

具体的一些有机废液处理方法如下。

(1)含甲醇、乙醇及乙酸等的废液

由于甲醇、乙醇及乙酸等易被自然界微生物分解，因此对于含有这类溶剂的稀溶液，经用大量水稀释后即可排放。而对于使用量较大的甲醇、乙醇、丙酮及苯等溶剂，可通过蒸馏、精馏、萃取等方法进行回收利用。

(2) 含油、动植物性油脂的废液

对于含石油、动植物性油脂的废液，如含苯、己烷、二甲苯、甲苯、煤油、轻油、重油、润滑油、切削油、冷却油、动植物性油脂及液体和固体脂肪酸等的废液，可用焚烧法进行处理。对于其难以燃烧的物质或低浓度的废液，则可用溶剂萃取法或吸附法处理。对含机油等物质的废液，若含有重金属，则须保管好焚烧残渣。

(3) 含 N、S 及卤素类的有机废液

此类废液中可能包含吡啶、喹啉、甲基吡啶、氨基酸、酰胺、二甲基甲酰胺、苯胺、二硫化碳、硫醇、烷基硫、硫脲、硫酰胺、噻吩、二甲亚砜、氯仿、四氯化碳、氯乙烯类、氯苯类、酰卤化物和含 N、S、卤素的染料、农药、医药、颜料及其中间体等。对可燃性物质，用焚烧法处理，但必须采取措施除去由燃烧产生的有害气体(如 SO_2、HCl、NO_2 等)，例如在焚烧炉中装有洗涤器。对于多氯联苯等物质，会有一部分因难以燃烧而残留，要加以注意，避免直接排出。对于难以燃烧的物质及低浓度的废液，用溶剂萃取法、吸附法及水解法进行处理。对于易被微生物分解的物质如氨基酸等，用水稀释后即可排放。

(4) 含酚类物质的废液

此类废液包含的物质有：苯酚、甲酚、萘酚等。对浓度大的可燃性物质，可用焚烧法处理，或用乙酸丁酯萃取，再用少量氢氧化钠溶液反萃取，经调节pH后进行重蒸馏回收。对浓度低的废液，则用吸附法、溶剂萃取法或氧化分解法处理。例如，加入次氯酸钠或漂白粉可以将酚转化成邻苯二酚、邻苯二醌、顺丁烯二酸。

(5) 含苯废液

含苯的废液可以用萃取、吸附富集等方法回收利用，也可以采用焚烧法处理，即将其置于铁器内，在室外空旷地方点燃至完全燃尽为止。

(6) 含酸、碱、氧化剂、还原剂及无机盐类的有机类废液

此类废液含有硫酸、盐酸、硝酸等酸类，氢氧化钠、碳酸钠、氨等碱类，以及过氧化氢、过氧化物等氧化剂和硫化物、联氨等还原剂。首先，按无机类废液的处理方法，先将废液中和。若有机类物质浓度大，可使用焚烧法处理。若能分离出有机层和水层时，则将有机层焚烧，对水层或其浓度低的废液，则用吸附法、溶剂萃取法或氧化分解法进行处理。但是，对易被微生物分解的物质，只需用水稀释后即可排放。

(7) 含重金属等物质的有机废液

可先将其中的有机物质分解，再作为无机类废液进行处理。

(8)含有机磷的废液

此类废液包括磷酸、亚磷酸、硫代磷酸及磷酸酯类，磷化氢类以及含磷农药等物质的废液。对于浓度较高的废液，可使用焚烧法处理(因含难以燃烧的物质较多，可与可燃性物质混合焚烧)；对于浓度低的废液，可使用水解或溶剂萃取法进行处理后，再用吸附法进行处理。

(9)含天然及合成高分子化合物的废液

此类废液含有聚乙烯、聚乙烯醇、聚苯乙烯、聚二醇等合成高分子化合物，以及蛋白质、木质素、纤维素、淀粉、橡胶等天然高分子化合物。对于含有可燃性物质的废液，用焚烧法处理；对于难以焚烧的物质及含水的低浓度废液，经浓缩后焚烧；对于蛋白质、淀粉等易被微生物分解的物质，其稀溶液不经处理即可排放。

5. 废弃锂、钠电池的处理

(1)废弃扣式锂电池(除锂-氧气电池之外)的处理

扣式锂电池测试完成后也会有剩余电量，但由于其电量较低，且有金属外壳保护，因此处理相对简单。将收集的废弃扣式电池放入烧杯中，倒入浓度约为 0.1 mol/L 的 NaCl 溶液，置于通风橱内，浸泡一周左右。之后，将扣式电池自然晾干，然后寄送至专业机构进行回收处理。

(2)废弃扣式锂-氧气电池的处理

①将扣式锂-氧气电池集中放置在烧杯中，放置于通风橱内静置。

②远离火源、热源，避免与氧化剂、酸类、卤素接触，尤其要注意避免与水接触。轻拿轻放，防止容器损坏。

(3)废弃扣式钠电池的处理

①钠电池的拆解应在氩气手套箱中进行：在扣式电池拆解后，将金属钠剪成细小碎片(注意切勿剪到手套)，然后将装有金属钠碎片的烧杯从手套箱中取出。

②将装有金属钠碎片的烧杯立即移入已开启的通风橱内。操作人员应佩戴安全防护眼罩、穿戴实验服、戴上橡胶手套。钠碎片应远离火源、热源，避免与氧化剂、酸类、卤素接触，尤其要注意避免与水接触。轻拿轻放，防止容器损坏。

③在通风橱内，使用滴管向装有金属钠碎片的烧杯中缓慢滴加乙醇，观察金属钠的反应，待金属钠碎片完全反应后，使用稀酸液进行中和处理。

(4)废弃软包锂离子电池的处理

软包锂离子电池在正常充放电测试完成后，会残余一定的电量。目前实验室安全处理软包锂离子电池的主要做法是将软包电池经过两次放电后再浸入盐溶液中进一步放电，具体操作步骤如下：

①软包电池不同的荷电状态(state of charge，SOC)对应不同的电池电压，因

此可以将放电截止电压设置为 0% SOC 对应的电池电压,使得软包电池放电到 0% SOC 状态,完成第一次放电。然后将第一次放电后的软包电池通过外接电阻或者在电池测试系统上设置为放电到 0 V,完成第二次放电。需要注意的是,软包电池应该在小电流下放电到 0 V,可使电池尽可能完全放电。

②然后在经过两次放电的软包电池的正负极极耳上各点焊一根镍线,将镍线的另一端浸入到盐溶液中。软包电池作为电源对盐溶液进行电解。通常选用的盐溶液为氯化钠溶液,浓度约为 0.1 mol/L。电解 NaCl 溶液时会产生 H_2 和 Cl_2,因此这一步骤需要在通风橱内进行,实验人员需要佩戴防毒面具。

③经过上述两个步骤处理后,软包电池基本只残余极少电量,接下来可对软包电池进行拆解,并回收处理正负极材料。由于锂电池电解液有毒且易挥发,并会与空气中的水分发生反应产生有害气体 HF,因此软包锂电池的拆解须在通风橱或室外空旷处中进行。

(5) 废弃软包锂金属电池的处理

不同于锂离子电池,锂金属电池在放电完成后仍有可能残余较多电量。特别需要注意的是,软包锂金属电池中包含有未反应的金属锂,具有很大的安全隐患。目前对废弃软包锂金属电池采用的安全处理方法如下:

①软包锂金属电池测试完成后,正极仍处于荷电状态,需要以较小电流放电至 3 V 左右,使得正极处于未充电状态。

②拆解软包锂金属电池时注意用绝缘胶带将正负极极耳完全包裹,防止发生短路。然后将其转移到通风橱,在软包上标记处理日期,并用绝缘剪刀在其靠近极耳的密封处剪一小口。将电池小心地放入通风橱内的防爆柜里,让其自然氧化。放置时间与环境的温度和湿度有关,一般不小于 1 个月。待金属锂充分氧化后,将电池从防爆柜中取出,用剪刀将极耳一侧的封口完全剪开,再置于防爆柜中存放。

③在确保软包电池中的金属锂完全反应完的前提下,将软包电池剪开,取出正极极片、隔膜等组件,然后将金属锂与空气反应生成的白色碳酸锂溶于水中,另作他用或者倒入废弃碱液桶中。严禁将软包电池内废弃物直接扔入固废垃圾桶或者将碳酸锂溶液冲入下水道。

第二节　实验通用仪器设备

一、实验通用仪器设备介绍

在实验过程中，正确选择和使用仪器是保证实验成功的前提。本节按照用途将常用的仪器分为容器与反应器类仪器、量器类仪器、称量仪器、加热仪器、电化学测试仪器和其他仪器等多种类型。下面本教材将逐一介绍这些仪器的用途、使用方法和注意事项。

二、容器与反应器类仪器

实验室中的常用容器与反应器类仪器的材质包括玻璃、瓷、熔凝石英、金属、石墨和高分子聚合物等。玻璃仪器通常由硼硅酸玻璃制成，具有较好的酸稳定性，但容易受到氢氟酸和热磷酸的腐蚀，长时间与碱溶液接触也会发生溶解。瓷器的主要成分是氧化硅和氧化铝，表面涂有釉料。瓷制仪器同样会受到氢氟酸、热磷酸和碱的腐蚀，但其热稳定性较好，可以在 $1100\,^{\circ}\mathrm{C}$ 的温度下使用，如果不涂釉，使用温度可达到 $1300\,^{\circ}\mathrm{C}$。由熔凝石英制成的仪器通常在有特殊要求的场合下使用，其含有约 99.8% 的氧化硅，具有良好的化学稳定性和热稳定性。铂、铁、镍、银、锆等金属以及石墨主要用作反应皿或坩埚材料，材质的选择应根据使用场景而定。高分子聚合物主要是聚乙烯和聚四氟乙烯。聚乙烯对浓硝酸和冰醋酸以外的各种酸都稳定，但会被多种有机溶剂侵蚀，且高于 $60\,^{\circ}\mathrm{C}$ 后开始变软，使用温度受到限制。聚四氟乙烯对氟和液态碱金属以外的几乎所有有机和无机试剂均不发生反应，可以在 $250\,^{\circ}\mathrm{C}$ 的工作温度下使用。

表 1.6 列出了常用容器与反应器类仪器的规格、用途和使用注意事项。

表 1.6　常用容器与反应器类仪器的规格、用途和使用注意事项

仪器	规格	用途	注意事项
试管	分硬质试管、软质试管、普通试管、离心试管。普通试管以外径(mm)×长度(mm)表示，如 10×75、15×150、18×180 等；离心试管以容积(mL)表示，如 5、10 等	用作少量试剂的反应容器，便于操作和观察。离心试管还可以用于沉淀分离	可直接用火加热，硬质试管可以加热至高温。加热后不能骤冷，以防破裂。加热时管口不能对人，要不断在热源上移动，使其受热均匀
烧杯	以容积(mL)表示，如 50、100、250、500、1000 等	用于溶解固体配制溶液、稀释溶液、液体反应的反应器，也可用于水浴加热	不能直接加热，加热时应置于石棉网上或水浴中

仪器	规格	用途	注意事项
烧瓶	分单口烧瓶、两口烧瓶、三口烧瓶或圆底烧瓶、梨形烧瓶。以容积(mL)大小表示	作为加热反应的反应器，可以使用水浴或加热套加热	选择合适规格，液面不应超过容积的2/3
锥形瓶	大小以容积(mL)表示；标准口按大端直径(mm)分为10、12、14、16、19、24、29等	反应容器，振荡方便，适用于滴定操作	不能直接加热，加热时应置于石棉网上。不耐压，不能作减压用
滴瓶	有棕色、无色之分，规格以容积(mL)表示	用于存放少量液体	滴瓶上的滴管不能用水冲洗，不可倒放、横放，以免试剂腐蚀滴管。不可长时间盛放强碱(玻璃塞)，不可久置强氧化剂；盛碱性溶液时改用软木塞或橡胶塞
细口瓶　广口瓶	有玻璃质和塑料质、棕色和无色、磨口和不磨口等。规格以容积(mL)表示	细口瓶盛装液体试剂，广口瓶盛装固体试剂，也用作气体产物的收集，棕色瓶储存易光解试剂	不能加热。取用试剂时瓶盖倒放在桌上，以防弄脏。碱性物质要用橡胶塞
研钵	有铁质、瓷质、玻璃质和玛瑙质，以口径(mm)大小表示	用于研磨固体实验样品	不能用于研磨硬度比研钵大的物质，不能与腐蚀性物质接触
表面皿	玻璃质，规格以口径(mm)大小表示	盖在烧杯上防止液体迸溅，或用于点滴反应	不能用火直接加热，直径要略大于所盖容器，凹面向上，取下时凸面朝上放于桌上
蒸发皿	有瓷质、玻璃质、石英质、金属质等，规格以口径(mm)或容量(mL)表示	可直接用火加热，用于蒸发、浓缩液体，还可作反应器	瓷质蒸发皿加热前应擦干外壁，加热后不宜骤冷，溶液不能超过容积的2/3

续表

仪器	规格	用途	注意事项
坩埚　瓷舟	有瓷质、石英、铁质、镍质、铂质、玛瑙质等，规格以容积（mL）表示	用于灼烧固体，随固体性质不同选择不同材质	耐高温，灼热的坩埚或瓷舟不要直接放于桌上
冷凝管	分直形冷凝管、球形冷凝管、蛇形冷凝管、空气冷凝管，规格以长度(mm)表示	直形冷凝管用于蒸馏，球形冷凝管用于回流，蛇形冷凝管用于易挥发溶剂的回流，空气冷凝管用于蒸馏沸点超过140℃的物质	连接口用标准磨口连接，不可骤冷、骤热。使用时下口进冷水，上口出水
反应釜	以聚四氟乙烯衬套的容量（mL）表示	作为溶剂热反应的反应器	加热温度应不超过200℃，反应溶液不超过容量的80%。使用时拧紧不锈钢外衬；反应完成后要待釜体自然冷却至室温方可开启釜盖，不能带压拆卸
漏斗	分长颈、短颈，以口径(mm)表示，如30、40、60等	用于过滤操作，长颈漏斗特别适用于定量分析中的过滤操作	不能用火直接加热
抽滤瓶和布氏漏斗	布氏漏斗为瓷质或玻璃，以容量(mL)或口径(mm)大小表示，抽滤瓶以容积(mL)表示	两者配套用于沉淀的减压过滤	滤纸要略小于布氏漏斗口径，并完全覆盖滤孔。先开水泵后过滤；过滤完成后，先断开抽滤瓶与泵的连接，再关泵
干燥器	玻璃质，规格以外径(mm)大小表示，分普通干燥器和真空干燥器	内放干燥剂，用于储存样品并使其保持干燥	磨口处涂抹适量凡士林以保证密封性；干燥剂要及时更换

三、量器类仪器

量器类仪器主要用于量取一定体积的液体。实验中常用的量器包括量筒、移液管、移液枪、容量瓶和滴定管等。每种仪器都有不同的规格和精度，在实验时应当根据所需要量取液体的体积选择合适的量器，以免因误差影响实验结果。表 1.7 列出了几种实验室常用量器类仪器的规格、用途和使用注意事项。

表 1.7 常用量器类仪器的规格、用途和使用注意事项

仪器	规格	用途	注意事项
量筒	以所能量度的最大体积（mL）表示	用于粗略量取一定体积的溶液，使用时，视线应与液面相平，若液面为凹液面，则视线应与最低处相平；若液面为凸液面，则视线应与最高处相平	不能加热，不能量取温度过高的液体，不能作为化学反应和配制液体的容器
移液管 吸量管	以所度量的最大容积（mL）表示。移液管：10、20、25、50 等；吸量管：1、2、5、10 等	用于准确吸取一定量的液体	不能加热
移液枪	以所度量的最大容积（μL）表示	用于准确量取少量或微量液体	使用完毕后，应将量程调至最大，并垂直放置
容量瓶	以刻度以下的容积（mL）表示	用于准确配制一定体积和一定浓度的溶液	选择合适规格使用；不能直接在容量瓶内溶解固体，应先在烧杯中溶解再用玻璃棒引流转移；不能配制热溶液

续表

仪器	规格	用途	注意事项
酸式　碱式 滴定管	玻璃质，规格以最大容积(mL)表示，有酸式和碱式之分，酸式下端以玻璃旋塞控制流出液速度，碱式下端连接一装有玻璃球的乳胶管控制流液量	用于精确移取一定体积的液体进行滴定	不能加热或量取热溶液，酸式、碱式不能互换使用，使用前需排除尖端气泡并检漏，使用后立即洗净，不可长期储存溶液

四、称量仪器

在能源材料与化学实验中，天平是不可或缺的称量仪器。由于不同实验对质量准确度的要求不同，需要使用不同精度的天平进行称量。按照工作原理，天平可以分为杠杆式天平、弹力式天平、电磁力式天平和液体静力平衡式天平。其中，电磁力式电子天平具有操作简单、性能稳定、称量速度快、灵敏度高等特点，因此成为目前教学实验和科研工作中应用最广泛的天平类型。本书中所提及的电子天平均指电磁力式电子天平。

按照分度值大小，电子天平又可以分为超微量电子天平、微量电子天平、半微量电子天平和常量电子天平。超微量电子天平的最大称量为 $2\sim5$ g，分度值小于最大量程的 10^{-6}，如梅特勒 UMT2 型电子天平；微量电子天平的最大称量为 $3\sim50$ g，分度值小于最大量程的 10^{-5}，如梅特勒 AT21 型和赛多利斯 S4 型电子天平；半微量电子天平的最大称量为 $20\sim100$ g，分度值小于最大量程的 10^{-5}，如梅特勒 AE50 型和赛多利斯 M25D 型电子天平；常量电子天平的最大称量为 $100\sim200$ g，分度值小于最大量程的 10^{-5}，如梅特勒 AE200 型、赛多利斯 A120S/A200S 型、丹佛 T-203/TB-203 型电子天平等。

1. 电子天平的原理

电子天平是采用现代电子控制技术，利用电磁力平衡原理进行称量的新一代天平。在称量过程中，天平利用电子装置进行电磁力补偿，使物体在重力场中实现力矩平衡。常见电子天平的结构是机电结合式，核心部分由载荷接受与传递装置和测量及补偿装置两部分组成。

如图 1.3 所示，天平托盘由弹簧片支撑，并通过盘支承与线圈相连。称量时托盘与载荷的重力向下作用于线圈，置于固定的永久磁铁中的线圈通电时产生向上的电磁力，与重力相互抵消。当托盘上载荷发生变化时，位移传感器可以检测出位移信号，然后通过电路改变线圈中的电流，直至电磁力抵消重力使传感器恢复初始位置。根据线圈电流与电磁力之间的正比关系可以得到被称物的质量，并显示在电子屏上。

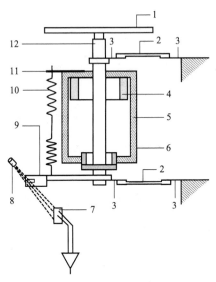

图 1.3 电子天平的原理示意图

1.托盘；2.平行导杆；3.挠性支承簧片；4.线性绕组；5.永久磁铁；6.载流线圈；7.接收二极管；8.发光二极管；
9.光阑；10.顶载弹簧；11.双金属片；12.盘支承

2. 电子天平的使用方法

电子天平的结构设计一直在不断改进，向着功能多、平衡快、体积小、质量轻和操作简便的趋势发展。但就其基本结构和称量原理而言，各种型号基本相同，其主机结构如图 1.4 所示，由托盘、显示屏、水准仪、控制面板、水平调节支架等部分构成。

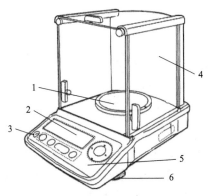

图 1.4 电子天平的主机结构示意图

1.托盘；2.显示屏；3.水准仪；4.防风罩；5.控制面板；6.水平调节支架

电子天平的使用方法主要包括以下几个步骤：

(1)使用前检查水准仪是否水平，即水准仪内的气泡是否处于中心位置。若不水平，调节水平调节支架，直至水准仪内气泡正好位于圆环的中央。

(2)接通天平电源，轻按控制面板上的"ON/OFF"键，等待天平自检。当显示屏显示0.000时表明天平准备就绪，若不为0.000，则按"TARE"键进行去皮操作。

(3)将待称量样品置于托盘上，待显示屏读数稳定后记录样品质量。

(4)称量完毕，取走样品，按下"ON/OFF"键使其处于待机状态。若不再继续使用，应拔掉电源，盖上防尘罩。

3. 电子天平使用的注意事项

(1)天平应置于远离阳光直射处并保持干燥，防止腐蚀性气体的侵蚀。

(2)天平应置于稳定、平坦的平台上，远离空调出风口或门窗附近，避免震动。

(3)天平箱内应保持清洁，定期放置和更换变色硅胶以保持干燥。

(4)称量样品的质量不能超过天平的最大载荷，读数时应关闭侧门。

(5)称量样品应置于合适的容器中，不能直接放在天平托盘上，避免污染或腐蚀托盘。若有样品洒落在天平上，应当使用毛刷细心除去。

五、加热仪器

加热仪器主要用于实验中材料的干燥处理或需要加热的合成反应，如烘箱、水(油)浴锅、马弗炉、管式炉等。每种仪器的控温范围、升温速率和气氛选择均有所差异，需根据实验条件选择合适的加热仪器。

1. 烘箱

烘箱按外形分为卧式烘箱和立式烘箱；按送风方式分为水平送风和垂直送风；按性能分为电热鼓风烘箱、真空烘箱、热风循环烘箱、防爆烘箱、精密烘箱、充氮烘箱和可编程烘烤箱；按额定温度分为低温烘箱(100℃以下)、常温烘箱(100～250℃)、高温烘箱(250～400℃)和超高温烘箱(400～600℃)。

通常实验室使用的烘箱多为常温电热鼓风烘箱和真空烘箱，主要用于干燥样品或水热合成反应。两者的工作原理不同，鼓风烘箱是利用箱体鼓风循环带动空气流动达到干燥目的，真空烘箱则利用抽真空的原理使物品干燥。由于真空环境大大降低了需要驱逐液体的沸点，因此真空烘箱可以用于干燥热敏性物质或易氧化材料，并能有效缩短干燥时间。

1)烘箱的使用方法

鼓风烘箱的使用较为简单，将待干燥样品放入加热室后设置相应温度参数即

可。真空烘箱的使用方法主要包括以下几个步骤:

(1)将待干燥样品放入烘箱加热室,关闭箱门。

(2)关闭放气阀,旋转真空阀至"开",打开真空泵电源进行抽气,当真空度达到–0.1 MPa 时,将真空阀转至"关",并关闭真空泵电源。

(3)打开电源开关,按"SET"键进入温度设定界面,此时 SV 设定灯闪烁,使用移位键和加减键进行温度设置。

(4)温度设置完成后再次按"SET"键进入定时设定界面,使用移位键和加减键进行定时设置,当设置为"0000"时,定时器不工作,为持续加热状态(注:部分烘箱机型没有定时设置功能)。

(5)再次按"SET"键,设置完成,SV 设定灯不再闪烁,PV 灯常亮,进入加热状态。

(6)加热反应完成后,关闭电源开关,待烘箱内部降至室温后,打开放气阀,打开箱门取出样品。

2)烘箱使用的注意事项

(1)烘箱设定温度不能超过铭牌上所规定的最高温度。

(2)烘箱附近勿堆放易燃物品,勿遮挡烘箱出风口。

(3)易燃、易爆、易产生腐蚀性气体的物品勿放入烘箱加热。

(4)物品降至室温后才能取出,以免发生烫伤事故。

2. 水(油)浴锅

水(油)浴锅主要用于实验室中蒸馏、干燥、浓缩及温渍化学药品或生物制品,也可用于恒温加热和其他温度试验。主要是利用温度传感器有效控制电加热管的平均加热功率,使水槽内的水或硅油保持恒温。当被加热的物体要求受热不超过100℃时,可以用水浴加热;超过 100℃时,则采用油浴加热。

1)水(油)浴锅的使用方法

(1)向水(油)浴锅中注入适量清水或四甲基硅油,液面应没过加热圈。

(2)接通电源,打开电源开关,按下"SET"键进入温度设定界面,使用移位键和加减键进行温度设定,再次按下"SET"键完成温度设定。

(3)待温度达到设定值后,将反应装置待加热部分浸入集热锅中进行恒温加热操作。

(4)实验完毕后,取出反应装置,关闭电源,将加热介质排干。

2)水(油)浴锅使用的注意事项

(1)水浴锅加热时应注意液面变化,及时注水,避免加热圈暴露。

(2)注水时注意不可将水流入控制箱内,以免发生短路、触电等。

(3)操作过程中应注意安全,避免烫伤。

3. 马弗炉和管式炉

马弗炉和管式炉是通用的高温烧结设备，均由炉体和温度控制系统组成。炉型结构简单，操作容易，便于控制，能连续生产。不同的是，马弗炉炉膛为正方形，打开炉门就可以放入要加热的坩埚或其他耐高温容器；管式炉内部为管式炉膛，炉膛内插入一根耐高温的石英管或刚玉管，反应物放入瓷舟后，再放入管内。此外，与马弗炉相比，管式炉不仅可以在空气中灼烧固体，还可以在其他特殊气氛中进行高温热处理，如使用氮气、氩气、氧气、氨气以及氩氢混合气等。

1) 管式炉的使用方法

马弗炉的操作较为简单，且参数设置步骤与管式炉基本相同，因此下面主要介绍管式炉的使用方法。

(1) 将盛有样品的瓷舟置于炉管中央加热区，在炉管两端放置炉塞，安装法兰密封装置。按照气瓶主阀、分压阀、法兰开关顺序打开气路，通过改变进气口法兰开关或分压阀调节气体流速，以出气口相连安全瓶中每秒鼓出一个气泡为准。

(2) 接通电源，打开电源开关，按"＜"键进入温度设定界面，设置初始温度（默认为 25），按"SET"键进入时间设定界面，设置升温时间，再次按"SET"键进入温度设定界面，设定目标温度。如需多步热处理，则重复时间、温度设置。然后按"SET"键进入时间设定界面，将光标移动至最左边，按"▽"键，将保温时间设置为"–121"。

(3) 参数设置完成后，按住"＜"键不放，按下"SET"键，返回初始界面。长按"RUN"键启动程序（部分型号设备需要按绿色启动键）。

(4) 热处理完成后，按下红色按钮，使主继电器断开，关闭电源。

(5) 依次关闭气瓶总阀、分压阀、法兰开关。打开法兰，取出样品。

2) 管式炉使用的注意事项

(1) 升温速率不宜设置过快，以免影响设备使用寿命。

(2) 使用管式炉时应注意气路畅通，以免压力过大造成设备损坏。

(3) 不要在高温时打开炉膛，以免发生实验事故。

(4) 尽量在白天有人工作值守时使用。

六、电化学测试仪器

电化学测试仪器用于进行电化学分析或电化学器件性能测试，包括各种电化学工作站和电池测试系统。掌握电化学测试仪器的使用方法和学会分析电化学测试数据，对于理解体系的热力学与动力学性质具有重要意义。

1. 电化学工作站

电化学工作站又称为电化学分析仪，是一种通用的电化学测试系统。电化学工作站集成了几乎所有常用的电化学分析技术，包括循环伏安法、线性扫描伏安法、计时电位/电流法以及交流阻抗法等。目前常用的电化学工作站有上海辰华CHI 系列、德国 Zahner、美国 Solartron 和 Gamary 等，其中上海辰华 CHI 系列工作站在国内实验室使用广泛，因此本节以 CHI 电化学工作站为例进行介绍。在此之前，先对电化学测试最常用的三电极测试体系进行简单介绍。

1)三电极测试体系

所谓三电极测试体系是由工作电极、对电极和参比电极组成的电化学系统，如图 1.5 所示。工作电极也称为研究电极，是指所研究的反应在该电极上发生。通常由正极材料制成或使用玻碳、金、铂等惰性固体电极。对电极也称为辅助电极，与工作电极组成电路，以保证工作电极上电流畅通，使所研究的反应在其上发生。一般由负极材料制成或使用铂或石墨电极。参比电极能够提供稳定的电极电势，避免电极电势因极化电流而产生误差。常用的参比电极有饱和甘汞电极、Ag/AgCl 电极、可逆氢电极、Hg/HgO 电极等。掌握三电极测试体系的使用方法，能够有效地进行电化学分析或电化学器件性能测试。

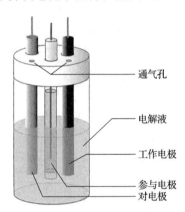

图 1.5　三电极电解池示意图

2)CHI 电化学工作站的使用方法

（1）将电化学工作站与计算机连接。打开电化学工作站电源开关，打开计算机软件，点击"Setup"下拉菜单中的"Hardware Test"按钮，进行仪器自检。

（2）将电极线与待测试电解池相连，以三电极体系为例，红色鳄鱼夹连接对电极，白色鳄鱼夹连接参比电极，绿色和黑色鳄鱼夹连接工作电极，其他接线空接。

（3）点击测试软件"T"按钮，选择测试技术，并按照实验要求进行参数设置。

（4）点击测试软件"▶"按钮，开始电化学测试。

（5）测试完成后点击"File"下拉菜单的"Save As"按钮，保存测试数据，也可点击"Convert to Text"按钮将测试数据转换为 txt 格式，以便后续分析。

（6）测试完成后，断开电极线连接，关闭软件，关闭工作站电源开关。

3)CHI 电化学工作站使用的注意事项

(1)电极线与待测试电解池连接时应注意接线，切勿接错，切勿短接。

(2)严禁将电解池置于工作站上，以免电解液洒出造成工作站短路或人员触电。

(3)进行参数设置时应注意电流量程，避免出现 Overflow 现象。当出现此现象时应点击"■"按钮中断测试，调整灵敏度参数后重新测试。

2. 电池测试系统

电池测试系统主要用于研究可充放电池、电化学超级电容器等两电极电化学体系的容量、效率及寿命性能。目前国内常用的电池测试系统主要是武汉蓝电、深圳新威、美国 Arbin 等。本节以新威电池测试系统为例进行介绍。

1)新威电池测试系统的使用方法

(1)将电池测试系统与电脑连接。打开电池测试系统开关，启动测试软件。先进行用户登录，账号为 admin，密码为 neware。

(2)将待测电池与测试系统连接。对于扣式电池，使用系统配备的电池夹夹住其正负极电池壳；对于软包电池，可使用电池夹夹住正负极极耳，两个极耳之间用绝缘体隔开。电极夹红色、橙色接线一端连接正极，黑色、灰色接线一端连接负极。

(3)找到对应通道，点击右键，选择"单点启动"，按照实验要求进行工步参数设置，并备份数据到目标文件夹。

(4)点击"启动"，开始电池性能测试。

(5)测试完成后，右击对应通道，选择"通道数据"，查看测试数据。点击"Excel 图标"，选择"自定义报表导出"，选择需要的数据内容将数据以 Excel 格式导出，以便后续分析。

(6)取下电池，关闭软件，关闭电池测试系统开关。

2)新威电池测试系统使用的注意事项

(1)操作时应戴好手套，禁止徒手操作。

(2)连接电极夹和待测电池时，应注意电池夹的张口距离，避免一端金属同时接触电池正负极，导致电池外短路。

(3)连接电极夹和待测电池时，应注意正确的接线，避免接错。可通过监测电池静置过程中的开路电位来判断是否接错。

(4)测试完成后的废电池应进行统一处理和收集(详见第一节"5. 废弃锂、钠电池的处理")。

七、其他仪器

1. pH 计

pH 计是利用原电池原理测定溶液酸碱度值的仪器，准确来说是测量氢离子活度。依据能斯特方程，原电池两个电极间的电动势既与电极的自身属性有关，也与溶液中氢离子的浓度有关。原电池的电动势和氢离子浓度之间存在对应关系，氢离子浓度的负对数即为 pH 值。

1) pH 计的使用方法

(1) 按下电源开关开机，预热 5 min 以上。

(2) 每次使用前须用标准缓冲液进行校正，按 <CAL> 进入校准模式，先在 pH 为 4.00 的溶液中校准，再依次在 pH 为 6.86 和 9.18 的溶液中校准。

(3) 将电极浸入待测溶液中，搅拌晃动几下后静置，等待电极稳定后读数。

(4) 测量完成后，将电极用蒸馏水清洗，并用滤纸吸干。关闭电源开关。

2) pH 计使用的注意事项

(1) 标准缓冲液的使用期限不超过 3 个月。

(2) 每次使用前，必须清洗电极并确保玻璃球泡周围无液体存在。

(3) 电极插入被测溶液后，应搅拌晃动几下再静置，加快电极响应。

(4) pH 计不能用于测量强酸、强碱或其他腐蚀性溶液。

(5) 测量浓度较大的溶液时，应尽量缩短测量时间，并仔细清洗电极。

(6) pH 计严禁在脱水介质中使用，如无水乙醇、硫酸、重铬酸钾等。

(7) 玻璃电极的玻璃球泡和玻璃膜很脆弱，切忌与硬物相接触，以免破碎。

2. 离心机

离心机是利用离心力来分离液体与固体颗粒的仪器，在实验室中通常利用多次离心操作对固体颗粒产物进行洗涤并收集。当含有细小颗粒的悬浮液静置时，由于重力场的作用使得悬浮的颗粒逐渐下沉。离心机就是利用其转子高速旋转产生的强大离心力，加快液体中颗粒的沉降速度，把样品中不同沉降系数和浮力密度的物质分离开。

离心机的使用方法：

(1) 打开电源，长按停止键打开盖子。

(2) 将待离心样品装入离心管中(不超过容积的 2/3)，离心管数量必须为偶数，对称位置离心管质量差异不超过 0.5 g。确保离心管外壁无液体，放入离心机并盖好盖子。

(3) 设置参数，按对应按键后输入数字，按认可键确认。

(4) 按启动键即可运行，如运行中需要停机，按停机键。

(5) 离心结束后用抹布或纸将腔内擦干，防止生锈。

(6) 不宜进行长时间高转速离心操作，以免影响离心机使用寿命。

3. 超声波清洗机

超声波清洗机可以用于实验容器或模具的洗涤，也可用于离心过程中悬浊液的超声分散。其主要原理是通过换能器将功率超声频源的声能转换成机械振动，然后通过清洗机槽壁将超声波辐射到容器的液体中。受超声波的辐射，容器内液体中的微气泡能够在声波的作用下保持振动，从而破坏污物与清洗件表面的吸附或颗粒之间的团聚。

1)超声波清洗机的使用方法

(1)向超声波清洗机池内加入适量清水，液面高度以浸没待清洗零部件为准，一般不超过清洗池容积的 3/4。

(2)启动电控加热开关，在使用过程中，清洗机最高温度不应超过 70℃。

(3)待水温升至 40℃左右时，将适量待清洗零部件的清洗剂加入清洗池中，徐徐搅动池水使其充分溶解。在此时，也可启动超声波或开启鼓气装置进行搅拌。

(4)将待清洗零部件置于烧杯中轻轻放入清洗池内，当一次性放入的零部件较多时，应尽量使它们在烧杯中均匀分布，不相重叠。

(5)超声波清洗机正常工作时，超声波由三个方向同时发射，按下侧超声启动，两侧的超声波即已启动，此时 LED 显示器显示当前底部超声工作功率值。

(6)在清洗过程中若要停机，应先将功率键关掉，再按下停止超声，清洗时间根据清洗表面情况掌握。

2)超声波清洗机使用的注意事项

(1)在启动超声波清洗机前，必须确保清洗池内已加入足够的清洗液，否则严禁开启超声波开关。

(2)禁止使用具有强腐蚀性或易燃易爆性的液体作为清洗液。

(3)定期清洗清洗池底部，确保无过多杂物或污垢。

(4)避免长时间连续使用超声波清洗机，建议每次使用不超过 30 min。

4. 行星式球磨机

行星式球磨机主要用于实验过程中混合、研磨纳米材料，以便后续的制膜或高温固相合成反应。在仪器运行过程中，磨筒在公转的同时进行自转，带动磨球做复杂的运动，对物料产生强力剪切、冲击、碾压等作用，从而达到粉碎、分散物料的目的，最小粒度可达到 0.1 μm。

1)行星式球磨机的使用方法

(1)根据需求选择合适的球磨罐，如玛瑙或不锈钢，球的数量应按球料质量比4∶1来确定。

(2)打开球磨机后面的电源开关，翻开球磨机盖。将球磨罐放在橡胶圆盘上，使用安全扣固定，先将安全扣的长端塞入罐架的缺口，再将短端塞入对面缺口，旋紧旋钮，然后起开紧固柄，重复以上步骤3次。

(3)根据球磨罐的质量调整平衡锤位置，用力转动球磨罐观察是否会刮到边缘，如果不会碰到，则盖上球磨机盖。

(4)设置参数，包括转速、运行时间、休息时间、循环次数和反转模式。

(5)按"Start"键启动球磨机。

(6)球磨结束后，取出球磨罐并关闭电源，细心刮取球磨罐中的粉末。

2)行星式球磨机使用的注意事项

(1)投料时要按照球料比进行配重，球磨罐使用时务必加垫圈。

(2)使用前务必调节平衡锤位置，确保球磨罐平稳运行。

(3)注意仪器连续工作时长，禁止超负荷运行。

(4)在球磨机不使用时，必须做断电处理，以防误触启动键造成意外。

5. 手套箱

充满氩气的手套箱主要用于存放对水、氧敏感的药品或进行对水、氧敏感的实验操作。箱体内的工作气体为惰性气体氩，通过管道、循环风机等进行密闭循环。在可编程逻辑控制器的控制和监视下，工作气体循环经过净化柱时，其中所含的水分和氧气被吸附，从而保证箱体内的水氧含量小于 0.01 ppm（1ppm=10^{-6}）。净化柱在一定时间的循环后会吸附饱和，需要进行再生处理以重复使用。

1)手套箱的使用方法

(1)打开过渡舱的外侧舱门，将待送入物品放入过渡舱内，关闭外侧舱门。

(2)将控制面板上压力下限调至–1，启动真空泵进行抽气和清洗操作。对于小过渡舱，需重复3～5次；对于大过渡舱，需重复2～3次。

(3)戴上手套，打开过渡舱内侧舱门，取出舱内物品，关闭内侧舱门后，进行实验操作。

(4)操作完成后，将待送出物品经过渡舱取出。关闭舱门并抽真空。将压力下限调回1。

2)手套箱使用的注意事项

(1)禁止将任何含氧气或水的物品带入手套箱。在放入手套箱之前，物品必须进行烘干处理，瓶子等物品需要打开瓶盖以免带入空气。

(2)在使用手套箱前，应检查气瓶压力。如果压力小于1 MPa，则禁止使用大过渡舱。需要联系管理员更换气瓶。

(3)进出物品时，大小过渡舱的内外侧舱门不能同时打开。

(4)水和氧气探头对水和氧气非常敏感。如果手套箱破损或漏气，则会进入大量的空气。此时必须立即通知管理人员，切勿随意处置。

第二章　电化学储能材料基础实验

实验 1　铂电极上的电化学行为观测

一、实验内容与目的

(1) 了解常用的电化学实验方法，掌握循环伏安法测试的基本原理。

(2) 了解铂电极上的氢、氧吸脱附过程。

(3) 学会使用电化学工作站测定铂电极在硫酸溶液中的循环伏安曲线。

(4) 了解电势扫描速度和电压范围对循环伏安曲线的影响。

二、实验原理概述

电化学是一门研究电能与化学能之间相互转化及其规律的科学。大部分电化学研究涉及伴随电流的化学反应，其中包括通过电流引起的化学反应和通过化学反应产生电能的反应。电化学法是利用物质的电学及电化学性质进行分析研究的方法。常见的电化学实验方法有循环伏安法(cyclic voltammetry，CV)、线性扫描伏安法(linear sweep voltammetry，LSV)、电化学阻抗法(electrochemical impedance spectroscopy，EIS)、电势阶跃法、恒电流/电位法、极谱法和脉冲伏安法等。循环伏安法由于其操作简单、图谱解析直观、获取信息丰富等特点，在电化学研究中得到了广泛的应用。

1. 循环伏安法

循环伏安法是一种电化学分析技术，可用于研究电极反应的性质、机理和电极过程动力学参数等。其原理是通过对电化学反应中电势和电流的变化进行扫描，获得氧化还原曲线。在实验中，常采用由工作电极、对电极和参比电极构成的三电极系统，外加电压加在工作电极与对电极之间，反应电流通过工作电极与对电极。通过控制电极的电势以恒定的速度从初始电势扫描到换向电势，然后反向扫描，形成一个三角波。记录下来的电流-电势扫描曲线被称为循环伏安曲线。如图 2.1 所示，在扫描过程中，若前半部分电势向阳极方向扫描，则电活性物质在电极上被氧化，产生氧化波；而后半部分电势向阴极方向扫描时，氧化产物会重新在电极上被还原，产生还原波。因此，一个循环完成了一个氧化和还原过程。

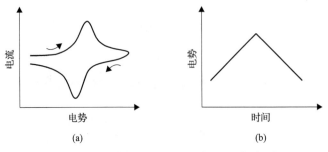

图 2.1 循环伏安曲线(a)和电势-时间曲线(b)

(1)在循环伏安法中,电压的扫描过程包括阳极与阴极两个方向,从所得的循环伏安曲线的氧化波和还原波的峰高和对称性可以判断电活性物质在电极表面反应的可逆程度。若反应是可逆的,则曲线上下对称;若反应不可逆,则曲线上下不对称。这可以帮助判断电极的可逆性。

(2)循环伏安法还可以用来研究电极表面的吸附现象、电化学反应产物、电化学-化学耦联反应等电极反应机理。在电势扫描初期,反应电流随过电势的增加而增大,即扩散电流随时间增长;到扫描后期,扩散电流因扩散层厚度增加或吸脱附过程引起的双层电容变化而降低,形成电流峰值。这些信息可以帮助研究电极表面的反应机理。

2. 多晶铂电极上的氢、氧吸脱附行为

硫酸溶液通常被用作酸性体系的空白溶液。在硫酸溶液中,铂电极的各个基础晶面具有特定的循环伏安特征。图 2.2 展示了多晶铂电极在 0.5 mol/L 硫酸溶液

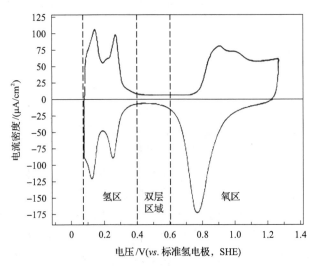

图 2.2 多晶铂电极在硫酸溶液中的循环伏安曲线

中的循环伏安曲线，可分为三个区域：当电势低于 0.4 V 时为氢区，发生氢原子的吸附与脱附；电势高于 0.6 V 为氧区，发生铂的氧化与还原；电势位于 0.4~0.6 V 为双层区域，没有电化学反应发生。具体而言，从开路电位向负电位扫描时，溶液中的氢离子还原生成氢原子吸附在铂表面，由于电极表面的吸附覆盖度较低，这时氢原子与铂结合力较强，对应的还原峰为氢的强吸附峰；当铂电极表面吸附覆盖度逐渐增加，继续吸附的氢原子与电极表面的结合逐渐减弱，出现氢的弱吸附峰；正向扫描时，吸附强度较弱的氢优先脱附氧化，强吸附的氢后脱附；到达双层区域后，只有微弱电流用于双电层充电；到达氧区后，发生氧的吸附，铂电极表面被氧化；负向扫描时，铂电极表面氧化物膜被还原。

本实验通过测定铂电极在硫酸溶液中的循环伏安曲线，直观阐释不同电位下铂电极表面的氢、氧吸脱附行为。

三、实验方法与步骤

1. 仪器与材料

电化学工作站 1 台、电解池 1 个、饱和甘汞参比电极 (saturated calomel electrode，SCE) 1 支、铂片工作电极 1 支、铂片对电极 1 支、0.5 mol/L 硫酸溶液 500 mL、高纯氮气。

2. 操作步骤

(1) 确定实验体系：选择面积为 0.5 cm×0.5 cm 的铂片为工作电极，饱和甘汞电极作为参比电极，面积为 1 cm×1 cm 的铂片作为对电极，使用 0.5 mol/L 硫酸溶液作为电解液，并组装三电极电解池。

(2) 在电解池中通入氮气 15~20 min，确保将溶液中的氧气除尽。

(3) 将电化学工作站与各电极连接好。例如，当使用 CHI 电化学工作站时，将白线连接参比电极，将红线连接对电极，将绿线和黑线连接到工作电极。

(4) 打开电化学工作站及应用程序，点击"Setup"下拉菜单中的"Hardware Test"按钮，进行仪器自检。

(5) 点击"T"按钮，选择循环伏安测试，并设置参数：电位范围设为–0.2~1.0 V，扫描速度设为 50 mV/s。点击"▶"按钮进行多次扫描，直至获得稳定的循环伏安曲线。

(6) 在保持电位范围不变的情况下，改变扫描速度 (如 20 mV/s、10 mV/s、5 mV/s)，观察测试曲线中电流和电压值的变化规律；在保持扫描速度不变的情况下，改变电位范围 [如 (–0.2±0.1)~(1.0±0.1) V]，观察测试曲线中电流和电压值的变化规律。

四、实验数据处理

(1)绘制循环伏安曲线,分析铂电极表面在不同电位区间发生的反应。可以通过对循环伏安曲线的峰电位、峰电流,以及峰形进行分析,推断反应种类、反应速率等参数。

(2)分析扫描速度和电位范围对循环伏安曲线中电流和电压值的影响。在实验中,可以通过改变扫描速度和电位范围来研究循环伏安曲线的变化规律,分析扫描速度和电位范围对电化学反应速率和反应种类的影响。

五、思考与讨论

(1)名词解释:工作电极、参比电极、对电极,并说明它们的作用。

(2)做铂电极在 0.5 mol/L 硫酸溶液中的循环伏安曲线,并解释图中各峰对应的电化学行为。

(3)讨论扫描速度和电位范围对循环伏安曲线中电流和电压值的影响。

(4)用同样的方法测量金电极在 0.5 mol/L 硫酸溶液中的循环伏安曲线。

参 考 文 献

查全性, 2002. 电极反应过程动力学导论[M]. 3 版. 北京: 科学出版社.

朱明华, 胡坪, 2008. 仪器分析[M]. 4 版. 北京: 高等教育出版社.

Bard A J, Faulkner L R, 2001. Electrochemical Methods: Fundamentals and Applications[M]. 2nd ed. Hoboken: John Wiley & Sons, Inc.

Sugawara Y, Yadav A P, Nishikata A, et al, 2009. Effects of potential range and sweep rate on dissolution of platinum under potential cycling in 0.5 M H_2SO_4 solution[J]. ECS Transactions, 16(24): 117-123.

Piela B, Wrona P K, 1995. Capacitance of the gold electrode in 0.5 M H_2SO_4 solution: a.c. impedance studies[J]. Journal of Electroanalytical Chemistry, 388: 69-79.

实验 2　锰酸锂正极的高温固相合成与电池性能测试

一、实验内容与目的

(1)了解锰酸锂材料的晶体结构及充放电机理。

(2)了解锰酸锂材料常见的合成方法。

(3)掌握锰酸锂的容量衰减机理。

(4)熟悉并掌握扣式锂离子电池的组装流程。

二、实验原理概述

1. 尖晶石型 $LiMn_2O_4$ 的晶体结构

尖晶石型 $LiMn_2O_4$ 是一种具有立方对称性的化合物，属于 AB_2O_4 型化合物，空间群为 $Fd3m$，其中氧离子按照面心立方密堆积结构排布，锰离子交替位于氧离子构成的八面体内空隙，而锂离子占据着 1/8 氧四面体空隙。尖晶石型 $LiMn_2O_4$ 整体结构由 LiO_4 四面体和 MnO_6 八面体构成，每个顶角处由一个四面体和三个八面体共有，晶体结构示意图如图 2.3 所示。

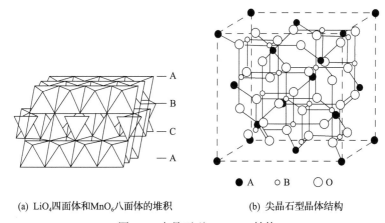

(a) LiO_4 四面体和MnO_6八面体的堆积　　　(b) 尖晶石型晶体结构

图 2.3　尖晶石型 $LiMn_2O_4$ 结构

AB 层中 3/4 八面体空隙被锰离子占有，BC 层中 1/4 八面体空隙被锰离子占有，且 1/4 四面体空隙被锂离子占有，结构较为复杂。为了便于理解，可以把这种结构划分为 8 个立方亚晶胞，并且可以从结构上把这些立方晶胞分为甲、乙两种类型，如图 2.4 所示。在甲型立方亚晶胞中，Li^+ 位于结构的中心和 4 个顶角上(对应于尖晶石晶胞中的角和面心)，4 个 O^{2-} 分别位于 4 条体对角线上距离空顶角的 1/4 处。在乙型立方亚晶胞中，Li^+ 位于 4 个互不相邻的顶角上，Mn^{3+} 或

Mn^{4+} 位于各条体对角线上距离空顶角的 1/4 处，4 个 O^{2-} 分别位于各条体对角线距 Li^+ 顶角的 1/4 处。

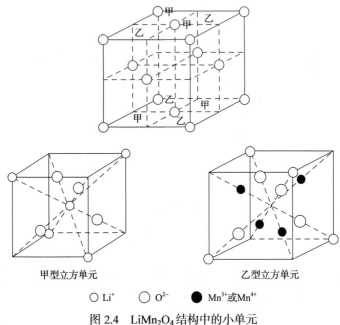

○ Li^+ ◯ O^{2-} ● Mn^{3+}或Mn^{4+}

图 2.4 $LiMn_2O_4$ 结构中的小单元

尖晶石 $LiMn_2O_4$ 结构中各离子的示意图如图 2.5 所示，晶格内 1/2 的氧八面体间隙被 Mn^{3+} 或 Mn^{4+} 所填，而 1/8 的氧四面体间隙被 Li^+ 所填，其结构可表示为 $Li_{8a}(Mn_2)_{16d}O_4$，且锰的平均化合价为+3.5 价。具体来说，一个尖晶石晶胞有 32 个氧离子、16 个锰离子和 8 个锂离子，氧离子通过面心立方密堆积形成 64 个四面

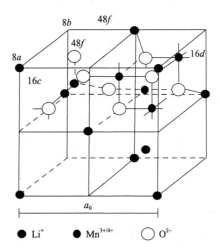

● Li^+ ● $Mn^{3+/4+}$ ○ O^{2-}

图 2.5 尖晶石 $LiMn_2O_4$ 结构中离子的空间位置示意图

体间隙和 32 个八面体间隙，其中 16 个锰离子(各一半的 Mn^{3+} 和 Mn^{4+})占据了 32 个八面体间隙位($16d$)的 1/2，而锂离子占据了 64 个四面体间隙位($8a$)的 1/8。因此，剩余的 16 个八面体间隙位($16c$)和 56 个四面体间隙位($8b$ 和 $48f$)是全空的，共同构成了尖晶石 $LiMn_2O_4$ 结构内的 Li^+ 扩散的三维通道。在晶体内，Li^+ 通过空着的相邻四面体和八面体间隙，沿 $8a$—$16c$—$8a$ 的通道($8a$—$16c$—$8a$ 夹角为 107°)在 Mn_2O_4 的三维网络结构中嵌入和脱出，相比于层间结构的正极材料，锂离子脱嵌更具优势，也是 $LiMn_2O_4$ 可以被用作锂离子二次电池正极材料的理论基础。

2. 常见的尖晶石型 $LiMn_2O_4$ 的合成方法

(1)高温固相法

高温固相法工艺流程相对简单，适用于粉体材料合成和大规模产业化应用。制备原料常选用 $LiOH$、Li_2CO_3、CH_3COOLi 等作锂源，将其与锰源[如 MnO_2、$MnCO_3$、$Mn(NO_3)_2$ 等]按照合适比例混合，再经过多次研磨、烧结后制得粉体。但此法一般存在合成时间较长、能耗大、效率低、产物均匀性较差等问题。

为了避免上述问题，研究者们往往选取易熔或易分解的含锂化合物作锂源，以便合成粒径分布更为均匀的目标产物，同时也有助于降低反应温度，减少能耗；而通过在原料研磨过程中加入适量的分散剂(如水、无水乙醇、环己烷等)，也能进一步促进原料均匀混合并细化产物颗粒；此外，还可以在烧结过程中直接添加助燃剂，利用助燃剂燃烧时释放的热量推动反应环境温度快速提高，达到降低煅烧温度、缩短煅烧时间、减少制备成本等目的。

(2)溶胶凝胶法

溶胶凝胶法具有合成温度低、样品粒径小且分布均匀、材料电化学性能优异等优点。一般是将符合化学计量比的锂源和锰源分别溶解于水中，并在一定温度下混匀，再加入合适的螯合剂并搅拌一定时间，待材料聚合形成湿凝胶，再经过干燥处理得到凝胶态前驱体，最终烧结后得到尖晶石型 $LiMn_2O_4$。

(3)共沉淀法

共沉淀法制备的 $LiMn_2O_4$ 材料一般颗粒细小、成分均匀、合成周期短，但需要对反应过程进行严格控制，且反应过程中产物容易发生团聚。一般是将锂盐和锰盐混合溶解后，向混合溶液中加入一定量合适的沉淀剂，并控制溶液的酸碱度、反应温度、反应时间至完全沉淀，再将沉淀物干燥、高温煅烧，得到 $LiMn_2O_4$ 材料。

尖晶石型 $LiMn_2O_4$ 作为新一代具有希望替代 $LiCoO_2$ 的锂离子电池正极材料，其合成方法不断取得新进展。固相合成法工艺简单，制备条件容易控制，易于工业化生产。因此，本实验采用固相合成法制备 $LiMn_2O_4$ 材料。

3. 尖晶石型 $LiMn_2O_4$ 的充放电机理

$LiMn_2O_4$ 的理论比容量为 148 mAh/g，实际比容量一般为 120～130 mAh/g。在充放电过程中，随着 Li^+ 的脱出和嵌入，尖晶石 $LiMn_2O_4$ 的化学计量数将发生变化，则必然引起晶体结构改变。在充电过程中，8a 位上的 Li^+ 脱出，Mn^{3+}/Mn^{4+} 比值变小，材料在理想情况下最终会变为 λ-MnO_2，形成稳定的 $[Mn_2]_{16d}O_4$ 尖晶石骨架，且剩余锰离子均为+4 价。在放电过程中，嵌入的 Li^+ 在静电力的作用下首先进入势能较低的 8a 空位，而为了保持电荷平衡，部分锰离子将由+4 价向+3 价转变。由此可见，$LiMn_2O_4$ 的初始比容量可以根据材料中 Mn^{3+} 离子的量来判断。充放电过程的反应方程式如下：

$$[\quad]_{8a}[Mn_2^{4+}]_{16d}[O_4^{2-}]_{32e} + Li^+ + e^- \Longleftrightarrow [Li^+]_{8a}[Mn^{4+}Mn^{3+}]_{16d}[O_4^{2-}]_{32e} \quad (2.1)$$

在深度充放电过程中，$Li_xMn_2O_4$ 中锂离子的脱/嵌范围为 $0 < x < 2$，主要有 2 个电压平台：3 V 和 4 V。锂离子在 4 V 附近的脱出与嵌入引起的 $LiMn_2O_4$ 体积收缩与膨胀对晶格参数影响不大，晶格仍然保持着尖晶石结构的立方对称性；而锂离子在 3 V 附近脱出与嵌入时，存在立方体 $LiMn_2O_4$ 和四方 $Li_2Mn_2O_4$ 之间的相转变，对应锰离子的价态在+3.5 价和+3.0 价之间变化。理想充电状态中，$LiMn_2O_4$ 中的锂离子会分两步脱出直至仅剩 $[Mn_2O_4]$ 骨架。首先锂离子从具有强烈 Li-Li 相互作用的一半四方相中脱出，需要的能量较低，对应于 3 V 左右的电压平台，随后，锂离子需要克服锂离子和空位之间的强烈吸引作用才可以脱出，故而对应较高能量的 4 V 电压平台。而放电过程锂离子会重新嵌入晶格中。放电初期，锂离子倾向于占据氧四面体的 8a 位，材料由 $[Mn_2O_4]$ 逐渐变成 $LiMn_2O_4$，8a 位逐渐饱和，继续嵌入的锂离子将会进入氧八面体的 16c 空位，且后嵌入的锂离子会受到先前嵌入锂离子的排斥作用，使得材料的嵌锂电位逐渐降低，最终形成富 Li 尖晶石 $Li_2Mn_2O_4$。图 2.6 是典型的 $LiMn_2O_4$ 正极材料对锂半电池测试的充放电曲线（0.1 C 倍率），从图中可获得电池的充放电容量、电压平台、过电位、库仑效率、能量效率等信息。其中，库仑效率是指电池放电容量与同循环过程中充电容量的百分比，库仑效率越接近 100%，说明电极反应的可逆性越高。

4. 尖晶石型 $LiMn_2O_4$ 的容量衰减原因

(1) Jahn-Teller 效应

尖晶石型锰酸锂循环性能差的主要原因之一是 Jahn-Teller 效应所导致的结构不可逆转变，Mn^{3+} 的存在是该效应的本质诱因。一般认为过渡金属氧化物是六配位化合物，由过渡金属阳离子和六个阴离子构成八面体结构。位于阴离子八面体内的过渡金属阳离子会分裂形成 2 个高能级的 e_g 轨道和 3 个低能级的 t_{2g} 轨道，当

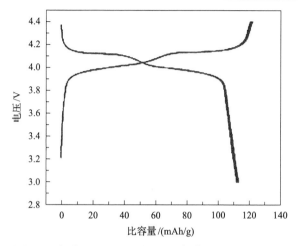

图 2.6　尖晶石 $LiMn_2O_4$ 在 0.1 C 倍率下的充放电曲线

e_g 轨道被不均等占有时，对应电子云将失去八面体对称，晶格也会随之不稳定而变得扭曲。当深度放电结束时，锰的平均价态接近+3.5，随着 Mn^{3+} 含量增加，晶体的结构扭曲加剧，晶体会由立方晶系向更为稳定的电化学惰性的四方晶系转变，导致尖晶石的三维隧道结构被破坏，锂离子的嵌入受到阻碍，从而最终导致了可逆容量下降。

(2) Mn 的溶解

锰的溶解也是造成尖晶石型 $LiMn_2O_4$ 正极材料容量衰减的原因，锰溶解会造成晶格缺陷，使得晶体结构的有序性下降，锂离子的脱出/嵌入通道受到破坏，锂离子在尖晶石结构中的扩散受到影响，最终表现为充放电过程中材料容量的衰减。当处于深度放电状态下时，$LiMn_2O_4$ 中的 Mn^{4+} 会逐渐被还原形成 Mn^{3+}，且伴随放电程度加深，Mn^{3+} 的量逐渐增多，当 Mn^{3+} 的浓度高到一定程度时，不仅可能引起严重的 Jahn-Teller 效应，还可能在颗粒表面发生歧化反应：

$$2Mn^{3+} \longrightarrow Mn^{4+} + Mn^{2+} \tag{2.2}$$

此外，有研究指出高温条件(55℃以上)会加速锰的溶解，且溶解损失随着温度的升高而逐渐加大。

(3) 电解液的分解

若电解液中存在少量水，会使电解液分解，产生的 H^+ 会与 $LiMn_2O_4$ 反应形成非活性的 Mn^{2+} 和 λ-MnO_2，同时形成 Li_2CO_3 和 LiF 等不溶性产物，堵塞电极孔道、增大电池的内阻。而且随着电解液分解后非活性产物及不溶性产物浓度的增大，Li^+ 更难扩散，导致电池性能下降，容量大幅衰减。

此外随着充电状态下 $LiMn_2O_4$ 内锂离子的不断脱出，材料内 Mn^{4+} 浓度不断升高，其本身的高氧化性会引起电解液中有机物与 Mn^{4+} 之间的反应，导致电解液发生分解。

三、实验方法与步骤

1. 仪器与材料

分析天平、行星式球磨机、擀膜机、压片机、马弗炉、鼓风干燥箱、氩气手套箱、移液枪、电池封口机、电池测试系统、研钵、烧杯、药匙、瓷舟、圆形铳子。

氢氧化锂、电解二氧化锰 (electrolytic manganese dioxide，EMD)、隔膜、玻璃纤维膜、铝网、质量分数为 12%的聚四氟乙烯 (polytetrafluoroethylene，PTFE) 溶液、乙醇、乙炔黑、锂片、锂电电解液、垫片、弹片、扣式电池壳。

2. 操作步骤

1) 材料的制备

(1) 按成品 $LiMn_2O_4$ 物质的量为 0.02 mol 计算并称取符合化学计量比的氢氧化锂 (过量 2%) 和 EMD，放入球磨罐，300 r/min 下研磨均匀。

(2) 将研磨后的混合物置于刚玉瓷舟中，移至马弗炉中加热至 450℃保温 3 h，再升温至 750℃保持 10 h (升温速率为 10℃/min)，随炉冷却至室温，得到 $LiMn_2O_4$ 粉末。

(3) 取出 $LiMn_2O_4$ 粉末，用玛瑙研钵充分研磨。

2) 电极片的制备

(1) 在天平上放置一个 5 mL 干净小烧杯，清零后向烧杯中滴入一滴 12% PTFE 溶液，记录其质量并算出净 PTFE 的质量。

(2) 按照质量比 $LiMn_2O_4$：乙炔黑：PTFE=85：10：5 分别称取 $LiMn_2O_4$ 和乙炔黑。

(3) 将 $LiMn_2O_4$ 与乙炔黑混合研磨 10 min 左右，加入到滴加了 12% PTFE 的小烧杯中，搅拌成具有一定黏度的泥状物 (如样品太干，可加入适量无水乙醇)。

(4) 对泥状物进行反复碾压擀膜，用直径为 12 mm 的圆形铳子裁成圆片并称量。

(5) 将圆片置于裁好的铝网上 (直径为 14 mm)，用压片机压实 (压力为 20 MPa 左右)，得到正极片。

(6) 将正极片置于鼓风干燥箱中，80℃干燥 8 h。

3) 电池的组装

扣式锂电池在氩气手套箱中进行组装，其结构如图 2.7 所示。具体操作流程如下：首先将不锈钢弹簧片、垫片、锂片负极置于扣式电池负极外壳内，然后滴加 20 μL 电解液，接着依次放置隔膜、玻璃纤维膜，再滴加 30 μL 电解液，放入正极片，最后将正极外壳盖上，并在纽扣电池封口机上进行加压封装。

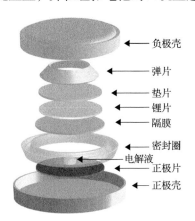

图 2.7 扣式电池结构图

4) 电池的测试

电池的充放电测试通过电池测试系统完成，采用"恒流充电—恒流放电—循环测试"的程序。测试的充放电电压范围为 3.0～4.3 V。

在测试中，采用 0.1 C (1 C=120 mA/g) 的电流进行恒流充电，截止电压为 4.3 V。随后以相同电流进行放电，截止电压为 3.0 V。测试前需要将电池静置 6~8 h，然后启动程序进行 8 次充放电循环。记录电池循环过程中的充放电比容量随电压变化的情况，并记录每一圈循环中的放电比容量和库仑效率数据。

四、实验数据处理

(1) 绘制锰酸锂半电池的充放电曲线 (电压-比容量曲线)。

(2) 绘制锰酸锂半电池的循环曲线 (放电比容量、库仑效率-循环次数曲线)。

五、思考与讨论

(1) 简述锰酸锂的充放电机理。

(2) $LiMn_2O_4$ 材料容量衰减的原因是什么？

参 考 文 献

吴宇平, 2012. 锂离子电池——应用与实践[M]. 北京: 化学工业出版社.

Xia Y, Zhou Y, Yoshio M, 1997. Capacity fading on cycling of 4 V Li/LiMn₂O₄ cells[J]. Journal of The Electrochemical Society, 144: 2593-2600.

He P, Yu H J, Li D, et al, 2012. Layered lithium transition metal oxide cathodes towards high energy lithium-ion batteries[J]. Journal of Materials Chemistry, 22(9): 3680-3695.

实验 3　磷酸铁锂的制备与电池性能测试

一、实验内容与目的

(1)了解磷酸铁锂材料的晶体结构。

(2)掌握磷酸铁锂电极材料的充放电机理。

(3)了解并掌握电池充放电性能的分析测试原理及方法。

(4)了解磷酸铁锂正极材料的制备方法,学习并熟练掌握本实验中磷酸铁锂的制备流程。

二、实验原理概述

1. 磷酸铁锂电极材料

(1)磷酸铁锂的结构及特点

磷酸铁锂具有橄榄石结构,其对应的空间群为 *Pmnb*。其中,氧原子以六方密堆积方式排列,磷原子占据四面体位点形成 PO_4,锂和铁原子分别组成锂氧八面体和铁氧八面体。具体晶体结构如图 2.8 所示。在 *bc* 面方向上 FeO_6 八面体通过共角连接,在 *b* 方向上 LiO_6 八面体通过共边连接成链。一个 FeO_6 八面体与两个 LiO_6 八面体共边,PO_4 基团有一个边与 FeO_6 八面体共享,有两个边与 LiO_6 八面体共享。

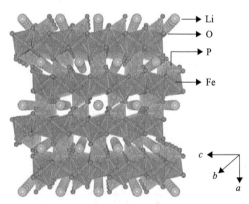

图 2.8　[010]方向上 $LiFePO_4$ 晶体结构示意图

$LiFePO_4$ 具有强 P—O 共价键,因此具有较高的热稳定性和化学稳定性,不容易与有机电解液反应。因此,以 $LiFePO_4$ 为正极材料的锂离子电池具有卓越的循环稳定性和高度的安全性。此外,由于 $LiFePO_4$ 合成所需的原材料来源丰富且成本低廉,合成过程一般不会污染环境。因此,在电动汽车等大型动力电源领域,

$LiFePO_4$ 正极材料具有广阔的市场。

但 $LiFePO_4$ 也存在一些缺点：$LiFePO_4$ 中共角八面体 FeO_6 被 PO_4 四面体中的 O 原子分隔，无法形成连续的 FeO_6 共边八面体网络，从而导致电子传输能力有所下降；同时 O 原子按接近于六方密堆积的方式排列，只能为 Li^+ 提供有限的通道，使得室温下 Li^+ 的迁移速率很低；此外，$LiFePO_4$ 的理论振实密度为 3.6 g/cm^3，实际振实密度仅为 1.2 g/cm^3，明显低于 $LiCoO_2$（5.1 g/cm^3）和 $LiMn_2O_4$（4.2 g/cm^3），导致其体积比容量较小。因此，为了增强 $LiFePO_4$ 的电化学性能和实际应用的潜力，需要进一步提高 $LiFePO_4$ 的电导率和体积比容量。

(2)磷酸铁锂的充放电机理

磷酸铁锂的理论比容量为 170 mAh/g，实际比容量约为 160 mAh/g，对锂电位约为 3.45 V。在低倍率充放电时，磷酸铁锂的充放电曲线相对平坦，电池极化相对较小(图 2.9)，说明锂离子的脱出与嵌入是一个化学平衡过程，电极反应过程的动力学性能较好。

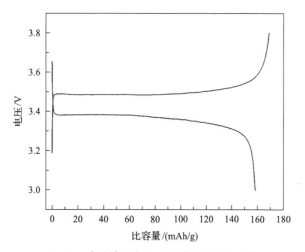

图 2.9　磷酸铁锂半电池的首圈充放电曲线

磷酸铁锂充放电过程中存在 $LiFePO_4$ 和 $FePO_4$ 两相之间的转变与共存，以及 Li^+ 在两相界面上的脱出/嵌入(图 2.10)。

充电时，Li^+ 从 $LiFePO_4$ 的晶格中脱出，同时 Fe^{2+} 失去电子氧化为 Fe^{3+}，形成 $FePO_4$；放电时，Li^+ 重新嵌入 $FePO_4$ 晶格中形成 $LiFePO_4$。充电过程的电极反应方程式如下：

$$LiFePO_4 \longrightarrow Li_{(1-x)}FePO_4 + xe^- + xLi^+ \tag{2.3}$$

$LiFePO_4$ 和 $FePO_4$ 晶体结构相似，晶胞体积分别为 0.2914 nm^3 和 0.2717 nm^3，彼此仅相差 6.8%，因此，在充放电过程中，材料颗粒的结构变化相对较小，材料

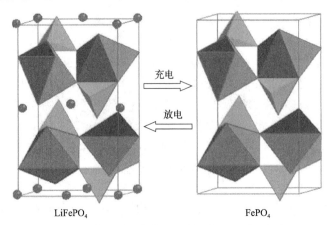

LiFePO₄　　　　　　　　　　　　　　FePO₄

图 2.10　LiFePO₄充放电过程中锂离子的脱出与嵌入

不会大幅度变形、破碎等，从而降低了不可逆的比容量损失。这些特点使得磷酸铁锂表现出卓越的循环性能。

(3)磷酸铁锂的合成方法

常见的合成方法主要分为固相合成法和液相合成法两类。固相合成法包括高温固相法、碳热还原法，液相合成法包括共沉淀法、水热法、溶胶凝胶法等。

高温固相法是将亚铁盐(如草酸亚铁、乙酸亚铁等)、磷酸铵(磷酸二氢铵)和磷酸二氢锂等原料经球磨混合后，再进行高温煅烧来形成 LiFePO₄。碳热还原法采用三价铁源、过量碳、磷酸二氢锂等为原料，其中一部分碳在较高温度下还原三价铁为二价铁，剩余碳则包覆材料促进导电性能的提升。固相法的优点在于工艺简单，制备条件易于控制，适合工业化生产。缺点则是合成产物物相不均，颗粒尺寸较大且粒径分布不均，合成过程需要使用大量惰性/还原气体，耗能较多等。

水热法是将亚铁盐、磷酸、氢氧化锂的混合溶液在高温高压反应釜中反应一段时间，再对沉淀进行过滤、干燥处理得到 LiFePO₄。水热法具有合成温度较低(约120~200℃)、反应时间较短、产物尺寸较小且物相均一的优点。溶胶凝胶法则是采用可溶性锂源、铁源和磷酸溶解于水溶液后，通过调节控制 pH、加热等形成凝胶，随后在高温下老化得到 LiFePO₄，此法的优势在于前驱体溶液能达到分子级混合、热处理温度低、制备的材料粒径小且均匀。但液相合成法的缺点在于低温合成过程难以得到完全结晶的 LiFePO₄，从而在一定程度上削弱材料的容量和化学稳定性。

本实验采用原位聚合-碳热还原法合成 LiFePO₄，包括原位聚合反应和两个典型的限制粒径过程：在 FeCl₃ 溶液中滴入苯胺和 NH₄H₂PO₄ 混合溶液的过程中，Fe^{3+} 可以催化氧化苯胺，在生成的 FePO₄ 外层原位聚合成聚苯胺(polyaniline，PANI)层(少量的 Fe^{3+}在这个过程中会还原为 Fe^{2+})，并且促进 PO_4^{3-}沉淀，且外层的聚苯胺层能有效抑制 FePO₄增长，此即原位聚合反应和第一个限制过程。而在前驱体(FePO₄/PANI)与锂源、蔗糖混合高温煅烧时，聚合物层和蔗糖在高温下裂

解为碳层包覆在 $LiFePO_4$ 表面，限制了 $LiFePO_4$ 颗粒的原位长大，此即第二个限制过程。

(4)磷酸铁锂正极材料的性能提升

磷酸铁锂有许多优点，如合成原料来源广泛、价格低廉、对环境无污染等，同时其本身具有良好的稳定性，制备的电池也具有卓越的安全性能。然而，以磷酸铁锂为正极的电池的倍率性能和体积能量密度受到限制，这是由磷酸铁锂电子电导率较低、锂离子扩散系数较小和振实密度低所致。

为了进一步提高磷酸铁锂的应用价值，可以采用添加导电材料及碳包覆的方式来提升材料的电子电导率和锂离子扩散系数。常见的导电材料，如乙炔黑、碳纳米管等，可以直接加入活性材料中以促进导电。然而，当磷酸铁锂的颗粒尺寸接近纳米级时，需要加入大量的导电碳才能实现完整包覆，导致导电材料分散不均匀、包覆不完整等问题出现。因此，可以通过在制备磷酸铁锂的过程中加入含碳有机物，再经过高温处理，让热解碳完整包覆在磷酸铁锂颗粒的表面。均匀完整的碳包覆不仅能提高活性物质的导电性，改善电极的高倍率性能，还能阻碍颗粒在热处理过程中的长大，限制粒径。此外，碳包覆还能作为还原剂防止 Fe^{2+} 转变为 Fe^{3+}，从而确保材料的纯度。需要注意的是，碳包覆需要适度，过量的碳会导致材料振实密度下降、比容量下降、成本增加等问题。因此，需要进行合理的控制和平衡。

2. 热重分析(thermogravimetry analysis，TG 或 TGA)

热重分析是一种在程序温度控制下测试物质质量随温度(或时间)变化的技术，能够测定出原料随温度的变化趋势，判断原料分解、脱水(结晶水或自由水)、升华等对应的温度，进而帮助确定合成实验中所应选择的升温速度和热解温度。根据热重测试结果，可以绘制以温度为横坐标、质量变化为纵坐标的热重曲线。

热重曲线通常具有一个及以上的平台，分析曲线上任意两平台之间的质量差，可以判断温度变化所导致样品的增重与失重情况。本实验利用热重分析法测定 $FePO_4$/PANI 前驱体中 $FePO_4$ 的含量。如图 2.11 所示，在氧气气氛中，随着温度升高，$FePO_4$/PANI 前驱体会逐渐失去结晶水，且前驱体中的含碳成分会发生氧化分解，从而表现为明显的失重。当温度提高至约 500℃及以上时，前驱体的质量趋于稳定，此时可以认为剩余组分中只有 $FePO_4$，其质量占前驱体的百分比即为 $FePO_4$ 的含量。

三、实验方法与步骤

1. 仪器与材料

电子天平、烧杯、移液管、磁子、磁力搅拌器、研钵、抽滤瓶、布氏漏斗、

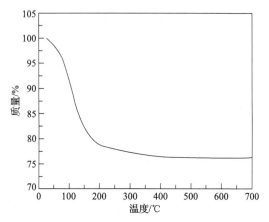

图 2.11　FePO₄/PANI 前驱体在氧气中的热重曲线

滤纸、循环水式真空泵、玻璃棒、胶头滴管、热重分析仪、管式炉、瓷舟、涂膜机、加热台、切片机、氩气手套箱、真空干燥箱、电池测试系统、电池封口机、移液枪。

氯化铁、磷酸二氢铵、苯胺、碳酸锂、蔗糖、乙炔黑、质量分数为 5% 的聚偏二氟乙烯 (polyvinylidene difluoride, PVDF) 溶液、*N*-甲基吡咯烷酮 (*N*-methylpyrrolidone, NMP)、铝箔、锂片、锂电电解液、隔膜、玻璃纤维膜、垫片、弹片、扣式电池壳、氩气。

2. 操作步骤

1) 材料的制备

(1) 分别称取 2.62 g 磷酸二氢铵和 1 mL 苯胺加入到 200 mL 蒸馏水中配成溶液 A，称取 3.7 g 氯化铁溶于 100 mL 蒸馏水配成溶液 B，将溶液 B 缓慢滴加进溶液 A 中并不断搅拌。在室温下以 300 r/min 搅拌 5 h 后过滤，用蒸馏水洗涤滤渣多次，将滤渣置于烘箱中，80℃ 干燥 12 h 得到前驱体 FePO₄/PANI。

(2) 通过热重分析仪分析前驱体中 FePO₄ 的含量。在氧气气氛中以 10℃/min 的速率升温至 700℃，测得的最终剩余样品质量百分比即为前驱体中 FePO₄ 的含量。

(3) 称取适量前驱体，按照 Li/Fe = 1.05(摩尔比) 称取适量碳酸锂以及占前驱体和碳酸锂总质量 25% 的蔗糖，在研钵中将三者研磨 1 h。

(4) 将混合物置于管式炉中，在氩气气氛下进行热解，以 3℃/min 升温至 400℃ 并保温 4 h，待冷却后取出混合物研磨 30 min，再将混合物置于氩气气氛下以 5℃/min 升温至 700℃，保温 15 h，冷却后取出，得到 LiFePO₄/C，流程如图 2.12 所示。

2) 电极片的制备

(1) 取适量 5% PVDF 溶液加入烧杯中，按照磷酸铁锂：乙炔黑：PVDF=

图 2.12　磷酸铁锂制备流程

8：1：1 的质量比称取相应材料，研磨混合均匀后将 LiFePO$_4$/C 和乙炔黑加入盛有 PVDF 的烧杯，滴加适量 NMP 溶剂分散上述混合物。随后，在室温下以 300 r/min 的速度搅拌 0.5 h，使其混合均匀。

（2）将上述浆料涂布于铝箔上，在 80℃加热台上初步烘干后转移进 80℃的真空干燥箱中继续烘 12 h。

（3）将极片裁剪成直径为 12 mm 的圆片，称重后将电极片置于 120℃的真空干燥箱中干燥 5 h 备用。电极片上活性物质载量约为 5 mg/cm^2。

3）电池的组装

在氩气手套箱内组装电池，以 LiFePO$_4$/C 电极作为正极，锂片作为负极，按照负极壳-锂片-电解液-隔膜-电解液-正极片-正极壳的排列方式组装为扣式电池，使用扣式电池封口机进行封装。

4）电池性能测试

将封装好的电池进行电化学性能测试。

（1）恒流充放电测试：电池先静置 8 h 以上，测量电池的开路电压，在电池测试系统上进行充放电测试，测试电压范围设定为 3.0～3.8 V。

（2）循环性能测试：电池先以 0.1 C（1 C=160 mA/g）倍率恒流充电至 3.8 V，再以 0.1 C 倍率恒流放电至 3.0 V，随后按相同充放电方式循环至第 10 圈结束测试，记录所得数据。

（3）倍率性能测试：电池分别以 0.1 C、0.2 C、0.5 C、1 C、5 C 和 0.1 C 的倍率恒流充放电并在每种倍率下循环 10 圈，记录所得数据。

四、实验数据处理

（1）根据热重测试结果，绘制前驱体 FePO$_4$/PANI 的质量随温度变化的 TG 曲线，分析前驱体中 FePO$_4$ 的含量。

（2）根据电池循环性能测试结果，分别绘制磷酸铁锂半电池的电压对充放电比容量的充放电曲线，以及充电比容量、库仑效率对循环次数的循环曲线。

（3）根据电池倍率性能测试结果，绘制磷酸铁锂半电池在不同倍率下的放电比容量、库仑效率对循环次数的循环曲线。

五、思考与讨论

(1)简述磷酸铁锂的充放电机制，分析磷酸铁锂具有卓越的循环稳定性的原因。

(2)根据倍率性能测试结果分析大电流充放电过程对电池产生了哪些影响？

参 考 文 献

He P, Zhang X, Wang Y G, et al, 2008. Lithium-ion intercalation behavior of LiFePO$_4$ in aqueous and nonaqueous electrolyte solutions[J]. Journal of The Electrochemical Society, 155(2): A144-A150.

Padhi A K, Nanjundaswamy K S, Goodenough J B, 1997. Phospho-olivines as positive-electrode materials for rechargeable lithium batteries[J]. Journal of The Electrochemical Society, 144(4): 1188-1194.

Wang Y G, Wang Y R, Hosono E J, et al, 2008. The design of a LiFePO$_4$/carbon nanocomposite with a core-shell structure and its synthesis by an *in situ* polymerization restriction method[J]. Angewandte Chemie International Edition, 47(39): 7461-7465.

Yuan L X, Wang Z H, Zhang W X, et al, 2011. Development and challenges of LiFePO$_4$ cathode material for lithium-ion batteries[J]. Energy & Environmental Science, 4(2): 269-284.

实验4 三元正极材料的液相控制合成

一、实验内容与目的

(1)了解锂离子电池三元材料的结构特征。

(2)了解并掌握锂离子电池三元材料的合成方法与原理。

二、实验原理概述

1. 锂离子电池三元材料简介

锂离子电池三元材料是一种混合过渡金属氧化物,其化学式为$LiNi_xMn_yCo_{1-x-y}O_2$,具有α-$NaFeO_2$层状结构,属于六方晶系,空间群为$R\overline{3}m$。其晶体结构示意图如图2.13所示。其中,Li^+和过渡金属离子交替占据3a和3b位,O^{2-}占据6c位置。锂离子电池三元材料是目前最具发展前景的正极材料之一。相较于传统的钴酸锂、磷酸铁锂、锰酸锂等材料,三元材料具有比容量高、工作电压高、结构稳定等优点。这是因为三元材料结合了Ni、Co、Mn三种元素的协同效应,具有与$LiNiO_2$相当的高比容量、与$LiMnO_2$类似的高安全性以及与$LiCoO_2$媲美的循环稳定性等。在实际应用中,高镍三元材料(Ni>0.8)具有200 mAh/g以上的比容量。

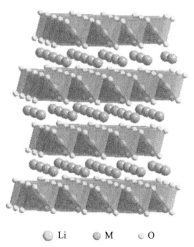

Li　M　O

图2.13 三元材料的晶体结构示意图

2. 锂离子电池三元材料合成方法

锂离子电池三元材料的合成方法有水热法、溶胶凝胶法、喷雾干燥法、共沉淀法等。共沉淀法合成的三元材料前驱体具有球形度高、振实密度大、易于大规模生产等特点，是主流的合成方法。因此，本实验采用共沉淀法合成三元材料。合成过程可以分为两步，首先利用共沉淀法合成三元材料前驱体，然后通过高温固相烧结法合成最终产物。

(1)共沉淀法

共沉淀法是指溶液中有两种或两种以上阳离子以均相存在，将沉淀剂加入溶液中发生沉淀反应，使原组分按一定的化学计量比沉淀，形成均一的不溶性沉淀产物。共沉淀法具有反应过程简单可控、成本低以及便于工业化生产的优势。采用共沉淀法可以实现对正极材料粒径、形貌的调控，以得到球形度好、元素分布均匀的产物。共沉淀法是制备锂离子电池三元材料的重要方法。共沉淀的过程主要可以分为饱和溶液形成、晶体成核以及晶体长大三个阶段。

共沉淀反应的发生可以通过化学平衡理论来解释，并且需要满足一定的热力学和动力学条件。一般情况下，采用溶度积 $K_{sp}^{\ominus}$ 来判断难溶化合物的溶解性能。溶度积是指在一定温度下，难溶电解质与溶液中各离子存在沉淀溶解和生成的平衡，溶液中各离子以化学计量数为幂次的浓度乘积是一个常数，即溶度积。溶度积是用来衡量难溶化合物在溶液中溶解性能的重要参数。我们以难溶化合物 A_xB_y 在饱和溶液中发生的溶解反应为例:

$$A_xB_y \Longrightarrow xA^{y+} + yB^{x-} \tag{2.4}$$

溶度积 $K_{sp}^{\ominus}$ 可以用以下通式表示:

$$K_{sp}^{\ominus} = [A^{y+}]^x \cdot [B^{x-}]^y \tag{2.5}$$

式中，括号内表示组分的离子浓度。$K_{sp}^{\ominus}$ 是难溶化合物溶解平衡时的平衡常数，$K_{sp}^{\ominus}$ 越大，表示难溶化合物的溶解度越大，表明形成沉淀相对困难。

在采用共沉淀法合成三元材料前驱体的过程中，通常发生如下沉淀反应。

$$xNi^{2+} + yMn^{2+} + zCo^{2+} + 2OH^- \longrightarrow Ni_xMn_yCo_z(OH)_2 \quad (x+y+z=1) \tag{2.6}$$

从表 2.1 中可以看出，Ni^{2+} 和 Co^{2+} 的溶度积十分相似，在共沉淀过程中二者能够形成均匀分布的共沉淀物。而 Mn^{2+} 的溶度积与 Ni^{2+} 和 Co^{2+} 相差 2 个数量级，较难形成均匀的三元共沉淀，因此需要严格控制合成条件和参数，使其形成均匀的三元共沉淀物。

在实际生产中，为了实现混合金属离子之间的均匀共沉淀，常采用添加络合剂的方式。络合沉淀法建立在直接沉淀法的基础上，首先将混合盐溶液与络合剂(如氨水、乙二胺等)混合形成络合物，接着在络合物中加入碱溶液。金属离子从络合物中缓慢释放到溶液中，与碱溶液反应形成共沉淀产物。采用络合沉淀法可

表2.1　三元材料制备中相关难溶电解质在室温下的溶度积 $K_{sp}^{\ominus}$

难溶电解质	溶度积 $K_{sp}^{\ominus}$
$Ni(OH)_2$	2.0×10^{-15}
$Mn(OH)_2$	1.6×10^{-13}
$Co(OH)_2$	1.9×10^{-15}

以一定程度上减缓沉淀反应的发生，并促使在合成过程中生成均匀的三元前驱体共沉淀产物。

　　一般来说，共沉淀反应的过程受到多种因素的影响，例如反应温度、溶液 pH、搅拌速度、氨水浓度、反应时间等。反应温度会影响前驱体制备过程中的堆积密度。当反应温度升高时，前驱体的堆积密度会增大。然而，在某一温度出现最大值之后，堆积密度会出现下降趋势。这是由于温度升高会加快晶粒生成和晶粒长大的速率，而晶粒长大速率一般相较于成核速率提升更明显，因此会出现上述现象。因此，在实验中要控制温度区间，以确保晶粒成核和长大速率在合理范围内。

　　在多元体系的共沉淀过程中，溶液的 pH 对反应过程尤为重要。在合成过程中，由于碱溶液和络合剂的不断加入，溶液 pH 的控制较为困难。此外，在实验中，当温度和 pH 较高时，含有 Mn 的氢氧化物溶液中优先生成 Mn 的氧化物。当溶液 pH 过低时（pH≤8），共沉淀合成的一次颗粒较小，且由一次颗粒团聚成的二次颗粒形状不规则，球形度差；当提高溶液 pH 时，产物的一次颗粒逐渐增大，团聚成的二次颗粒更加致密且球形度良好；当继续增大 pH 时（pH>11），一次颗粒粒径减小，二次颗粒更加紧密。因此，在实验中，控制体系的 pH 约为 11 能够得到形貌规则、球形度高、粒度分布窄且振实密度高的三元材料前驱体。

　　搅拌速度是影响材料振实密度的关键参数。当搅拌速度过小时，混合金属溶液加入到反应釜中与碱溶液接触，由于局部饱和度过大引发大量成核。当增大搅拌速度时，强烈的搅拌能够将混合金属溶液与碱溶液迅速分散开，保证各微观区域内浓度基本相同。此外，搅拌速度的提高也能加速小颗粒的溶解进而在大颗粒表面重新结晶，合成的沉淀产物具有粒径分布窄、振实密度大的特点。然而，搅拌速度增大到一定值后，晶体长大由扩散控制转变为表面控制，继续提高搅拌速度对于前驱体的形貌影响很小。因此，采用合适的搅拌速度对于合成过程较为重要。

　　在合成三元材料前驱体的过程中，由于加入的金属离子的溶度积差异，往往需要添加络合剂保证共沉淀过程的同步发生。以络合剂氨水为例，金属离子、碱溶液、氨水共同存在的体系中发生如下反应：

$$x\text{Ni}^{2+} + y\text{Mn}^{2+} + z\text{Co}^{2+} + n\text{NH}_3 \cdot \text{H}_2\text{O} \longrightarrow \text{Ni}_x\text{Mn}_y\text{Co}_z(\text{NH}_3)_n^{2+} + n\text{H}_2\text{O} \quad (2.7)$$

$$\text{Ni}_x\text{Mn}_y\text{Co}_z(\text{NH}_3)_n^{2+} + 2\text{OH}^- \longrightarrow \text{Ni}_x\text{Mn}_y\text{Co}_z(\text{OH})_2 + n\text{NH}_3 \quad (2.8)$$

在这个体系中存在 Ni^{2+}、Mn^{2+}、Co^{2+}、NH_4^+、OH^-、$NH_3 \cdot H_2O$ 的动态平衡，大多数的金属离子在体系中以氨络合物的形式存在，因此严格控制络合剂氨水的浓度对于反应过程十分重要。在络合剂存在的条件下，控制好氨水的浓度与 pH 就能够使 Ni^{2+}、Mn^{2+}、Co^{2+} 三种离子具有相似的沉淀条件，进而形成均匀的共沉淀产物。研究结果表明，当氨水的浓度为 $0.01 \sim 1.0$ mol/L，溶液 pH 为 $10 \sim 12$ 时，络合剂氨水可以对合成过程进行有效控制，合成均匀的沉淀物。当氨水浓度增大时，沉淀产物的粒径显著增大，二次颗粒表面更光滑，且球形度和致密性也逐渐增大。然而当氨水浓度过大时，体系中金属离子的溶解度显著增大，导致晶体成核速率大大降低，影响产率。因此合理控制络合剂浓度对于三元材料前驱体的合成具有重要意义。

反应时间对产物的粒径大小和形貌具有一定影响，进而影响材料的堆积密度。反应过程中，随着原材料持续加入，体系中晶核不断生成和长大。当反应时间较短时，晶体成核后来不及长大，导致二次颗粒较小，且产物的结晶度不好。随着反应时间增加，沉淀产物逐渐长大，并且颗粒大小也趋于均一，粒径分布较窄。然而并非反应时间越长对沉淀生成越有利，当反应时间过长时，沉淀产物的粒径分布变宽，产物的振实密度有降低趋势。

总之，采用共沉淀法合成三元材料前驱体的过程较为复杂且烦琐，在合成过程中有诸多参数需要严格控制。因此，通过优化工艺参数合成形貌良好、粒径分布窄、振实密度大的前驱体对于三元材料的电化学性能具有重要影响。

(2)高温固相烧结法

在合成三元材料前驱体后，得到的金属氢氧化物需要经高温固相烧结法制备三元正极材料。高温固相反应是指反应温度在 600℃ 以上的固相反应，通过界面处原子或离子扩散完成反应，并逐渐扩散到反应物内部。因此，反应物必须混合均匀，充分接触以实现固相反应。三元材料的高温固相反应分为前驱体/锂盐的热分解和合成反应两个过程。以三元材料前驱体和一水合氢氧化锂的反应为例，反应方程式如下：

$$Ni_xMn_yCo_z(OH)_2 \longrightarrow Ni_xMn_yCo_zO + H_2O \tag{2.9}$$

$$2LiOH \cdot H_2O \longrightarrow Li_2O + 2H_2O \tag{2.10}$$

$$4Ni_xMn_yCo_zO + 2Li_2O + O_2 \longrightarrow 4LiNi_xMn_yCo_zO_2 \tag{2.11}$$

在反应过程中，LiOH 的融化温度约为 470℃，完全分解温度约为 1600℃，而在过渡金属离子的存在下，LiOH 在 500℃ 左右开始分解。一般来说，三元材料高温固相烧结法的温度控制为 $450 \sim 800$℃，由于反应需要氧气参与，因此反应通常在纯氧气氛下进行。

影响固相反应的因素主要有三点，分别是反应物的表面积与反应物之间的接触面积、生成物的成核速率和相界面之间的离子扩散速率。因此，在实验中，为了促进反应物充分接触，通常将前驱体和锂盐充分混合均匀。此外，烧结温度、烧结时间、烧结气氛以及混锂比等参数对于合成合格的三元材料也十分重要。

烧结温度和烧结时间是影响三元材料性能的重要因素，并且二者并非相互独立，当提高烧结温度，相应地可以适当缩短烧结时间。烧结温度的确定与晶体中键合强弱有关，由于三元材料中各金属离子比例各异，因此采用的烧结温度也各不相同。一般来说，烧结温度的升高有助于扩散系数的增大，从而提高材料的扩散速率，增大产物的振实密度。然而，过高的烧结温度将会导致生成缺氧型化合物，同时促进材料二次结晶，颗粒变大，影响锂离子的嵌入脱出，进而影响材料的电化学性能；过低的烧结温度使反应不完全，产物的结晶性不好，易存在杂相，也会影响产物的电化学性能。因此，不同比例的产物烧结温度应结合差热和热重分析来确定。一般情况下，材料的 Ni 含量越高，煅烧温度则越低。

三元材料的烧结气氛对其电化学性能也会产生影响，一般来说，三元材料的烧结需要在氧气的气氛下进行，以确保足够的氧分压促进阳离子的扩散。在烧结过程中，可以采用增加进气量和排气量，以及减少一次煅烧量等方法来控制烧结气氛。此外，在烧结过程中，由于锂源容易出现损失，通常需要加入过量的锂盐，而锂盐的过量比例也会对正极材料的电化学性能产生影响。过高的混锂比例将导致产物表面残留过多的锂盐，当材料暴露在空气中时会产生一系列副产物，增加电极涂覆的难度和电池内阻，影响电池的电化学性能。因此，合理控制混锂比例对材料的电化学性能十分重要。一般来说，锂盐与前驱体的摩尔比为 1.01～1.05。

三、实验方法与步骤

1. 仪器与材料

电子天平、磁子、磁力搅拌器、共沉淀反应釜、蠕动泵、抽滤瓶、布氏漏斗、滤纸、循环水式真空泵、真空干燥箱、玛瑙研钵、管式炉、加热台、自动涂膜机、自动辊压机、切片机、电池封口机、氩气手套箱、移液枪、万用表、电池充放电测试仪、烧杯、玻璃棒、容量瓶若干。

六水合镍酸锂、一水合硫酸锰、七水合硫酸钴、氨水、氢氧化钠、一水合氢氧化锂、无水乙醇、质量分数为 5% 的 PVDF 溶液、NMP、锂片、铝箔、乙炔黑、隔膜、锂电电解液、垫片、弹片、扣式电池壳、氮气、氧气。

2. 操作步骤

图 2.14 所示为锂离子电池三元材料的制备流程示意图。

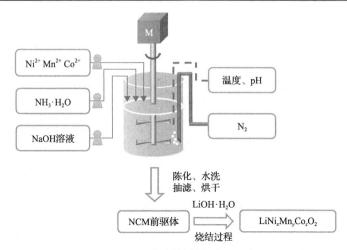

图 2.14 三元材料的制备流程示意图

1)共沉淀法制备锂离子电池三元材料前驱体

(1)采用加热煮沸或惰性气体鼓泡的方法去除蒸馏水中溶解的氧气。

(2)按化学计量比称量六水合镍酸锂、一水合硫酸锰和七水合硫酸钴放入烧杯中，加入除氧后的蒸馏水并搅拌溶解后，将其加入容量瓶中并定容，配制成混合盐溶液；然后称量适量氢氧化钠放入烧杯中，加入除氧后的蒸馏水并搅拌溶解后，将其加入容量瓶中并定容，配制成沉淀剂；最后使用量筒量取适量氨水放入容量瓶中，加入除氧后的蒸馏水，配制成络合剂。此外，还需要额外配制一瓶氨水溶液作为底液。

(3)将底液加入反应釜中，密封釜盖并通入氮气，开始水浴加热。缓慢滴加氢氧化钠，同时控制温度和 pH 恒定。

(4)待反应釜内温度和 pH 达到设定值后，向反应釜中泵入混合盐溶液、沉淀剂和络合剂。整个合成过程在氮气氛围下进行，保持温度和 pH 恒定。

(5)进料结束后，将反应釜中的混合液陈化 10～20 h，以提高振实密度。

(6)将前驱体混合液静置后倒出上层清液，加入蒸馏水洗涤，重复两次。

(7)对洗涤后的前驱体进行三次抽滤，最后一次采用无水乙醇进行抽滤。

(8)将抽滤后的前驱体置于真空干燥箱内，以 120℃进行真空干燥 12 h，得到锂离子电池三元材料前驱体。

2)高温固相烧结法制备锂离子电池三元材料

(1)取适量上述合成的前驱体粉末，按化学计量比与一水合氢氧化锂混合研磨，一般情况下一水合氢氧化锂过量 5%。

(2)将研磨好的前驱体/一水合氢氧化锂粉末倒入瓷舟并置于管式炉内。

(3)混合粉末首先升温到 550℃保温 5 h，接着升温到 750℃保温 15 h，整个烧结过程在纯氧气氛下进行，升温速率为 3℃/min。

3) 电极制备

(1) 将烧结后的正极材料粉末与导电剂乙炔黑按 90∶5(质量比)混合研磨 30 min。

(2) 将研磨后的正极材料和乙炔黑粉末加入 5% PVDF 溶液中，保证正极活性材料、乙炔黑、PVDF 的质量比为 90∶5∶5。

(3) 将适量的 NMP 加入到上述混合物中，在室温下机械搅拌 30 min，获得黏稠度适中的浆料，呈稀酸奶状。

(4) 使用自动涂膜机将浆料均匀涂覆在铝箔上，涂好后的铝箔转移到加热台上，80℃预烘 1 h，然后放入真空干燥箱中，在 120℃下干燥 12 h。

(5) 将干燥好的极片经过辊压和裁剪，得到直径为 12 mm 的电极片，并使用电子天平称量其质量。

4) 扣式电池组装和电池性能测试

扣式电池由正、负极电池壳、弹片、垫片、正负极片、隔膜以及电解液组成。

(1) 首先将弹片、垫片和负极片(半电池为金属锂片)依次置于负极壳内，滴加 20 μL 电解液。

(2) 接着放入隔膜，确保隔膜能够完全覆盖负极片，避免电池短路。

(3) 再滴加 30 μL 的电解液，放入正极片，正极片的位置尽量与负极片对齐，并盖上正极壳。

(4) 将组装好的电池用封口机加压密封。使用万用表测试电池的开路电压，当开路电压在 3.0 V 左右即视为合格。

(5) 在测试前电池需要静置 8 h，确保电解液充分浸润。

(6) 将电池置于电池测试系统的夹板上，用夹具将电池的正负极夹好。

(7) 启动电池测试程序，以 0.2 C 的倍率进行恒流充电至 4.3 V，然后以 0.2 C 的倍率进行恒流放电至 2.8 V，循环 100 次。

四、实验数据处理

(1) 根据最终所得的样品质量，计算共沉淀反应过程的产率。

(2) 绘制电池的电压-比容量曲线以及比容量-循环次数曲线。

五、思考与讨论

(1) 不同组分的三元材料对溶液的 pH 值有什么要求？

(2) 煅烧过程中如果采用 Li_2CO_3 作为锂源对实验过程有什么影响？应该注意哪些问题？

(3) 在电池组装过程中，如果隔膜出现褶皱或者破损对电池的性能会有什么影响？

参 考 文 献

王伟东, 仇卫华, 丁倩倩, 2015. 锂离子电池三元材料——工艺技术及生产应用[M]. 北京: 化学工业出版社.

翟秀静, 肖碧君, 李乃军, 2008. 还原与沉淀[M]. 北京: 冶金工业出版社.

Clark R W, Bonicamp J M, 1998. The K_{sp}-solubility conundrum [J]. Journal of Chemical Education, 75(9): 1182-1185.

Lee M-H, Kang Y-J, Myung S-T, et al, 2004. Synthetic optimization of Li[Ni$_{1/3}$Co$_{1/3}$Mn$_{1/3}$]O$_2$ via co-precipitation [J]. Electrochimica Acta, 50(4): 939-948.

实验5　锂离子扩散动力学测定

一、实验内容与目的

(1)了解电池的概念和种类。

(2)掌握锂离子电池的结构及工作原理。

(3)了解锂离子扩散动力学的测定方法。

二、实验原理概述

1. 电池的概念与扩散系数

化学电源又称电池，是一种可实现将化学能直接转化为电能的装置，具有能量转化效率高、使用方便、安全可靠等优点，广泛应用于日常生活、工业、军事等诸多领域，与人们的生活、生产及国防等息息相关。根据工作特性，电池可分为一次电池(不可充电的电池)、二次电池(可充放电循环的电池)与燃料电池三种类型。不管哪种类型的电池，从应用角度而言，要求其电动势高且随温度、压力等外界环境变化小。通常，电池由正极、负极、电解液三个主要部分组成。其中，电解液不能具有电子导电性，否则将造成电池短路，在离子导电性良好的同时，不能与电极材料发生反应；电极中的活性物质(即参与电化学反应的物质)是决定电池基本特性的重要部分，正极和负极材料的最佳组合应当是质量最小并能输出最高电动势的材料[式(2.12)、式(2.13)]。

$$E = \varphi_+ - \varphi_- \tag{2.12}$$

$$\Delta G = -nFE \tag{2.13}$$

在构成电极电化学反应的各个步骤中，液相中的传质步骤往往进行得比较缓慢，因而常常成为整个电极反应的速度控制步骤。当电极上有电流通过时，由于电极反应消耗反应物和形成产物，会使溶液中某一组分在紧靠电极表面液层中的浓度与溶液内部浓度出现差别，于是发生某组分的扩散。扩散传递物质的速度由菲克(Fick)第一定律决定：

$$V_x = -D_i \frac{\mathrm{d}C_i}{\mathrm{d}x} \tag{2.14}$$

式中，V_x 为物质在 x 方向的传递速度；$\dfrac{\mathrm{d}C_i}{\mathrm{d}x}$ 为 i 种物质的浓度梯度(单位距离间的浓度差)；D_i 为 i 种物质的扩散系数(即为单位浓度梯度 $\dfrac{\mathrm{d}C}{\mathrm{d}x}=1$ 时，物质的扩散速度)，cm^2/s。

由于物质传递的方向与浓度梯度增大方向总是相反，所以式(2.14)右端取负号。

2. 锂离子电池工作原理概述

锂离子电池是指以锂离子嵌入化合物为正极材料的一类电池的总称。电池在充、放电时，锂离子从含锂化合物中脱出、嵌入，同时与锂离子相同当量的电子在外电路发生转移，从而将电池内储存的化学能转化为电能。其过程如图 2.15 所示。

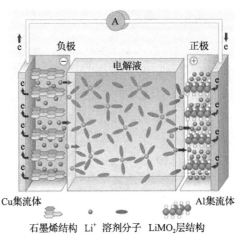

图 2.15 锂离子电池工作示意图

目前商用化的锂离子电池通常以石墨为负极材料，以含锂化合物为正极材料，以溶有锂盐的有机溶剂为电解液，组成的电池可用式(2.15)表达：

$$(-)C_6|Li^+ - 电解液|LiMO_2(+) \tag{2.15}$$

其中，M 为过渡金属元素，如 Co、Ni、Mn 等。电池的充电过程可用式(2.16)～式(2.18)表达：

正极：

$$LiMO_2 \xrightarrow{\text{充电}} Li_{1-x}MO_2 + xLi^+ + xe^- \tag{2.16}$$

负极：

$$C_6 + xLi^+ + xe^- \xrightarrow{\text{充电}} Li_xC_6 \tag{2.17}$$

电池反应：

$$LiMO_2 + C_6 \xrightarrow{\text{充电}} Li_{1-x}MO_2 + Li_xC_6 \tag{2.18}$$

由式(2.16)～式(2.18)可知，在充电过程中，锂离子从正极材料中脱出，经过电解液嵌入负极，使得负极处于富锂状态，而正极则处于贫锂状态。放电过程与之相反。在充、放电过程中，锂离子在正、负极之间往返嵌入和脱出，因此锂离子电池也被形象地称为"摇椅式电池"。正极能脱出和嵌入的锂离子越多，其充、放电的容量就越高。电池材料的理论容量可用式(2.19)表达：

$$C_0 = 26805n\frac{m_0}{M} \tag{2.19}$$

式中，C_0 是电池材料能够提供的理论容量(mAh)，m_0 是活性物质完全反应的质量(g)，M 是活性物质的摩尔质量(g/mol)，n 是电子转移数。由此可知，一定质量的电池材料可以存储的理论容量是确定的，与材料的摩尔质量和电子转移数量有关。

综上可知，锂离子电池充放电必定伴随着锂离子在材料内部的迁移和电子在电极界面上的转移等过程。因此，电池性能受电池内材料的电子电导及离子传输能力的双重影响。锂离子电池的正极材料通常属于半导体，其电子电导率为 $10^{-6}\sim10^{-1}$ S/cm。不同的活性材料中锂离子的扩散系数也有差异，一般为 $10^{-11}\sim10^{-7}$ cm²/s。研究锂离子在材料中的扩散行为，对于评估与开发锂离子电池电极材料有重要意义。

3. 锂离子扩散系数测量方法简介

常用的锂离子扩散系数的测量方法有循环伏安法、恒电位间歇滴定法(potentiostatic intermittent titration technique，PITT)、电化学交流阻抗谱法、恒电流间歇滴定法(galvanostatic intermittent titration technique，GITT)等。

恒电位间歇滴定法：恒电位间歇滴定法是一种通过瞬时改变电极电位并恒定该电位值，同时记录电流随时间变化的测量方法。该方法通过施加一个脉冲电位(V_0)，并保持在一定时间间隔内(t_0)不变，随后撤去电位使体系静置一段时间(t_1)。在达到所设置的截止电位后，记录该体系在整个过程中电流随时间变化的情况。

电化学阻抗谱法：电化学阻抗谱法是通过给待测体系施加小振幅的角频率为 ω 的正弦波交流电压作为扰动信号来进行测量。该方法可以使待测体系输出对应的电流信号，并将电压与对应电流的比值作为该系统的阻抗值。通过对阻抗谱进行分析，可以获得该体系的离子电导率、界面阻抗等重要信息。

恒电流间歇滴定法：通过分析电位与时间的变化关系而得到反应动力学行为的测试技术。对体系施加一个脉冲电流(I_0)并保持在一定时间间隔内(t_0)不变，随后撤去电流使体系静置一段时间(t_1)，重复上述过程以达到所设置截止电流，然后记录该体系在整个过程中电压随时间的变化情况。

循环伏安法在实验 1 中有详细介绍，此处不再赘述。用不同的实验方法，得到的数据结果存在一些差异，这与电化学方法的特性相关。本实验中将采用 CV 法(可参考实验 1 中的表述)，测定 $LiMn_2O_4$ 中锂离子的扩散系数。

对于可逆电极模型：

$$i_p = 0.4463n^{\frac{3}{2}}F^{\frac{3}{2}}A(RT)^{-\frac{1}{2}}D^{\frac{1}{2}}Cv^{\frac{1}{2}} \tag{2.20}$$

对于完全不可逆模型：

$$i_p = 2.99 \times 10^5 A\alpha^{\frac{1}{2}}D^{\frac{1}{2}}Cv^{\frac{1}{2}} \tag{2.21}$$

式中，i_p 为峰电流的大小(A)；n 为参与反应的电子数；F 为法拉第常数，96485 C/mol；A 为浸入溶液的电极面积(cm^2)；D 为锂离子扩散系数(cm^2/s)；v 为扫描速率(V/s)；C 为反应前后锂离子浓度变化(mol/L)。对应扫描速度不同，体系可表现出可逆、准可逆或完全不可逆的行为。扫描速度 v 慢(长时间)时，体系可表现为可逆波，而扫描速度 v 快(短时间)时，则可观察到不可逆行为。

三、实验方法与步骤

1. 仪器及材料

擀膜机、点焊机、压片机、电化学工作站 1 台、饱和甘汞电极 1 支、电解池 1 个、镍丝 2 根、316 不锈钢网 2 片、$LiMn_2O_4$ 材料、0.5 mol/L 硫酸锂电解液 500 mL、活性炭、乙炔黑、质量分数为 12%的 PTFE 溶液、烧杯、药匙、剪刀。

2. 操作步骤

(1)按照质量比 5：10：85 的比例分别称取 12% PTFE 溶液、乙炔黑和 $LiMn_2O_4$ 放入小烧杯中，用药匙充分搅拌并团压至表面光滑。

(2)使用擀膜机将步骤(1)中得到的 $LiMn_2O_4$ 混合物擀成薄膜，再将薄膜切割成 5 mm×5 mm 大小的电极片备用。

(3)如图 2.16 所示，使用点焊机将镍丝固定在不锈钢网的一端，根据电解池的高度调整不锈钢网的长度，然后将步骤(2)中得到的电极片用压片机压在不锈钢网的另一端上。

(4)按照质量比 5：10：85 的比例分别称取 12% PTFE 溶液、乙炔黑和活性炭，用药匙充分搅拌并团压至表面光滑。

(5)使用擀膜机将步骤(4)中得到的活性炭混合物擀成薄膜，并将薄膜切割成 2 cm×2 cm 大小的电极片备用。

(6)使用点焊机将镍丝固定在不锈钢网的一端,根据电解池的高度调整不锈钢网的长度,然后取一片步骤(5)得到的电极片,使用压片机将电极片压至不锈钢网的另一端。

(7)组装三电极测试体系,其中待测电极($LiMn_2O_4$)作为工作电极,饱和甘汞电极作为参比电极,乙炔黑电极作为对电极。

(8)在称量瓶中取一定量的硫酸锂水溶液,以刚好没过 $LiMn_2O_4$ 电极材料为宜。

(9)设置电化学工作站的工作电位区间及相关参数:电位范围为 0~1.3 V(*vs.* SCE)、扫描速度为 1 mV/s、10 mV/s、50 mV/s、100 mV/s、200 mV/s、400 mV/s、800 mV/s 和 1000 mV/s。

(10)点击运行按钮,进行电化学扫描,得到一组不同扫速下的 CV 曲线,并使用完全不可逆模型计算该体系的锂离子扩散系数。

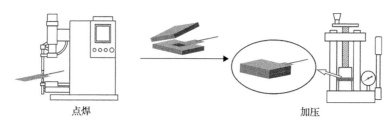

点焊　　　　　　　　　　　　　　加压

图 2.16　电极制备过程示意图

四、实验数据处理

(1)绘制三电极体系的循环伏安曲线,标注峰位置。

(2)根据可逆电极模型和完全不可逆模型,计算锂离子扩散系数并分析比较。

五、思考与讨论

(1)简述锂离子电池的工作原理。

(2)写出以石墨为负极,$LiMn_2O_4$ 为正极的电池表达式,并写出正、负极充电过程的电极反应方程式。

(3)根据循环伏安测试结果说明 $LiMn_2O_4$ 中锂离子的嵌入/脱出过程是否可逆?

参 考 文 献

藤岛昭, 1995. 电化学测定方法[M]. 陈震等译. 北京: 北京大学出版社.

Bagotsky V S, 2006. Fundamentals of Electrochemistry[M]. 2nd ed. Hoboken: John Wiley & Sons, Inc.

Bard A J, Faulkner L R, 2001. Electrochemical Methods: Fundamentals and Applications[M]. 2nd ed. Hoboken: John Wiley & Sons, Inc.

He P, Zhang X, Wang Y, et al, 2007. Lithium-ion intercalation behavior of LiFePO$_4$ in aqueous and nonaqueous electrolyte solutions[J]. Journal of The Electrochemical Society, 155(2): A144-A150.

Zhang J J, He P, Xia Y Y, 2008. Electrochemical kinetics study of Li-ion in Cu$_6$Sn$_5$ electrode of lithium batteries by PITT and EIS[J]. Journal of Electroanalytical Chemistry, 624: 161-166.

实验 6 电化学电容材料的电容测定

一、实验内容与目的

(1) 了解超级电容器的性能特点。

(2) 掌握超级电容器的分类及其工作原理。

(3) 掌握超级电容器的制备和测量方法。

二、实验原理概述

超级电容器又称为电化学电容器，它作为一种新型绿色环保的储能器件，具有充放电速度快、循环寿命长、对环境友好等特点。近年来，为了满足不同应用场景的需求，人们一直致力于提高超级电容器的比功率和比能量。随着汽车电气化时代的到来，超级电容器在电动汽车行业表现出明显的优势。车用超级电容器能够满足汽车在加速、启动、爬坡时的高功率需求，同时保护主蓄电池系统。与动力电池配合使用，超级电容器可以充当大电流或能量缓冲区，降低大电流充放电对动力电池的伤害，延长电池的使用寿命。通过再生制动系统，超级电容器还能回收瞬间能量，提高能量利用效率。

1. 超级电容器与电池对比

表 2.2 给出了超级电容器、传统电容器和电池的性能比较。

表 2.2 电容器和电池性能比较

	超级电容器	传统电容器	电池
放电时间	$1\sim30$ s	$10^{-6}\sim10^{-3}$ s	$0.3\sim3$ h
充电时间	$1\sim30$ s	$10^{-6}\sim10^{-3}$ s	$1\sim5$ h
能量密度/(Wh/kg)	$1\sim10$	<0.1	$20\sim100$
功率密度/(W/kg)	$1000\sim2000$	>10000	$50\sim200$
充放电效率/%	$85\sim98$	>95	$70\sim85$
循环寿命/次	>100000	∞	$500\sim2000$

2. 超级电容器工作原理

如图 2.17 所示，超级电容器的组成结构与电池非常相似，均由正负电极、电解液、隔膜、集流体等组成。根据电能的储存与转化机理，超级电容器分为双电层电容器 (electrical double layer capacitors, EDLC) 和法拉第赝电容器 (或称法拉第准电容器，pseudocapacitors）。

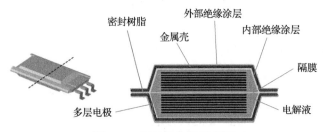

图 2.17　超级电容器示意图

(1)双电层电容器

当金属浸入电解液中时，极性较大的水分子或溶剂分子与金属上的离子相互吸引，发生水化或溶剂化作用，使得部分金属离子与晶格上的其他离子间键力减弱，甚至离开金属表面进入电解液中。金属正离子进入电解液，剩余电子留在金属上，使得金属带负电。由于静电吸引，进入电解液中的正离子大部分聚集在金属电极表面附近。因此，在金属-电解液两相界面上形成了电极带负电、电解液带正电的双电层结构，因而产生了电位差(图 2.18)。利用界面双电层原理制造的电容器就称为双电层电容器。

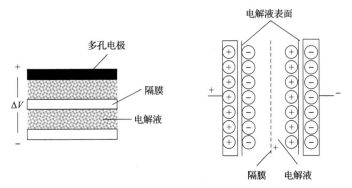

图 2.18　双电层电容器工作原理

(2)法拉第赝电容

法拉第赝电容是活性物质在电极表面或体相中的二维或准二维空间上进行欠电位沉积，发生高度可逆的化学吸脱附或氧化还原反应，产生的与电极充电电位有关的电容。法拉第赝电容是金属氧化物、碳化物及导电聚合物等超级电容器电极材料能量存储的主要机制，不仅可以在电极表面产生，也可以在整个电极内部产生，因而能够获得比双电层电容更高的电容量和能量密度。当电极面积相同时，赝电容是双电层电容量的 10～100 倍。

3. 超级电容器材料的电容测量

对制备的电极材料进行循环伏安、恒电流充放电、电化学阻抗谱等电化学测试，可以得出电极材料的电位窗口、比电容、循环寿命、充放电可逆性、电极材料和电解液阻抗等一系列信息。其中，比电容（C_m，F/g）是超级电容器材料的重要参数之一，一般利用循环伏安或恒电流充放电曲线来计算，计算公式如下：

$$C_m = \frac{\int I dV}{2mv\Delta V} \tag{2.22}$$

$$C_m = \frac{It}{m\Delta U} \tag{2.23}$$

式中，I 是放电电流(A)；ΔV 是工作电压窗口(V)；m 是工作电极上活性物质质量(g)；v 为电压扫速(V/s)；t 是放电时间(s)；ΔU 是放电电压范围(V)。

同时，通过循环伏安曲线还能够区分电极材料是否有赝电容行为，并精确计算出赝电容对电荷存储的贡献率，具体方法如下：

循环伏安测试中，在不同的电压扫描速率下(v，mV/s)，得到不同的峰电流值(i，mA)。通过将扫描速率与所得的峰电流响应进行对应来分辨反应过程是电池行为还是赝电容行为。如果是电池行为，峰电流 i 随扫描电压 v 的 0.5 次幂变化，即过程为扩散控制。如果是赝电容行为，峰电流 i 随扫描电压 v 线性变化，即过程为电容控制。对于电极材料，可以通过公式(2.24)计算 b 的值进而判断反应过程中是否有赝电容行为。

$$i = av^b \tag{2.24}$$

如果 b 的值为 0.5，电极材料表现为电池属性；

如果 b 的值在 0.5～1 范围内，电极材料表现为电池属性和赝电容属性；

如果 b 的值≥1，电极材料表现为赝电容属性。

通过循环伏安曲线可以读取出不同的电压扫描速率下的峰电流值，将公式(2.24)两边取对数可以得到式(2.25)：

$$\log i = b \log v + \log a \tag{2.25}$$

将电压扫描速率和对应峰电流输入，通过 Origin 或者 Matlab 等数学软件对公式(2.25)中的 $\log i$ 和 $\log v$ 进行线性拟合即可得出 b(斜率)的值。

通过公式(2.26)可以计算出特定扫描速率下的赝电容贡献率：

$$i(V) / v^{1/2} = k_1 v^{1/2} + k_2 \tag{2.26}$$

式中，v 为特定的电压扫速；V 为指定的电压；k_1 和 k_2 为可以调整的参数，在指定的电压下,同理可以通过 Origin 或者 Matlab 等数学软件对公式(2.26)中的 $i(V)/v^{1/2}$ 和 $v^{1/2}$ 进行线性拟合进而得到 k_1 的值。在每一个特定电压下 k_1v 即为赝电容对电流的贡献。将众多的特定电压(V，mV)与 $k_1v(i, mA)$ 通过平滑曲线连接起来，进行非线性拟合(注意：取得的电压点越多，得到的 k_1 值就越多，拟合越精确，赝电容对电荷存储的计算就越精确)，然后对拟合的闭合曲线进行积分求面积，再对特定扫描速率下的循环伏安曲线进行积分求面积。将拟合曲线的面积除以循环伏安曲线面积所得的值即为特定扫描速率下的赝电容贡献率。同理也可以求其他扫描速率下的赝电容贡献率。

此外，有相关学者提出在阳离子尺寸较大的电解液体系中进行循环伏安测试，直接测量材料的双电层电容；或者利用不同电位下的电化学阻抗谱解析双电层电容和赝电容所占的比例。对超级电容器进行恒电流充放电，还可以得出其比功率(P)和比能量(E)，计算公式如下：

$$P = U \times I / m \tag{2.27}$$

$$E = P \times t \tag{2.28}$$

$$U = (U_{max} + U_{min}) / 2 \tag{2.29}$$

式中，U_{max} 和 U_{min} 分别为充电和放电的终止电压(V)。

三、实验方法与步骤

本实验采用水热法合成的二氧化锰作为超级电容器的电极材料，电解液采用 6 mol/L 氢氧化钾溶液。

1. 仪器与材料

马弗炉、烧杯、磁子、高压反应釜、容量瓶、磁力搅拌器、抽滤瓶、布氏漏斗、滤纸、循环水式真空泵、擀膜机、圆形铳子、剪刀、不锈钢网、点焊机、压片机、鼓风干燥箱、电池测试系统、电化学工作站、电池封口机、分析天平、三电极电解池、饱和甘汞电极。

硫酸锰、过硫酸铵、蒸馏水、乙醇、6 mol/L 氢氧化钾溶液、质量分数为 12% 的 PTFE 溶液、乙炔黑、隔膜、玻璃纤维膜、垫片、弹片、不锈钢网、镍丝、扣式电池壳。

2. 操作步骤

1)纳米线状 MnO_2 的制备

(1)分别称取 8 mmol 过硫酸铵和 8 mmol 硫酸锰加入到 20 mL 蒸馏水中。

(2)磁力搅拌 30 min 后转入内衬聚四氟乙烯的高压反应釜中，将反应釜置于 120℃烘箱中反应一定时间(40 min～48 h)，自然冷却至室温。

(3)过滤产物，用蒸馏水反复洗涤，50℃下干燥 36 h。

(4)将得到的固体粉末放入马弗炉内，300℃灼烧 10 h，冷却至室温，得到黑色 MnO_2 粉末。

2)电极片的制备

(1)将质量分数为 12%的 PTFE 溶液滴加 1～2 滴到 5 mL 烧杯中。

(2)根据 MnO_2：乙炔黑：PTFE=85：10：5(质量比)，计算所需的 MnO_2 和乙炔黑的质量，将二者充分研磨。

(3)将研磨后的黑色粉末倒入装有 PTFE 溶液的 5 mL 烧杯中，混合成黑色泥状物。

(4)将泥状物擀成薄膜，再用直径为 12 mm 的圆形铳子裁成圆形电极片或将薄膜切割成 5 mm×5 mm 大小的方形电极片，并称量电极片的质量。

(5)将圆形电极片放置在直径为 14 mm 的不锈钢网上，用压片机压实。使用点焊机将镍丝固定在不锈钢网的一端，根据电解池的高度调整不锈钢网的长度，然后将方形电极片用压片机压在不锈钢网的另一端上。

(6)将电极片放置在鼓风干燥箱中，在 80℃干燥 8 h。

(7)以相同的方法制备活性炭电极片，活性炭：乙炔黑：PTFE=85：10：5(质量比)。

3)超级电容器的组装

超级电容器的组装方式与电池类似，本实验采用扣式电池进行超级电容器的恒流充放电测试，采用三电极体系进行循环伏安测试。扣式电池的组装如下：首先将活性炭电极片置于扣式电池的负极外壳内，滴加 5～6 滴电解液，铺上隔膜，再加上一层被电解液充分浸湿的玻璃纤维膜，再覆盖 MnO_2 电极片，最后盖上正极外壳。然后使用纽扣电池封口机进行封装，完成超级电容器的组装。三电极测试体系使用待测电极(MnO_2)作为工作电极，饱和甘汞电极作为参比电极，活性炭电极作为对电极。电解液的高度以刚好没过 MnO_2 电极材料为宜。

4)超级电容器电化学性能的测试

超级电容器的循环伏安测试在电化学工作站上进行，电位窗口为 0～0.8 V，扫描速度为 10 mV/s。恒流充放电测试在电池测试系统上完成，测试电位窗口为 0～0.8 V，电流密度设置为 1 A/g，循环圈数设置为 10 圈。

四、实验数据处理

(1)绘制超级电容器的循环伏安曲线，分析该超级电容器储存电荷的方式。

(2)绘制超级电容器的恒电流充放电曲线，计算该超级电容器的比电容。

五、思考与讨论

(1)为什么水系电解质的电位窗口比有机电解质的电位窗口要低?

(2)在充放电过程中,二氧化锰可能发生哪些氧化还原反应?

(3)如何改进二氧化锰以提高其比电容?

参 考 文 献

王永刚, 2008. 高比能量电化学电容器的研究[D]. 上海: 复旦大学.

杨军, 解晶莹, 王久林, 2006. 化学电源测试原理与技术[M]. 北京: 化学工业出版社.

Conway B E, 2005. 电化学超级电容器——科学原理及技术应用[M]. 北京: 化学工业出版社.

He P, Luo J Y, Yang X H, et al, 2009. Preparation and electrochemical profile of $Li_{0.33}MnO_2$ nanorods as cathode material for secondary lithium batteries[J]. Electrochimica Acta, 54: 7345-7349.

Rauda I E, Augustyn V, Dunn B, et al, 2013. Enhancing pseudocapacitive charge storage in polymer templated mesoporous materials[J]. Accounts of Chemical Research, 46(5): 1113-1124.

Yang P, Mai W, 2014. Flexible solid-state electrochemical supercapacitors[J]. Nano Energy, 8: 274-290.

实验 7 硫电极的制备与可溶性产物穿梭效应观测

一、实验内容与目的

(1)掌握锂-硫电池的充放电机理。

(2)了解锂-硫电池产生"穿梭效应"的原因。

(3)了解并掌握锂-硫电池的电极制备和测试方法。

二、实验原理概述

1. 锂-硫电池特性简介

电子产品在摩尔定律的支配下,其集成电路上可容纳的晶体管数量每隔 18 至 24 个月会翻一倍。而目前商用的锂离子电池实际比能量最高约为 240 Wh/kg,仅比 150 年前的第一代铅酸电池(40 Wh/kg)高出 5 倍。在这样的背景下,由于电极材料本身的单电子反应特性,原有电池体系已经达到了其比能量的理论上限,难以满足电动汽车长续航里程和电子设备超长待机的需求。因此,迫切需要开发新型高比能量电池体系。基于两电子反应的锂-硫电池理论比能量高达 2600 Wh/kg(基于正负极材料重量),是下一代电池的备选之一。

锂-硫电池的结构如图 2.19 所示,其中正极活性材料为单质硫,负极为金属锂。单质硫具有储量丰富、成本低、环境友好等显著优势,符合纯电动汽车、电网、国防设备、空间技术等领域对高比能量动力电池的需求,已经引起了研究者的广泛关注。然而,目前仍存在几个亟须克服的技术缺陷:①充放电过程中,体积膨胀较大,约为 80%;②S 及其放电产物 Li_2S 的电子导电性较差,约为 5×10^{-30} S/cm;③锂-硫电池的反应属于溶解-沉积反应,其中间产物多硫化物(Li_2S_n, $4 \leqslant n \leqslant 8$)溶于电解液,进而穿梭到负极,与锂金属发生副反应,造成不可逆容量损失及库仑

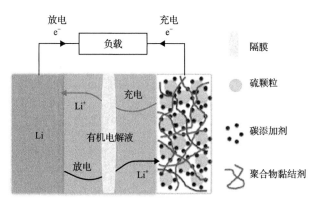

图 2.19 锂-硫电池的电池结构示意图

效率低下，在充电过程中部分被还原的多硫离子又穿梭回正极，导致过充现象；④以锂作为负极材料的电池体系面临着金属锂负极产生的枝晶生长和库仑效率低下等问题，特别是枝晶生长会带来安全隐患。同时，锂-硫电池商用化的主要难点在于由溶解-沉积反应导致的"穿梭效应"，这一问题制约着锂-硫电池的实际应用。因此，深入了解锂-硫电池的反应机理和穿梭效应是至关重要的。

2. 锂-硫电池的充放电机理与穿梭效应

理论上，硫正极的电化学反应可以分为多个氧化还原反应步骤，同时伴随着复杂的硫化物相转移过程。在放电过程中，单质硫 S_8 先被逐渐还原为可溶性的 Li_2S_n，然后再进一步被还原为固态的 Li_2S_2/Li_2S。这个过程中涉及固-液-固两个相转化过程，分别对应于电压 2.4～2.1 V 和 2.1～1.5 V 处的两个平台。总的来说，锂-硫电池的放电过程可以归结为以下正负极反应：

正极：

$$S_8 + 16Li^+ + 16e^- \longrightarrow 8Li_2S \tag{2.30}$$

负极：

$$Li \longrightarrow Li^+ + e^- \tag{2.31}$$

总反应：

$$16Li + S_8 \longrightarrow 8Li_2S \tag{2.32}$$

每个平台和斜坡对应的反应过程如图 2.20 所示，充电则代表了逆向的反应过程，此过程也解释了多硫的产生和扩散过程，即所谓穿梭效应的产生原因。

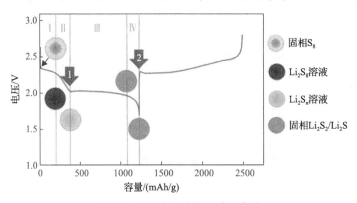

图 2.20　锂-硫电池的充放电曲线

3. 穿梭效应的影响及解决方案

(1)大量中间产物溶解在电解液中以及不溶性硫化物 Li_2S_2/Li_2S 沉积在负极，

降低了活性物质的利用率，导致电池容量衰减。

(2)穿梭会导致部分负极化学还原的多硫离子在正极被重新电化学氧化，充电时电池严重过充，降低库仑效率。

(3)多硫离子穿梭到负极与金属锂发生腐蚀反应，加剧了锂的不均匀沉积，导致锂负极在循环过程中粉化严重。

(4)生成的绝缘性产物 Li_2S_2/Li_2S 堆积在电极表面，影响锂离子的迁移速率，导致电池倍率性能变差。

(5)电池在储存及静置过程中，溶解在电解液中的多硫离子会向负极迁移并与锂反应，导致电池开路电压降低及容量损失，造成电池自放电现象。

针对穿梭效应，研究者提出了一系列解决方案。首先从物理作用方面，有以下解决方案：①降低或消除多硫化物在电解液中的溶解，从源头上抑制穿梭效应。可以采用"Solvent-in-Salt"的理念，将锂盐作为主体，并将锂盐浓度提高至 7 mol/L，以降低电解液体系的溶剂化能力和多硫化物在电解液中的溶解度，从而达到抑制穿梭的目的。无机固态电解质也可取代有机电解液，完全消除多硫化物在电解液中的溶解，有效减少活性材料的损失。②在正极与电解液之间设置界面层，切断多硫化物向负极迁移的路径。例如，用聚合物等对正极活性材料进行包覆，可以有效限制多硫化物向电解质溶液的溶解和扩散，抑制穿梭效应，类似的设计还包括一些核壳结构等。在隔膜和正极之间设计碳阻隔层也能有效抑制多硫化物向电解液的溶解和扩散，同时提高多硫化物的再利用率，抑制穿梭效应。③修饰负极锂表面，隔离多硫化物与金属锂的接触反应。例如，在电解液中添加硝酸锂是一种常用并且效果显著的方法，可以通过功能添加剂在锂表面形成钝化膜来阻止多硫化物与负极金属锂的反应。在金属锂表面原位生长一层固体电解质界面(solid electrolyte interphase, SEI)膜也是一种有效的方法，可切断多硫化物与负极金属锂的副反应。其次是化学作用：①通过极性官能团成键吸附。例如，通过高温使 S_8 环本身断键，然后与聚合物重新成键，这样多硫化物就可以通过成键牢牢吸附在聚合物框架上，而不会向电解液中溶解和扩散。在此基础上，如果选用导电聚合物则更加有利于硫的吸附和再利用。此外，对碳基体材料进行杂原子掺杂也可以有效提高对多硫离子的化学吸附效果，抑制多硫化物向电解液的溶解和扩散。②通过过渡金属化合物吸附。一些过渡金属化合物如 MnO_2、MXene-TiC 等与硫之间成键或者催化间接形成化学吸附，有效抑制了穿梭效应，提高了电池的库仑效率和循环稳定性。

三、实验方法与步骤

本实验旨在采用原位可视锂-硫模具电池实时观测穿梭效应。主要步骤包括硫电极的制备、模具电池的组装以及电池放电过程的原位观测。

1. 仪器与材料

研钵、玻璃瓶、管式炉、鼓风干燥箱、电池测试系统、氩气手套箱、分析天平、磁子、磁力搅拌器、擀膜机、压片机、点焊机、剪刀、尖嘴钳、H 型电解池。

硫化锂粉末、硫粉、乙二醇二甲醚(1,2-dimethoxyethane，DME)、双三氟甲烷磺酰亚胺锂[lithium bis(trifluoromethanesulphonyl)imide，LiTFSI]、科琴黑(Ketjen black，KB)、隔膜、进口黑胶(隔绝有机溶剂)、AB 胶、钛网、钛丝、铜网、铜丝、橡胶塞、密封硅脂、胶带、质量分数为 12%的 PTFE 溶液、乙醇、乙炔黑、锂带、氩气。

2. 操作步骤

1)制备 S@KB

(1)按照质量比 73：30 称取硫粉和科琴黑粉末(硫粉多加～3%以弥补热处理过程中的硫损失)，研磨混匀后放入玻璃瓶中，在 155℃的氩气氛围中预烧 5 h。

(2)取出预烧材料继续研磨 20 min，然后在 200℃的氩气氛围中进行 2 h 的退火，得到 S@KB 复合材料，其中 S 和 KB 的质量比约为 70：30。

2)制备电极片

(1)利用 5 mL 小烧杯称取数滴质量分数为 12%的 PTFE 溶液，计算净 PTFE 的质量。

(2)按照 S@KB：乙炔黑：PTFE=85：10：5(质量比)的比例分别称取 S@KB 和乙炔黑。

(3)将 S@KB 和乙炔黑混合研磨 10 min，然后加入含有 12% PTFE 的小烧杯中，并搅拌成具有一定黏度的泥状物。

(4)对泥状物进行擀膜，之后将擀好的电极裁成 2 cm×3 cm 的大小，即为电极片，电极片质量控制在 30 mg 以上。

(5)将电极片放置在裁好的 2 cm×5 cm 长方形钛网上，使用压片机施加大约 10 MPa 的压力压实电极片；然后将钛丝点焊到钛网电极上作为电流引线。接着，将制作好的正极片放入鼓风干燥箱中，在 60℃下干燥约 8 h。

3)组装原位可视锂-硫电池(图 2.21)

(1)将裁好的聚丙烯(polypropylence，PP)隔膜用黑胶贴在 H 型电解池的中间部分，静置 20 min 等黑胶固化后，用 AB 胶固定电解池的外围。

(2)将铜线与铜网通过点焊连接，将锂带裁成 2.5 cm×3.5 cm 大小，压实在铜网上作为负极。

(3)取容量为 100 mL 的 H 型玻璃电解池，在氩气手套箱中，向电解池中加入约 60 mL 浓度为 1 mol/L 的 LiTFSI/DME 溶液，在两个瓶口中分别插入正负极，用橡胶塞封口。

（4）将电解池从氩气手套箱中取出，用密封硅脂涂抹于橡胶塞、玻璃瓶和金属丝之间的缝隙处，用胶带固定电解池。

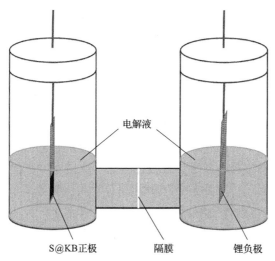

电解液

S@KB正极　　　隔膜　　　锂负极

图 2.21　原位可视锂-硫电池结构示意图

4）锂-硫电池的放电性能测试与多硫离子穿梭现象观察

（1）在电池测试系统上完成 H 型锂-硫电池的放电性能测试，采用"恒流放电"程序，放电倍率为 0.1 C（1 C 为 1675 mA/g$_\mathrm{S}$），放电截止电压为 1.5 V。

（2）观察不同放电阶段多硫化物的扩散现象。记录电池的放电曲线和 0.5 h、1 h、2 h、3 h、6 h、9 h 对应的 H 型电解池中的多硫化物扩散现象的图片。

四、实验数据处理

（1）绘制 H 型锂-硫电池的放电曲线。

（2）给出不同时间 H 型电池中多硫化物扩散的图片。

五、思考与讨论

（1）穿梭效应对锂-硫电池有哪些影响？

（2）如何抑制锂-硫电池中多硫化物的穿梭？

参 考 文 献

魏浩, 杨志, 2018. 锂硫电池[M]. 上海: 上海交通大学出版社.

Wang Q, Zheng J, Walter E, et al, 2015. Direct observation of sulfur radicals as reaction media in lithium sulfur batteries[J]. Journal of The Electrochemical Society, 162: 474-478.

实验 8　石墨负极的锂嵌入反应测量

一、实验内容与目的

(1) 了解石墨的晶体结构以及嵌锂过程的结构变化。

(2) 了解石墨充放电过程中产生的电位平台及其对应的相变过程。

二、实验原理概述

石墨作为碳基负极材料，在负极材料市场上取得了巨大的成功，这得益于其丰富的储量、高比容量、低工作电压和低成本等优势。石墨类材料具有适合锂离子嵌入和脱嵌的层状结构，能够形成锂-石墨层间化合物，因此成为负极材料的主流。但是，随着电动汽车和电网规模储能站等对高性能锂离子电池需求的不断增加，石墨负极的电化学性能亟待提高，特别是在低温下的充电表现。目前业界认为石墨负极是阻碍锂离子电池高倍率充电性能提升的主要因素之一，其循环稳定性和库仑效率也需要进一步提高。因此，探究锂离子在石墨电极中的嵌入/脱嵌过程及其影响因素，以及锂离子在电极反应过程中动力学参数的变化，有助于为锂离子电池的电芯设计和大规模生产提供理论基础。

1. 石墨的晶体结构

石墨有两种晶型：2H(六方)结构和 3R(菱方或三方)结构(图 2.22)。六方结构按 ABAB…方式堆砌而成，为稳定结构；菱形结构按 ABCABC…方式堆砌而成，

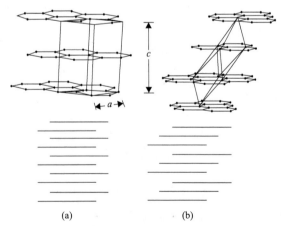

图 2.22　六方结构(ABAB…方式)(a)和菱方或三方结构(ABCABC…方式)(b)

为亚稳定结构。理想石墨片层之间的距离（d_{002}）为 0.3354 nm。石墨由基面和端面组成。基面（002）包含离域 π 电子云；端面有 Z 字形（zig-zag）和扶椅形（arm-chair）两种，对应碳原子按照 $\{1\,1\,\bar{1}\,0\}$ 和 $\{1\,1\,\bar{2}\,0\}$ 两种取向排列。石墨端面可以作为化学吸附/反应位点，扶椅形位点活性不如 Z 字形位点，但是相较于 Z 字形位点更稳定。

2. 锂在石墨中的插入行为

通常情况下，锂在石墨中的插入反应是从端面进行。如果石墨中的石墨烯平面完整，则锂无法插入其中，只有当平面存在缺陷或孔隙时，锂才能基于平面插入。此外，不同的嵌锂量会得到不同阶的化合物。一般来说，平均每层石墨烯面插入一层锂，被称为一阶化合物，一阶化合物 LiC_6 的层间距为 3.70 Å，形成 $\alpha\alpha$ 堆积序列。嵌锂的最低程度为四阶，即每四层石墨烯面插入一层锂。在最高的一阶化合物中，锂在平面上的分布避免彼此紧挨，防止排斥力大。因此常温下得到的结构平均为六个碳原子和一个锂原子，如图 2.23 所示。

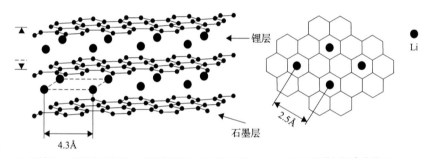

(a) 石墨以 AA 层堆积和锂以 $\alpha\alpha$ 层间有序插入的结构示意　　　(b) LiC_6 的层间有序模型

图 2.23　LiC_6 的结构

3. 石墨嵌入锂的阶数与电压平台的关系

如图 2.24 所示，在石墨负极的充电过程中，充电电压逐渐降低，形成充电电压阶梯平台，对应高阶化合物向低阶化合物转变。具体来说，低含量的锂随机分布在整个石墨晶格里，以稀一阶形式存在，稀一阶向四阶转变的过渡电压为 0.20 V，四阶向三阶转变的过渡电压为连续的，三阶向稀二阶（2L 阶）转变的过渡电压为 0.14 V，2L 阶向二阶转变的过渡电压为 0.12 V，二阶向一阶转变的过渡电压为 0.09 V。嵌满锂时形成的是一阶化合物 LiC_6，比容量为 372 mAh/g，这是石墨在常温常压下的理论最大值。以上结果表明，在石墨电极中，锂离子嵌入反应的动力学过程和嵌入的阶数密切相关，同时也为锂离子电池的设计和优化提供了重要的理论参考。

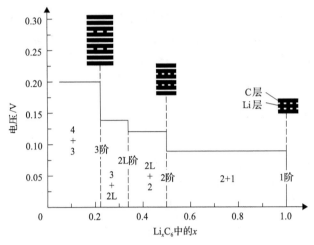

图 2.24 石墨嵌入锂的阶数与电压平台的关系

三、实验方法与步骤

将天然石墨涂覆的极片作为正极，锂片作为负极组装成扣式电池进行充放电测试。

1. 仪器与材料

分析天平、磁子、称量瓶、磁力搅拌器、5 mL 烧杯、研钵、切片机、辊压机、涂膜机、加热板、真空干燥箱、氩气手套箱、移液枪、电池封口机、电池测试系统。

天然石墨、乙炔黑、质量分数为 5% 的 PVDF 溶液、锂片、铜箔、锂电电解液、NMP、垫片、弹片、隔膜、玻璃纤维膜、扣式电池壳。

2. 操作步骤

1) 电极材料的制备

（1）按照天然石墨∶乙炔黑∶PVDF=9∶0.5∶0.5（质量比）称取天然石墨和乙炔黑，将天然石墨和乙炔黑研磨均匀。

（2）将研磨好的天然石墨和乙炔黑混合物转移至盛有 PVDF 的烧杯中，滴加适量 NMP，搅浆 30 min 获得如稀酸奶状的负极浆料。

（3）使用涂膜机将负极浆料涂覆于铜箔上，在 120℃加热板上加热 2 h 蒸发掉 NMP 溶剂，然后转移到 80℃真空干燥箱中干燥 2 h，获得负极极片。

（4）用辊压机将负极极片表面辊压光滑，然后进行铣片。称量极片质量后置于 80℃烘箱中真空干燥 12 h 以上。干燥后立即将极片转移到手套箱中。

2)石墨-Li 半电池的组装

扣式电池的组装过程在氩气手套箱中进行。具体操作顺序如下：首先将弹片置于扣式电池负极外壳内，然后依次放置垫片、锂片，加 20 μL 电解液，放置隔膜、玻璃纤维膜，滴加 30 μL 电解液，放置石墨电极片、正极壳。最后在纽扣电池封口机上对电池进行封装。

3)石墨-Li 半电池充放电测试

石墨半电池的充放电测试在电池测试系统上完成，测试前先让电池静置 6 h，测量开路电压。充放电的电压区间为 0～3 V，电流以石墨的理论比容量(372 mAh/g)为基准，设置为 0.1 C，循环充放电 20 次，记录电池的充放电曲线。

四、实验数据处理

(1)绘制石墨电池的充放电曲线，分析不同充放电平台对应的相变过程。

(2)绘制石墨电池的循环曲线，探究电池的充电比容量和库仑效率随循环次数的变化。

五、思考与讨论

(1)简述石墨负极的储能机理。

(2)简述石墨嵌入锂的阶数与电压平台之间的关系。

参 考 文 献

吴宇平, 2011. 锂离子电池-应用与实践[M]. 北京: 化学工业出版社.

Levi M D, Aurbach D, Levi E A, 1997. The mechanism of lithium intercalation in graphite film electrodes in aprotic media[J]. Journal of Electroanalytical Chemistry, 1997, 421(1-2): 79-88.

Ohzuku T, Iwakoshi Y, Sawai K, 1993. Formation of lithium-graphite intercalation compounds in nonaqueous electrolytes and their application as a negative electrode for a lithium ion(shuttlecock) cell[J]. Journal of The Electrochemical Society, 140(9): 2490.

Shi H, Barker J, Saïdi M Y, et al, 1997. Graphite structure and lithium intercalation[J]. Journal of Power Sources, 68(2): 291-295.

实验9　空气催化电极制备与电性能测量

一、实验内容与目的

(1)了解锌-空气电池的工作原理。
(2)掌握锰氧化物催化剂的制备方法。
(3)掌握空气催化电极的制备方法。

二、实验原理概述

1. 锌-空气电池

锌-空气电池有着一百多年的发展历史。早在1879年，Maiche等人就用锌片作为负极，碳和铂粉的混合物为正极，氯化铵水溶液为电解液，制备出第一个锌-空气电池。但由于采用酸性电解液，电池输出电压低且电极材料稳定性差，同时还存在电解液泄漏等问题。经过科学家不懈的努力，1932年，Heise等人将电解液换为碱性溶液，并用石蜡密封防止电解液浸没空气电极，有效提高了电解液的离子电导率和体系的安全性。20世纪60年代后，由于高性能、环境友好的燃料电池研究需要，高催化活性的气体电极被成功研制，碱性锌-空气电池的电化学性能得到了很大提高。

碱性锌-空气电池由金属锌负极、空气正极和碱性电解液KOH组成。一般情况下，锌-空气电池中的锌负极由锌粉制成膏状，然后涂覆在导电镍网上，再经真空干燥后压制即可使用，或者可以直接使用锌板作负极。由于电池的负极在放电过程中失去电子，易发生溶解，因此可以采用封闭剂填充锌负极。碱性锌-空气电池的正极使用高分子聚合物、活性炭、电催化剂(如二氧化锰，钙钛矿型氧化物，尖晶石氧化物，贵金属银、铂等)和集流体材料(如镍网)，该正极一般是气体扩散电极，是一种能够透过空气、不透过液体、可以导电并具有氧化还原催化活性的薄膜(图2.25)。

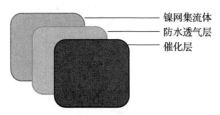

　　　　　　　　　　　　　　　　　　　　　镍网集流体
　　　　　　　　　　　　　　　　　　　　　防水透气层
　　　　　　　　　　　　　　　　　　　　　催化层

图2.25　气体扩散电极结构图

其原理用电池方程式可表示为：

$$(-)\,Zn|KOH|O_2(空气)\,(+)$$

负极：

$$Zn + 2OH^- \longrightarrow ZnO + H_2O + 2e^- \quad E^{\ominus} = -1.245 \text{ V}$$

正极：

$$\frac{1}{2}O_2 + H_2O + 2e^- \longrightarrow 2OH^- \quad E^{\ominus} = 0.401 \text{ V}$$

总电池反应：

$$Zn + \frac{1}{2}O_2 \longrightarrow ZnO \quad E^{\ominus} = 1.646 \text{ V}$$

电动势可以表示为：

$$E = 1.646 + \frac{RT}{2F}\ln[p_{O_2}]^{1/2}$$

根据电池方程式，锌作为负极活性物质在碱性电解液 KOH 介质中提供电子，空气中的 O_2 作为正极的活性物质通过空气电极载体活性炭得到电子，在 KOH 电解液中形成闭合电路，从而为外界提供电源。

锌-空气电池具有容量大、比能量高、放电电压平稳、安全性好、储存寿命长、成本低等优点，因此近年来备受科研人员的关注。然而，空气电极中催化剂的活性低是影响锌-空气电池商业化进程的重要因素。目前，空气电极已采用催化效果好的贵金属如铂、银和铑等作为催化剂，但这也使得电池的成本增加。因此，寻找高效、低成本的空气电极催化剂一直是锌-空气电池领域的热点。

2. 锰氧化物催化剂

锰氧化物一直被认为是一种高效的氧还原和析氧反应催化剂，具有储量丰富、价格低廉等优点。制备锰氧化物催化剂的方法主要包括湿掺法和锰化合物热处理法两种。其中，锰化合物热处理法常常可以制备出催化活性更高的催化剂。

湿掺法是通过化学方法制备锰氧化物，并将其负载在载体上，但这种方法可能导致催化剂有效面积减少，从而降低催化剂的利用效率。而锰化合物热处理法则是先在常温下将含锰化合物与催化剂载体均匀混合，然后通过高温热处理制备出锰氧化物催化剂。

研究表明，不同的热处理温度和升温速率都可能导致不同晶型的锰氧化物的生成，如α、β、γ、δ等四种不同晶型的 MnO_2 以及 Mn_2O_3、Mn_3O_4 等。其中，γ-MnO_2 性能最好。此外，研究还发现，通过在催化剂载体上负载 $Mn(NO_3)_2$ 材料后，经过 340℃高温分解可以制备出催化效果最好的 MnO_2。

需要注意的是，锰的价态很多，通过热处理法很难控制生成单一的锰氧化物。因此，在制备锰氧化物催化剂时，需要综合考虑热处理温度、升温速率、负载材料等因素，以获得最佳的催化效果。

三、实验方法与步骤

1. 仪器与材料

电子天平、玛瑙研钵、磁力搅拌器、高压反应釜、鼓风烘箱、抽滤瓶、布氏漏斗、滤纸、马弗炉、擀膜机、压片机、电化学工作站、磁子、瓷舟、药匙、剪刀、烧杯若干。

硫酸锰、过硫酸铵、无水乙醇、质量分数为12%的 PTFE 溶液、活性炭（催化剂载体）、镍网、氢氧化钾、蒸馏水、Hg/HgO 电极 1 支、铂片电极 1 支。

2. 操作步骤

1）纳米线状 MnO_2 的制备

（1）分别称取 8 mmol 过硫酸铵和 8 mmol 硫酸锰，加入至 20 mL 蒸馏水中。

（2）磁力搅拌 30 min 后转入内衬为聚四氟乙烯的高压反应釜中，将反应釜置于 120℃烘箱中反应一定时间（40 min～48 h），自然冷却至室温。

（3）过滤产物，用蒸馏水反复洗涤后，在 50℃下干燥 12 h。

（4）将得到的固体粉末放入马弗炉内，在 300℃煅烧 10 h，冷却至室温，得到黑色 MnO_2 粉末。

2）空气电极的制备

纳米 MnO_2 催化层制备方法：按照 80∶15∶5 的质量比称取纳米 MnO_2、活性炭和 12% PTFE，混合均匀后，再加入适量无水乙醇使混合物充分润湿，形成泥状物质。然后放于擀膜机上，反复擀压至 0.2～0.3 mm 的厚度，制备出纳米 MnO_2 催化层。

导电骨架采用 80 目镍网作为集流体。

电极制备步骤为：取两块催化膜，裁成 10 mm×10 mm 的大小，按照催化膜、镍网、催化膜的顺序，使用压片机施加 3 MPa 的压力压制成电极。

3）循环伏安测试

本实验采用电化学工作站进行三电极循环伏安测试。参比电极采用 Hg/HgO 电极，对电极为铂片，工作电极为制备的纳米 MnO_2 催化剂电极，研究体系所采用的电解液为 30% KOH 溶液。测试的电压区间为 $-0.6 \sim 0.1$ V（$vs.$ Hg/HgO），扫描速度为 5 mV/s，根据测试结果绘制出纳米 MnO_2 电催化剂的 CV 曲线。

四、实验数据处理

(1)绘制 CV 测试曲线，标注各个峰的位置并归属其反应。

(2)根据 CV 测试曲线，分析纳米 MnO_2 的电催化性能。

五、思考与讨论

(1)简要说明锌-空气电池的工作原理及存在的问题。

(2)二氧化锰有哪些晶型，分别有什么结构特征？

参 考 文 献

Peng S J, 2023. Zinc-Air Batteries: Fundamentals, Key Materials and Application[M]. New York: Springer.

Wang Q C, Kaushik S, Xiao X, Xu Q, 2023. Sustainable zinc–air battery chemistry: advances, challenges and prospects[J]. Chemical Society Reviews, 52: 6139-6190.

Wang X, Li Y, 2002. Selected-control hydrothermal synthesis of α- and β-MnO_2 single crystal nanowires[J]. Journal of the American Chemical Society, 124(12): 2880-2881.

实验 10　金属锂电极的电化学剥离与沉积实验

一、实验内容与目的

(1) 了解金属锂电沉积-溶解过程中库仑效率的测定方法。

(2) 了解电解液组分对金属锂表面 SEI 层的影响。

(3) 掌握 Li-Cu 扣式电池的电极制备与组装方法。

二、实验原理概述

1. 金属锂电池

近年来，随着化石能源快速消耗和环境污染日益加剧，清洁、可再生能源的开发利用与高效储能技术的发展受到广泛关注。金属锂以其高理论容量 (3860 mAh/g) 和低电极电势 (–3.04 V $vs.$ SHE) 备受关注，但金属锂负极仍面临许多问题。首先，金属锂负极在电沉积过程中会出现不可控的锂枝晶生长。目前研究人员提出的解决方法包括电解液添加剂、使用三维集流体骨架支撑、采用固态电解质、表面处理和使用高浓度电解液等。其次，金属锂在大多数电解液中不稳定。因此，评估电解液和锂金属的兼容性对于提高整个锂金属电池体系的稳定性至关重要。通常使用铜来取代锂作为工作电极组装 Li-Cu 电池，并根据每个循环中的库仑效率 (剥离锂容量/镀锂容量) 来量化铜电极上的活性锂损失。库仑效率越接近 100%，锂金属在该电解液中的活性锂损失越少，锂金属电沉积的可逆性越好。

一般采用扣式电池来测定 Li-Cu 电池循环过程中的库仑效率。电池通常由负极、电解液、正极、隔膜、吸液膜等组成。其中金属锂片作为负极，铜箔 (集流体及金属锂沉积的基底) 作为正极。测试过程中，先对电池进行恒流放电操作，此时负极的锂会剥离并沉积到铜箔正极上。由于负极的锂远远过量，因此通常设定放电容量作为放电过程的结束条件 (一般为 0.5~5 mAh/cm^2)；在随后的充电过程中，锂从铜箔上剥离并重新沉积到负极。当铜箔上再无可剥离的锂时，电池电压会快速升高，因此充电过程需设定截止电压 (一般设定为 1.0 V)。图 2.26 为 Li-Cu 电池在商业化的六氟磷锂/碳酸乙烯酯-碳酸二乙酯 (LiPF$_6$/ethylene carbonate-diethyl carbonate，LiPF$_6$/EC-DEC) 电解液中的充放电曲线及相应的库仑效率，尽管碳酸酯类电解液在使用石墨负极的商业化锂离子电池中取得了很大的成功，但这类电解液对金属锂负极并不稳定。从图中可以看出，金属锂负极在 LiPF$_6$/EC-DEC 电解液中的首圈库仑效率大约只有 90%，循环 100 圈后电池快速失效，最终库仑效率低于 10%。

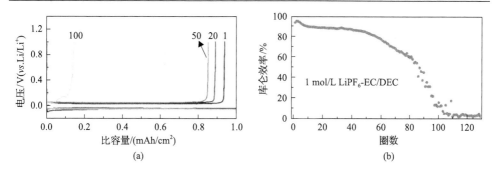

图 2.26 Li-Cu 电池的充放电曲线及相应的库仑效率(电解液为 1 mol/L LiPF₆/EC-DEC,
电流密度为 0.5 mA/cm²)

2. 固态电解质界面层

当金属锂与电解液接触时,两者会发生反应并在锂负极表面形成一层钝化层。该钝化层包括一些不溶性产物,它会在电极与电解液间起到类似隔膜的作用,具有固态电解质的特征,因此习惯上称其为固态电解质界面层,即 SEI 层。

在大多数电解液中,SEI 层主要由一些无机和有机成分组成,其结构示意图如图 2.27 所示。SEI 层的存在抑制了锂负极和电解液的进一步反应,使锂负极具备一定的稳定性;但 SEI 层也会造成死锂的累积,使电池阻抗增大,导致电池电化学性能下降。因此,SEI 层的性能对金属锂负极的电化学行为有着重大影响。

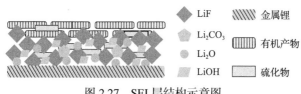

图 2.27 SEI 层结构示意图

一般认为 SEI 层的形成是电池首次循环不可逆容量损失的主要原因。在之后的循环中,若已形成的 SEI 不够稳定,则新生长的锂枝晶将穿透该 SEI 膜,使得暴露出来的锂继续与电解液反应,最终影响电池的循环寿命及库仑效率。因此,设计出能够稳定存在的 SEI 层很有必要。

改变电解液的组分是调控 SEI 层结构、增强其稳定性、提高金属锂循环效率的有效方法。本实验旨在比较碳酸酯类和醚类电解液体系下形成的 SEI 层对金属锂循环性能的影响。通过组装并测试 Li-Cu 扣式电池,我们可以初步了解金属锂的电沉积行为、SEI 层性能与电解液成分之间的关系,以及 SEI 层对电池循环性能的影响。

三、实验方法与步骤

1. 仪器与材料

直径为 12 mm 和 16 mm 的圆铳、20 mL 菌种瓶、超声清洗机、保鲜膜、真空烘箱、氩气手套箱、移液枪、纽扣电池封口机、电池测试系统。

无水乙醇、铜箔、锂片、隔膜、玻璃纤维膜、垫片、弹片、扣式电池壳、两种锂电电解液（1 mol/L LiPF$_6$/EC-DEC 和添加 2 wt% LiNO$_3$ 的 1 mol/L LiTFSI/DME-DOL）。

2. 操作步骤

1) 电极片的制备

(1) 正极：将铜箔铳裁成直径为 16 mm 的圆片并置于 20 mL 菌种瓶中。向其中加入无水乙醇至完全淹没铜片，超声 20 min 后，用无水乙醇洗涤三次。置于真空烘箱中 60℃干燥 16 h 左右。待烘箱降至室温后，将铜片快速转移至氩气手套箱中。

(2) 负极：在氩气手套箱中，将锂片铳裁成直径为 12 mm 的圆片，稍微按压平整待用。

2) 电池的组装

扣式电池的组装过程在氩气手套箱中进行。

首先，依次将弹片、不锈钢垫片、锂片负极置于负极壳中，滴加 20 μL 电解液；然后，放上隔膜、玻璃纤维膜（直径均为 16 mm），再次滴加 30 μL 电解液；接着放置铜箔正极；最后，盖上正极壳，在纽扣电池封口机上对电池进行封装。电池结构示意图如图 2.28 所示。

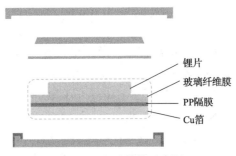

锂片
玻璃纤维膜
PP隔膜
Cu箔

图 2.28　电池结构示意图

3) 电化学测试

在电池测试系统上对组装好的电池进行电化学性能测试。实验采用"恒流放电(容量截止)—恒流充电(电压截止)—循环测试"的程序。测试前，先将电池静置 8 h。测试时，先以 0.5 mA/cm^2 进行恒流放电，截止容量为 1 mAh/cm^2；然后以相同电流充电，截止电压为 1.0 V。记录电池的充放电循环曲线及相应的库仑效率。

四、实验数据处理

（1）绘制 Li-Cu 电池循环时的电压-比容量曲线，并观察两种电解液体系组装的 Li-Cu 电池的电池极化差异。

（2）绘制 Li-Cu 电池的库仑效率-循环次数曲线，比较两种电解液体系组装的 Li-Cu 电池的库仑效率和循环稳定性差异。

五、思考与讨论

（1）分析造成 Li-Cu 电池库仑效率小于 100%的原因。

（2）判断哪种电解液与锂金属的兼容性更好，猜测可能的原因。

（3）思考 Li-Cu 电池的电压-比容量曲线充放电平台之间的电势差是怎么产生的。

参 考 文 献

黄昊, 2020. 高性能电池关键材料[M]. 北京: 科学出版社.

Qiu F, Li X, Deng H, et al, 2018. A concentrated ternary-salts electrolyte for high reversible Li metal battery with slight excess Li[J]. Advanced Energy Materials, 9: 1803372.

Tarascon J M, Armand M, 2001. Issues and challenges facing rechargeable lithium batteries[J]. Nature, 414: 359-367.

实验 11　固态电解质的制备及其离子电导率测试

一、实验内容与目的

(1) 了解无机固态锂离子电解质的种类及其离子电导率的相关概念。

(2) 了解并掌握固态电解质的制备及测量其离子电导率的方法。

二、实验原理概述

锂离子电池以其比容量大、循环寿命长、无记忆效应等优势，被广泛应用于 3C 电子产品中。然而，商业化锂离子电池中使用的有机电解液易燃、易挥发、易泄漏，容易造成电极腐蚀甚至氧化燃烧，给电池的使用带来极大的安全隐患。将有机电解液替换为聚合物电解质可以一定程度上提升电池的安全性，但目前聚合物电解质的室温电导率较低，无法满足电池运行的需求；此外，聚合物电解质的高温稳定性通常较差，仍然无法从根本上解决电池的安全性问题。相比之下，使用无机固态电解质不仅可以从根本上解决有机电解液的安全隐患，而且无机固态电解质还可以在高温下工作，拓宽了电池的工作温度范围。

1. 无机固态电解质

根据导体中导通粒子的类型，导体可以分为电子导体和离子导体两类。离子导体也称为电解质，而具有离子导电能力的固态离子晶体被称为固态电解质。最初发现的固态电解质的离子电导率较低，因此未受到广泛的关注。直至 20 世纪 60 年代中期，研究人员发现了室温下锂离子电导率与有机电解液相近的 Li_3N，才使得固态电解质引起了广泛的关注。但是，虽然 Li_3N 的室温离子电导率高达 10^{-3} S/cm，但其氧化电位低至 0.45 V($vs.$ Li/Li$^+$)，这种低氧化分解电位限制了 Li_3N 作为固态电解质的应用。理想情况下，固态电解质应满足以下几个方面的要求：①具有高锂离子电导率(至少大于 10^{-4} S/cm)和低电子电导率；②具有高锂离子迁移数；③具有较宽的电化学窗口；④与电极界面接触良好，具有较低的电极-电解质界面阻抗；⑤易于制备，价格低廉；⑥无毒或低毒，环境友好。

目前，常见的无机固态电解质主要分为两大类：氧化物电解质和硫化物电解质。其中，氧化物电解质具有离子电导率高、热稳定性好、化学稳定性好、电化学窗口宽、机械强度高等优势。氧化物电解质包括锂离子超离子导体(lithium superionic conductor, LISICON)型、钠离子超离子导体(sodium superionic conductor, NASICON)型、石榴石(garnet)型、钙钛矿(perovskite)型和反钙钛矿(anti-perovskite)型等。图 2.29 展示了常见的固态电解质的锂离子电导率。

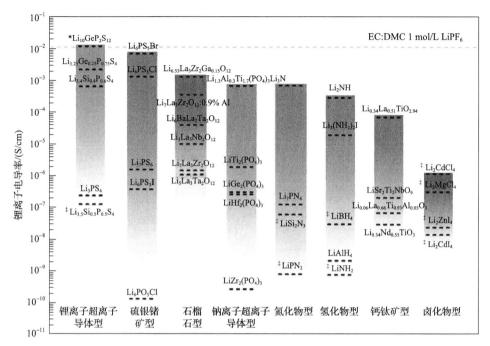

图 2.29　典型的无机固态电解质离子电导率

NASICON 型固态电解质：

当前，NASICON 型固态电解质的通式为 $Na_{1+x}Zr_2Si_xP_{3-x}O_{12}(0\leqslant x\leqslant 3)$。用 Li^+ 代替其中的 Na^+ 后，这类固态电解质可传导锂离子。例如，将 $Na_3Zr_2Si_2PO_{12}$ 中的 Na^+ 替换为 Li^+，便可获得 $Li_3Zr_2Si_2PO_{12}$ 电解质，但其锂离子电导率较低，这是因为锂离子半径较小，原本适合于钠离子迁移的通道对锂离子来说过于宽大，通道半径与离子尺寸不匹配，导致离子电导率下降。同样地，$LiZr_2(PO_4)_3$ 的锂离子电导率也较低。但是将其中的 Zr^{4+} 替换为离子半径更小的 Ti^{4+} 后，可显著提升其锂离子电导率，这是因为 $LiTi_2(PO_4)_3$ 的离子通道半径较小，与锂离子半径相匹配，更适合于锂离子的迁移。此外，用三价阳离子部分取代 $LiTi_2(PO_4)_3$ 中的 Ti^{4+} 可进一步提高其锂离子电导率，例如，掺杂 Al^{3+} 的 $Li_{1.3}Al_{0.3}Ti_{1.7}(PO_4)_3$(LATP) 电解质的室温离子电导率可达 3×10^{-3} S/cm，这是因为 Al^{3+} 掺杂可增加材料中的锂离子浓度，同时降低材料的孔隙率，从而提高电解质的电导率。因此，要获得高锂离子电导率，这类固态电解质必须满足以下条件：①固态电解质的离子通道半径与锂离子半径大小匹配；②具有结构稳定性；③孔隙率低，致密度高。

$LiGe_2(PO_4)_3$ 由 GeO_6 八面体和 PO_4 四面体组成，这两种多面体通过共角连接构成三维网络结构，锂离子位于三维网络中并可以在其中传输，如图 2.30 所示。通过用 Al^{3+} 部分取代 Ge^{4+} 可以得到 $Li_2O\text{-}Al_2O_3\text{-}GeO_4\text{-}P_2O_5$ 系列产物，其中

$Li_{1.5}Al_{0.5}Ge_{1.5}(PO_4)_3$（LAGP）因其具有较高的锂离子电导率和相对较好的稳定性而受到广泛的关注和研究。

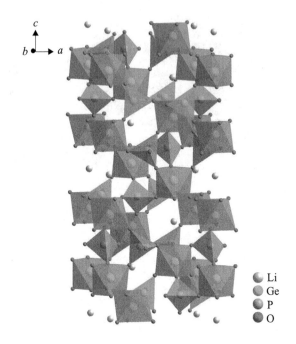

图 2.30　$LiGe_2(PO_4)_3$电解质的晶体结构

2. 锂离子电导率及电化学阻抗谱

　　研究固态电解质需要探究其在电化学方面的各个参数，如离子电导率、电子电导率、离子迁移数以及电导率随温度的变化等。这些参数对于判断固态电解质是否适用于特定应用非常重要。因此，需要将固态电解质与金属导线连接组装成器件，并进行一系列电化学测试，以获得该固态电解质的电化学参数。

　　电化学阻抗谱又称交流阻抗谱（AC impedance），是一种测量器件阻抗与微扰频率之间关系的电化学测试方法，使用电化学阻抗谱可以测量电解质的锂离子电导率。当我们使用一个角频率为 ω 的小幅正弦波电流信号干扰一个稳定的电化学系统时，该系统将相应地输出一个角频率为 ω 的响应电压信号，这个频响函数就是电化学阻抗，而在一系列不同角频率下测得的一组频响函数就是系统的交流阻抗谱。由阻抗谱可以得到许多有关电化学过程的信息，如多晶电解质晶粒、晶界电阻和晶界电容，以及电池的电极反应动力学类型等。对于固态电解质而言，用交流阻抗法测电导时，电阻数值往往随频率改变，这是因为电解质本身的不均匀性和电极部分的阻抗响应的影响。一般把不同频率下测得的阻抗（Z'）和容抗（Z''）作复数平面图，并结合被测电化学系统的等效电路图，求出固态电解质和电极界面的相应参数。近30年来，此方法在固态电解质研究以及其他电化学系统的研究中得到了广泛的应用。

接下来简单介绍电化学阻抗谱的原理。当对电化学系统施加正弦波的电压微扰 $E_0\sin\omega t$ 时，所产生的电流一般为 $I_0\sin(\omega t+\theta)$，其中，ω 为角频率，且 $\omega=2\pi f$；f 为交流频率；t 为时间；θ 为电流对电压的相位移。对一个纯电容电路，正弦交流电通过电容值为 C 的电容元件，在电容上建立的波形也为正弦波，其幅值为 $I_0/\omega C$，其相位落后于电流波形 $\pi/2$，元件的容抗为 $1/\omega C$。对一纯电感电路，电感上的电压波形也为正弦波，其幅值为 ωLI_0，其相位超前电流 $\pi/2$，元件的电感为 ωL。正弦交流电一般可用矢量或复数表示，电池的阻抗 Z 可用复数表示为：

$$Z = \frac{E_0\sin\omega tx}{I_0\sin(\omega t+\theta)} = Z' + jZ''$$，其中实数部分 $Z'=R$；虚数部分 $Z''=1/\omega C$。

从理论上，典型的阻抗谱图及其等效电路有以下几种：

当电池的等效电路为一纯电阻 R 时，阻抗为 $Z=Z'=R$，相位角为 $\theta=0$，则复平面图中 Z 为恒定值，与频率无关，表示为一个点。

当电池的等效电路为一纯电容 C 时，阻抗为 $Z=Z''=1/\omega C$，相位角为 $\theta=\pi/2$，此时在复平面图中 Z 为一条与虚轴 Z'' 重合的直线。

当电池的等效电路为电阻 R_p 与电容 C_p 并联组合时，其阻抗为

$$Z = \frac{R_p}{1+\omega^2 R_p^2 C_p^2} - j\frac{\omega R_p^2 C_p}{1+\omega^2 R_p^2 C_p^2}$$

当等效电路为电阻 R_s 与电容 C_s 串联组合时，$Z = R_s - j\omega C_s$。

实际的等效电路常为各种电阻与电容的串并联组合，复数阻抗为

$$Z = \frac{R_s + R_p}{1+\omega^2 R_p^2 C_p^2} - j\frac{\omega R_p^2 C_p}{1+\omega^2 R_p^2 C_p^2}$$

实际上，固态电解质离子电导率的测量一般使用金、银、铂等金属阻塞电极。金属阻塞电极是一种半阻塞电极，即对电子导电，对锂离子阻塞。该体系的阻抗主要来自固态电解质的体阻抗和测量电极引线阻抗等。大多数实验中使用的固态电解质为压制粉末、陶瓷或固化熔体，这些都是非均匀的固态电解质相，其体电阻不可能简单地对应于一个数值，而是由于电流的不均匀性，可能显示出与频率相关的阻抗特征。假定电极过程是由扩散控制，在这种阻抗图中，只有当特征弛豫频率的差异大于100倍时，才能从图上很好地区分开。图2.31(a)是固态电解质理论的阻抗曲线，高频和中频部分分别对应于晶粒内和晶粒间的阻抗效应，低频

部分则反映了电极的极化作用等。而实际情况是比较复杂的，等效电路可能由多个串并联电路组成，复平面图上可以看到几个大小不同的半圆，这与电荷迁移机理有关。另外，实验测得的弧常小于半圆，如图 2.31(b) 所示。弧的末端也常出现扭曲或重叠等复杂形状，这是由于被研究的固态电解质体系总的行为是由一系列相互耦合的过程所决定的，该体系本身和外界条件的不同都能影响阻抗谱的形状。

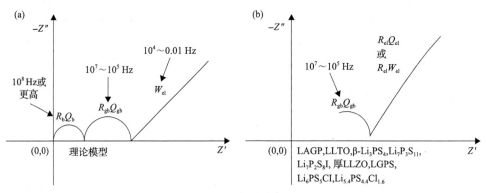

图 2.31　固态电解质理论的阻抗曲线 (a) 和固态电解质实测的阻抗曲线 (b)

　　由阻抗谱可以准确地计算出固态电解质的体电阻、晶界电阻以及相应的活化能。图 2.32 所示是不同烧结条件下的 LAGP 固态电解质的锂离子电导率随温度变化关系图，这是典型的 Arrhenius 图，通过计算图中斜线的斜率，可以求出电解质的锂离子传导的活化能。

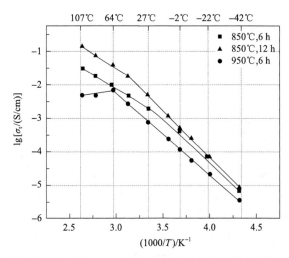

图 2.32　不同烧结条件下的 LAGP 固态电解质锂离子电导率随温度变化关系图

三、实验方法与步骤

1. 仪器与材料

药品：Li_2CO_3、$NH_4H_2PO_4$、GeO_2、Al_2O_3、导电银胶。

仪器：行星式球磨机、油压机、马弗炉、输力强电化学工作站（Salartron 1260-1287）。

其他：固态电解质模具、游标卡尺、导电碳胶带、铜线、瓷舟、坩埚等。

2. 操作步骤

1）LAGP 粉末的制备

（1）按照化学计量比称取 Li_2CO_3、$NH_4H_2PO_4$、GeO_2、Al_2O_3，其中 Li_2CO_3 需要比计量比多加 10%以弥补热处理过程中的锂损失。

（2）将称好的粉末倒入玛瑙球磨罐中并以适当速度（250～300 r/min）球磨 4 h。

（3）将球磨好的混合粉末倒入瓷舟或坩埚中，使用马弗炉以 600℃加热 1 h。

（4）重复步骤（2）。

（5）将球磨好的混合粉末倒入瓷舟或坩埚中，使用马弗炉以 900℃加热 6 h。

（6）重复步骤（2）。

2）LAGP 固态电解质片制备

（1）取 0.5 g 的 LAGP 粉末，均匀地平铺在固态电解质模具中。

（2）将固态电解质模具放入油压机中，加压 550 MPa 并保持 5～10 min。

（3）取出压制好的电解质片，将其放入瓷舟中，使用马弗炉以 900℃加热 6 h。

（4）得到固态电解质片，使用游标卡尺测量其直径和厚度。

3）LAGP 固态电解质片锂离子电导率测量

（1）先摇匀银胶，再将其均匀涂敷在 LAGP 固态电解质片的两侧表面，然后静置一段时间直至银胶中的有机物完全挥发。需要注意的是，不要将银胶涂到固态电解质片的侧面。

（2）使用输力强电化学工作站测量 LAGP 固态电解质片的电化学阻抗谱。

（3）根据公式 $\sigma = L/(R \times S)$ 计算 LAGP 固态电解质片的锂离子电导率 σ，其中 L 为电解质片的厚度；S 为电解质涂银胶部分的面积；R 为根据电化学阻抗谱拟合得到的阻抗。

四、实验数据处理

（1）绘制 LAGP 固态电解质片电化学阻抗谱图。

（2）计算 LAGP 固态电解质片锂离子电导率 σ。

五、思考与讨论

(1)可用作锂离子电池及其他电化学系统的理想的固体电解质应满足哪些要求?

(2)晶体型氧化物固态电解质主要有哪些?

(3)LAGP 粉末制备过程中反应物的质量比为多少? 为什么要分别在 600℃和 900℃中烧结?

参 考 文 献

曹楚南, 张鉴清, 2002. 电化学阻抗谱导论[M]. 北京: 科学出版社.

Bachman J C, Muy S, Grimaud A, et al, 2016. Inorganic solid-state electrolytes for lithium batteries: Mechanisms and properties governing ion conduction[J]. Chemical Reviews, 116(1): 140-162.

Pan H, Cheng Z, He P, et al, 2020. A review of solid-state lithium-sulfur battery:Ion transport and polysulfide chemistry[J]. Energy & Fuels, 34(10): 11942-11961.

Thokchom J S, Gupta N, Kumar B, 2008. Superionic conductivity in a lithium aluminum germanium phosphate glass-ceramic[J]. Journal of The Electrochemical Society, 155(12): A915.

实验 12 多孔功能材料的制备与结构表征

一、实验内容与目的

(1)了解介孔 SiO_2 与介孔碳的结构特点。

(2)了解并掌握介孔 SiO_2 与介孔碳的制备方法与表征方法。

(3)了解并掌握 N_2 等温吸附/脱附测试的原理。

(4)了解并掌握 BET 比表面积原理与孔径分布原理。

二、实验原理概述

1. 多孔材料

固体表面难以做到完全平整，总会出现凸起和凹陷，如果凹陷的深度大于凹陷的宽度，则形成孔隙。含有孔隙的材料称为多孔材料，不含孔隙的材料称为非孔材料。多孔材料具有各种不同的孔径(也称为孔尺寸)、孔径分布和孔隙率(也称为孔容)。国际纯粹与应用化学联合会(International Union of Pure and Applied Chemistry，IUPAC)根据孔径大小对多孔材料进行了分类，孔径小于 2 nm 的为微孔材料，孔径处于 2~50 nm 的为介孔材料，孔径大于 50 nm 的为大孔材料。通常，多孔材料的比表面积和孔容远大于非孔材料。其中，比表面积定义为单位质量物质的总表面积(m^2/g)，孔容或孔隙率定义为单位质量的孔容积(cm^3/g)。

2. 吸附等温线

吸附是指气体被固体表面吸附形成单分子或多分子层的现象，反之，被吸附的气体从固体表面释放重新回到周围空间的过程称为脱附或解吸。吸附剂是具有吸附能力的固体，而被吸附的物质则被称为吸附质。当气体在固体表面吸附时，固体是吸附剂，而气体则是吸附质。吸附量通常使用单位质量(m)的吸附剂吸附气体的体积 V 或物质的量 n 来表示，即 $q=V/m$ 或 $q'=n/m$。实验表明，对于一个给定的吸附系统(即一定的吸附剂和一定的吸附质)，当达到平衡时，吸附量 q 与温度 T 和气体压力 p 有关。这种关系可以表示为 $q=f(T, p)$。这里有三个变量，为了确定它们之间的关系，通常会固定一个变量，然后通过实验来求出其他两个变量之间的相互关系，进而可以得到某个吸附系统的吸附等温式、吸附等压式或吸附等量式。

吸附平衡等温线是目前分析固体多孔材料的比表面积和孔径分布最常用的方法。在恒定温度下，当吸附质的压力一定时，固体表面只能存在一定量的吸附气体。在恒温下，以相对压力 p/p_0 表示压力，其中 p 是气体的真实压力，p_0 是气体在测量温度下的饱和蒸气压。将吸附质在吸附剂上的平衡吸附量作为纵坐标，以相对压力作为横坐标，作出的曲线即为吸附平衡等温线。当固体表面的气体浓度因吸附而增加时，称为吸附过程，当固体表面的气体浓度因脱附而减少时，则称为脱附过程。

多孔材料的气体等温吸附-脱附曲线是研究其孔结构的基本数据，基于该数据并结合相应的理论，可以计算出材料的比表面积、孔容和孔径分布等孔结构参数。

3. BET 比表面积与孔径分布

BET 比表面积是目前公认的测量固体材料比表面积的标准方法。BET 吸附理论是在 Langmuir 吸附理论(单分子层吸附)基础之上加以发展而得到。该理论认为，当固体表面吸附了一层分子之后，已被吸附的分子与其气相分子之间存在本身的范德瓦耳斯力，因此可以继续发生多分子层的吸附。吸附发生时，不等表面第一层吸附满，在第一层之上发生第二层吸附，第二层上发生第三层吸附，以此类推。当吸附平衡时，气体的吸附量等于各层吸附量之和。经过一定的数学运算可以推导出如式(2.33)所示的 BET 方程，其详细推导过程可参考物理化学教材。

$$\frac{p}{V(p_0 - p)} = \frac{1}{CV_m} + \frac{C-1}{CV_m} \cdot \frac{p}{p_0} \tag{2.33}$$

式中，V 是平衡压力为 p 时被吸附气体的总体积；V_m 为固体表面铺满单分子层时所需气体的体积；p 为被吸附气体在吸附温度下平衡时的压力；p_0 为实验温度下气体的饱和蒸气压；C 是与吸附热有关的常数。

通过实验测定固体材料的吸附等温线，可以得到一系列不同压力 p 下的吸附量值 V，将 $p/V(p_0-p)$ 对 p/p_0 作图，进行线性拟合，得到一条直线。直线在纵轴上的截距为 $1/CV_m$，直线的斜率为 $(C-1)/CV_m$。进一步得到 $V_m=1/(截距+斜率)$。吸附剂的总表面积为：$S=A_m N_A n$，式中，S 是吸附剂的总表面积；A_m 为一个吸附质分子的横截面积；N_A 是阿伏伽德罗常数；n 为吸附质的物质的量(由 V_m 计算得到)。

利用 BET 法测定固体的比表面积，最常用的吸附质是氮气，吸附温度在氮气的液化点(77.35 K)附近。相对压力通常需要控制为 0.05～0.35。这是因为当相对压力低于 0.05 时，氮气分子数离多层吸附的要求太远，难以建立多层吸附平衡；当相对压力高于 0.35 时，容易发生毛细凝聚现象，破坏了吸附平衡。BET 方程中，参数 C 表示吸附质与吸附剂之间相互作用的强弱。C 通常为 50～300。当 C 小于 5 时，说明气体与气体之间的亲和力较大，将会与气体和吸附剂之间的相互作用进行竞争。当 C 大于 300，并且 BET 比表面积大于 500 m^2/g 时，所测试的结果不可靠。如果 C 很高或为负值，将不适合用 BET 模型进行分析，需要对公式或模型加以修正。

　　介孔材料的 N_2 等温吸附-脱附曲线为典型的Ⅳ型等温线［结合本实验"材料的结构表征"部分的图 2.36(a)进行分析］。在低的相对压力下，先发生单层吸附。随着相对压力的增加，开始发生多层吸附。在较高相对压力下，N_2 发生毛细凝聚，吸附量急剧增大(对应图中等温线的迅速上升)。当所有介孔均发生凝聚后，吸附将只在介孔材料一次颗粒的外表面上发生，由于材料的外表面积很小，等温线表现为平坦或者缓慢上升(如果介孔材料的一次颗粒尺寸很大，外表面积极小，将几乎观察不到此阶段等温线的上升，表现为平坦；如果介孔材料的一次颗粒尺寸较小，才能观察到此阶段等温线缓慢上升)。在相对压力接近 1 时，将在颗粒与颗粒之间堆积而形成的大孔内吸附，等温线有较明显的上升(对于一次颗粒很大的介孔材料，通常很难观察到此过程)。由于发生毛细凝聚，因此可以观察到滞后现象，即脱附等温线与吸附等温线不重合的现象。脱附等温线在吸附等温线的左侧，表现出明显的滞后环。滞后环是Ⅳ型等温线的显著特征。产生滞后环的原因如下：吸附时，先在介孔孔壁上发生多分子层吸附，只有当孔壁上的吸附层达到足够厚度时，才会发生毛细凝聚现象；而脱附是从介孔孔口的球形弯月液面开始的，只有在更小的相对压力下才能发生。

　　气体吸附法测试介孔材料的孔容与孔径分布，是基于体积等效交换和毛细凝聚现象原理，即将被测孔中充满的液氮量等效为孔的容积。Kelvin 方程［式(2.34)］给出了多孔材料发生毛细凝聚时，孔尺寸与相对压力 p/p_0($\leqslant1$)之间的定量关系。

$$\ln\frac{p}{p_0} = -\frac{2\gamma M}{RT\rho}\cdot\frac{1}{r} \tag{2.34}$$

式中，γ 为吸附质液体的表面张力；M 为吸附质的摩尔质量；ρ 为吸附质液体的密度；r 为 p/p_0 时所对应的毛细管孔隙半径。随着 p/p_0 值的增大，能够发生毛细凝聚的孔的尺寸也随之增大。对于一定的 p/p_0，可以通过 Kelvin 方程求出所对应发生毛细凝聚的临界半径 r_k。在此 p/p_0 下，所有孔半径比 r_k 值小的孔，都会发生毛细凝聚而被吸附质完全填充。而孔半径大于 r_k 的孔不会发生毛细凝聚。因此，吸附等温线上，与此 p/p_0 所对应的吸附体积为 V_r，即为 $r\leqslant r_k$ 的所有孔的总容积。对不同 r_k 所对应的 V_r 作图，即可得到孔容对孔半径的积分分布曲线。在此曲线上，通过作图法可以得到，当孔半径增加 Δr 时，吸附体积的增加值 ΔV_r(即孔容的增加值)。进一步利用 $\Delta V_r/\Delta r$ 对 r_k 作图，即可得到孔半径分布曲线(通常会转换成孔直径分布曲线)。需要注意的是，在发生毛细凝聚之前，孔道内并不是空的，孔壁上已经发生多分子层吸附，也就是孔壁上已经覆盖了一定厚度的液膜(设厚度为 a)。因此，毛细凝聚实际上是在已存在的吸附层所围成的"孔心"中发生，所以实际的孔径 $r = r_k+a$。BJH 法将以上毛细凝聚前已发生多层吸附的问题考虑在内，因此所计算出的结果跟真实情况更为接近,是目前分析介孔材料孔容与孔径分布最常用的方法。此外,对于已经发生毛细凝聚的孔道,当相对压力 p/p_0 降低至某一值时,半径大于此时 p/p_0 所对应临界半径 r_k 的孔道内的凝聚液,将会从孔道内脱附出来,即对应等温脱附过程(实际脱附过程中,介孔材料通常会发生滞后现象)。

三、实验方法与步骤

1. 实验试剂与仪器

聚环氧乙烷-聚环氧丙烷-聚环氧乙烷三嵌段共聚物(polyethylene oxide-polypropylene oxide-polyethylene oxide,PEO-PPO-PEO,简称 P123)、2 mol/L 的盐酸溶液、正硅酸乙酯(tetraethyl orthosilicate,TEOS)、硫酸、蔗糖、乙醇、蒸馏水、氢氧化钠。

抽滤瓶、布氏漏斗、滤纸、循环水式真空泵、烧杯、磁子、集热式磁力搅拌器、鼓风干燥箱、马弗炉、管式炉、水热反应釜、透射电子显微镜(transmission electron microscope, TEM)、气体等温吸附-脱附测试仪。

2. 材料的制备

1)制备原理

图 2.33 为 SBA-15 介孔 SiO_2 与 CMK-3 介孔碳的制备过程示意图。P123 胶束与 TEOS 水解的产物协同自组装,形成 P123/SiO_2 纳米复合结构,P123 胶束外层的 EO 嵌段可以嵌入 SiO_2 层的内部。进一步高温热处理去除 P123 胶束模板,将得到 SBA-15 介孔 SiO_2。由于最初 EO 嵌段嵌入 SiO_2 层的内部,P123 被去除之后,介孔 SiO_2 的孔壁中将留下微孔孔道。接着利用 SBA-15 作为硬模板,先在其孔道

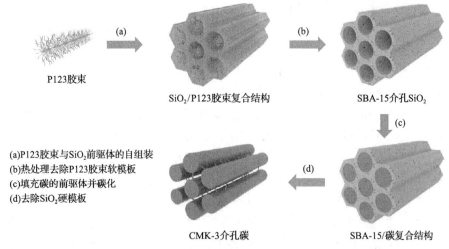

P123胶束

SiO₂/P123胶束复合结构

SBA-15介孔SiO₂

(a)P123胶束与SiO₂前驱体的自组装
(b)热处理去除P123胶束软模板
(c)填充碳的前驱体并碳化
(d)去除SiO₂硬模板

CMK-3介孔碳

SBA-15/碳复合结构

图 2.33　SBA-15 介孔 SiO_2 与 CMK-3 介孔碳的制备过程示意图

内填充碳源，高温碳化后得到碳/SBA-15。去除 SBA-15 硬模板，得到 CMK-3 介孔碳。由于介孔 SiO_2 孔壁中微孔孔道也被碳所复制(示意图中的细碳棒)，从而实现了介孔碳整体骨架的维持。

2)SBA-15 介孔 SiO_2 的制备

35℃下，在 120 mL 2 mol/L 的盐酸溶液中加入 4 g P123，恒温搅拌 3 h，接着在溶液中加入 8.54 g TEOS，继续在 35℃下搅拌 20 h，然后将所得到的白色溶胶装入带有聚四氟乙烯内衬的水热反应釜中，在 100℃的烘箱中放置 24 h。待反应釜冷却至室温后(冷却过程通常需要超过 24 h)，对产物进行过滤、洗涤，并在鼓风干燥箱中 80℃下干燥 8 h。最后在 500℃空气气氛下焙烧 6 h(升温速率为 2℃/min)，得到 SBA-15 介孔 SiO_2。

3)CMK-3 介孔碳的制备

将 0.14 g 硫酸、1.25 g 蔗糖、5 g 蒸馏水配制成溶液，接着加入 1 g SBA-15 介孔 SiO_2，混合均匀。混合物在 100℃鼓风干燥箱中处理 6 h，进一步将鼓风干燥箱温度增至 160℃，继续处理 6 h。在鼓风干燥箱中处理后，样品的颜色将变为深棕色或黑色。所得样品继续加入由 0.09 g 硫酸、0.8 g 蔗糖、5 g 蒸馏水配制成的溶液中，混合均匀后，继续在 100℃与 160℃下分别处理 6 h。所得样品在 900℃下进行碳化(真空气氛或惰性气体保护气氛)。在 100℃下，利用过量的 1 mol/L 氢氧化钠溶液(乙醇：H_2O=1：1，体积比)，对碳化后所得碳/SiO_2 复合材料长时间洗涤两次，以去除 SiO_2 模板。对去除模板后的产物进行过滤、洗涤(乙醇)、120℃下干燥，得到 CMK-3 介孔碳。

3. 材料的结构表征

利用小角 X 射线衍射分析材料的有序介观结构，由于具有有序的介孔结构，SBA-15 与 CMK-3 在 0.5°～4°的小角区域内可以观察到一系列衍射峰(具体数据参考本实验文献)。

利用 TEM 观察材料的介孔结构。图 2.34 为 SBA-15 的 TEM 照片，SBA-15 具有良好的二维六方介孔结构，图 2.34(a)为垂直于二维介孔孔道方向观察的结果，图 2.34(b)为平行于二维介孔孔道方向观察的结果。图 2.35 为 CMK-3 的 TEM 照片，CMK-3 也具有良好的二维六方介孔结构，表明其很好地复制了 SBA-15 的结构。

利用 N_2 等温吸附-脱附测试分析材料的 BET 比表面积与相关孔结构参数。图 2.36(a)为材料的 N_2 等温吸附-脱附曲线，SBA-15 与 CMK-3 均为典型的介孔材料的Ⅳ型等温线。SBA-15 的比表面积为 519.6 m^2/g，孔隙率为 0.99 cm^3/g。CMK-3 的比表面积为 1023.3 m^2/g，孔隙率为 1.14 cm^3/g。图 2.36(b)为材料的 BJH 孔径分布图，SBA-15 与 CMK-3 均表现出窄的孔径分布。CMK-3 介孔碳材料由于其大表面积与特殊的纳米孔道结构, 因此可以用作超级电容器电极材料与锂-硫电池正极硫的载体材料。

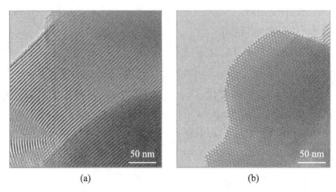

(a) (b)

图 2.34 SBA-15 介孔 SiO$_2$ 的 TEM 照片

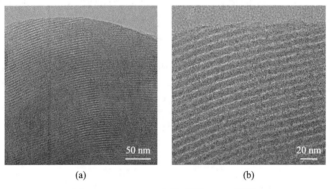

(a) (b)

图 2.35 CMK-3 介孔碳的 TEM 照片

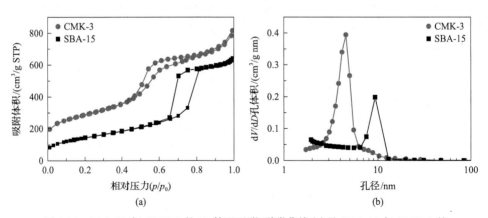

(a) (b)

图 2.36 SBA-15 与 CMK-3 的 N$_2$ 等温吸附-脱附曲线 (a) 及 SBA-15 与 CMK-3 的
BJH 孔径分布图 (b)

四、思考与讨论

(1)名词解释：多孔材料、介孔材料、吸附、比表面积、毛细凝聚、滞后环、软模板法、硬模板法。

(2)结合介孔材料的 N_2 等温吸附-脱附曲线，分析整个吸附与脱附过程。

参 考 文 献

傅献彩, 沈文霞, 姚天扬, 等, 2006. 物理化学[M]. 5 版. 北京: 高等教育出版社.

徐如人, 庞文琴, 霍启升, 2004. 分子筛与多孔材料化学[M]. 北京: 科学出版社.

郑明波, 2009. 纳米介孔材料与介孔-大孔材料的制备及超电容性能研究[D]. 南京: 南京航空航天大学.

Jun S, Joo S H, Ryoo R,et al, 2000. Synthesis of new, nanoporous carbon with hexagonally ordered mesostructure[J]. Journal of the American Chemical Society, 122: 10712-10713.

Zhao D, Feng J, Huo Q, et al, 1998. Triblock copolymer syntheses of mesoporous silica with periodic 50 to 300 Angstrom pores[J]. Science, 279: 548-552.

第三章 可再生能源的转化和利用实验

实验 13 光电催化分解水制氢

一、实验内容与目的

(1)了解光电催化水分解的工作原理。

(2)了解并掌握光电催化水分解的测试方法。

(3)了解光电极的制备工艺。

二、实验原理概述

1. 光电催化分解水制氢的背景

利用可再生的太阳能进行光电催化分解水制氢是一种重要的绿色能源策略。光电催化分解水制氢的光电化学器件通常由光阳极和光阴极组成。在太阳光的照射下,光阴极和光阳极的半导体材料会产生电子空穴对。在外加偏压的作用下,光生电子和光生空穴分离并分别聚集在光阴极和光阳极表面。在助催化剂的协助下,光阴极表面会发生水还原反应,产生氢气,而光阳极表面则发生水氧化反应,产生氧气。与粉末体系光催化分解水相比,光电催化分解水制氢和制氧分别在不同电极上发生,因此能够直接将反应产生的氢气和氧气分离开,方便后续的气体产物压缩和存储。因此,实现太阳能驱动下高效的光电催化分解水制氢是一种重要的清洁能源存储手段。

2. 光电催化分解水的原理

光电催化分解水制氢的基本原理和反应步骤如图 3.1 所示。半导体材料吸收太阳光产生电子-空穴对,在外加电压的作用下,光生空穴会在光阳极表面聚集,而光生电子则会在光阴极表面聚集。在助催化剂的协助下,光阳极表面的光生空穴氧化水产生氧气,而光阴极表面的光生电子则还原水产生氢气。光电催化水分解反应如下:

阴极还原: $\qquad 2H^+ + 2e^- \longrightarrow H_2 \qquad\qquad$ (3.1)

阳极氧化: $\qquad 2H_2O + 2h^+ \longrightarrow O_2 + 4H^+ \qquad$ (3.2)

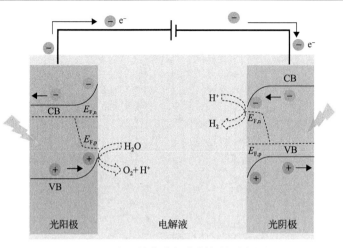

图 3.1 光电催化分解水制氢的示意图

光电催化过程中，光生电子和空穴分别在光阴极的价带（valence band，VB）和光阳极的导带（conduction band，CB）上发生析氢反应（hydrogen evolution reaction，HER）和析氧反应（oxygen evolution reaction，OER）。因此，光电极的 CB 和 VB 能带位置是决定太阳能水分解过电位的重要因素。从热力学角度来看，光阴极 CB 的最小值应比 H^+ 到 H_2 的还原电位更负，而光阳极 VB 的最大值应比氧化 H_2O 产 O_2 的电位更正。考虑到降低催化反应过电位以及提高太阳光吸收波长范围，光电极材料应兼具窄能量带隙和合理的能带位置（图 3.2）。

部分光阴极和光阳极材料的能带结构如图 3.2（b）所示。根据太阳光谱和反应电动势的要求[图 3.2（a）]，本实验选择 Cu_2O 作为光阴材料。Cu_2O 是一种 p 型半

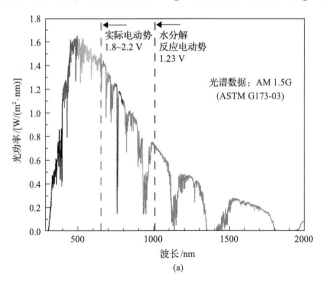

(a)

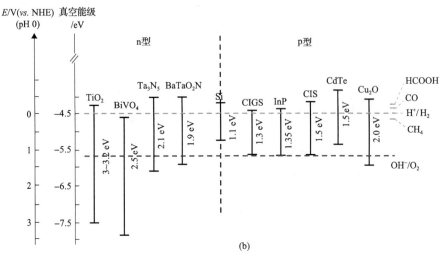

(b)

图 3.2　太阳光谱与反应电动势 (a) 及半导体材料光阳极、光阴极能带图 (b)

导体 (其中 p 型和 n 型半导体分别表示半导体中多数载流子是空穴和电子)，其带隙能带位置合适，价格低廉。带隙宽度为 1.9 eV，响应波长达到 600 nm 左右。但是，为了实现高效的光电催化分解水制氢，Cu_2O 往往需要额外的电压来分离光生载流子。此外，Cu_2O 易腐蚀，需要在其表面构建一层均匀的保护材料，例如 TiO_2、CdS 等，以提高表面载流子的分离效率和隔离溶液接触。

3. 光电化学测试方法

1) 线性扫描伏安法 (linear sweep voltammetry，LSV)

线性扫描伏安法主要用于研究电极表面的氧化还原反应过程。在 LSV 测试中，通过控制电极电势以恒定的速率变化，可以测量通过电极的响应电流。测试条件中设置的电压扫描范围和扫描速度可以根据具体实验要求进行调整。通过 LSV 测试可以直观地看出电极的活性：同一电流密度下，过电位越小，电极催化活性越高；同一电位下，电流密度越大，反应活性越高。需要注意的是，光电化学 LSV 测试结果受到其他实验条件影响，如光照强度、反应温度等，因此需要在相同的条件下对比。

2) 莫特-肖特基 (Mott-Schottky) 测试

莫特-肖特基测试是一种常用的电化学方法，用于研究半导体性质和半导体内的电荷传输机制。将半导体材料作为工作电极，通过测量工作电极的 Mott-Schottky 曲线可以计算半导体内载流子浓度以及半导体与电解液接触的能带弯曲。Mott-Schottky 测试基于半导体与电解液界面的电容-电势 (C-V) 响应特性。当施加不同偏置电压，半导体材料与电解液接触界面会出现不同的能带弯曲。在一定范围内改变偏置电压，并设置固定频率的交流偏压，可以用来检测半导体材料与电解液界面的电容和电流响应曲线。根据所获得的电容-电势或电流-电势曲线进行分析，使用 Mott-Schottky 方程可以计算出载流子浓度、扩散系数，以及半导体与电解液接触的平带电势等参数。

3) 电流-时间 (i-t) 曲线法

电流-时间曲线法主要用于评估电极催化剂的稳定性。在光电化学分解水反应中，半导体电极被光子激发后，产生电子和空穴，进而分别在光阳极和光阴极发生氧化还原反应，最终分别产生氧气和氢气。产生氧气和氢气所需转移的电子数与光阳极和光阴极对应的光电流成固定比例关系。因此，在 i-t 测试中，通过将电极电压固定在特定电位，观察电流随时间的变化，可以评估电极材料的耐久性。在光电化学反应过程中，催化剂在反应过程中易失活，因此评估光催化剂的反应耐久性对于实现高效稳定的光电化学分解水至关重要。光电化学反应过程的测试条件包括测试电压和扫描时间等，可以根据具体实验要求进行设置。如果光催化剂稳定性好，那么在固定电压条件下的 i-t 测试中，反应电流变化幅度较小；反之，如果光催化剂稳定性差，那么在固定电压条件下的 i-t 测试中，电流变化幅度较大。

4. 气相色谱检测产物的工作原理

气相色谱 (gas chromatography, GC) 是常见的气体组分定性和定量分析手段。该技术的发展可追溯到 20 世纪 50 年代，最初应用于石油工业，如今已广泛应用于化学、环境、食品、医药等领域，并成为当代化学科学研究的重要支柱。

气相色谱由载气系统、进样器、色谱柱、检测器和记录系统组成。色谱柱是实现气体分离的核心组件，其内部填充具有吸附特性的固体粉末或不易挥发的液膜作为固定相，以实现对气体样品的分离。气体样品通过进样器被载气 (通常为 N_2、Ar、He 等不活泼的气体) 导入色谱柱，气体组分在固定相和载气之间反复分配、吸脱附的过程中分离，并向色谱柱出口移动。不同气体组分在固定相中的分配率和吸附率有差异，导致其在色谱柱中的移动速度不同，因此可被分离并依次通过色谱柱末端进入检测器。检测器根据气体分子含量产生相应的电信号，并通过放大器放大，最终以色谱峰图像的形式呈现。热导检测器 (thermal conductivity detector, TCD) 和氢火焰离子化检测器 (flame ionization detector, FID) 是常用的检测器类型，前者利用气体组分和载气之间的热导率差异检测，后者通过氢气火焰将待测组分离子化后转化为电信号。

三、实验方法与步骤

1. 仪器与材料

太阳光模拟器 (solar simulator, AM 1.5G)、氙灯 (300 W)、滤光片、石英管式

炉、电化学工作站、超声波清洗机、玻璃切割刀、磁子、磁力搅拌器、磁控溅射镀膜机、扫描电子显微镜、铂电极、饱和甘汞电极、Ag/AgCl 电极、pH 计、气相色谱仪、分析天平、空气枪、烧杯、容量瓶、玻璃棒若干。

氢氧化钠、过硫酸铵、乙酸锌、硫酸钠、氯铂酸、蒸馏水、丙酮、Cu/Zn 靶、氟掺杂 SnO_2(F-doped tin oxide，FTO)透明导电玻璃、氩气。

2. 方法与操作步骤

1)制备 Cu_2O 电极需经过包括磁控溅射、液相处理和高温退火在内的三个步骤

(1)使用切割刀将 FTO 玻璃片切割成 2 cm×1 cm 大小，并在超声波清洗机中使用丙酮清洗 5 min 后浸泡于丙酮中。

(2)利用磁控溅射技术将 Cu 沉积到 FTO 玻璃片上，本实验中沉积的 Cu 层厚度约为 850 nm。

(3)配制溶液，取 12 mL 10 mol/L 的氢氧化钠溶液、6 mL 1 mol/L 的过硫酸铵溶液、26 mL 蒸馏水和 1 mL 1 mmol 的乙酸锌溶液。

(4)将配制溶液充分搅拌 15 min，然后放入 5℃的冷水浴中恒温。

(5)将镀有 Cu 的 FTO 玻璃片放入冷水浴的溶液中反应 1 min，然后立即取出并用蒸馏水冲洗，最后使用空气枪吹干。

(6)将样品放入管式炉中，在氩气气氛中升温 2 h 至 600℃，保温 4 h 后以 10℃/min 的速率降温至室温。

纳米线 Cu_2O 电极材料的制备过程和相应的扫描电镜图如图 3.3 所示。

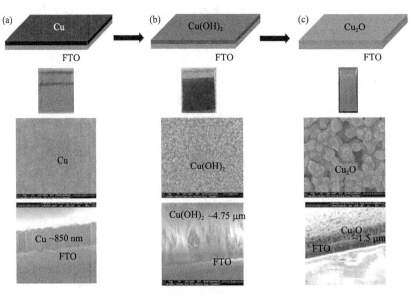

图 3.3　Cu_2O 纳米结构制备流程

(a)磁控溅射 Cu 薄膜；(b)合成 $Cu(OH)_2$ 纳米线；(c)合成 Cu_2O 纳米棒

2）Cu$_2$O 电极表面光电沉积 Pt 助催化剂。

（1）配制 0.1 mol/L Na$_2$SO$_4$ 与 15 μmol/L H$_2$PtCl$_6$ 的混合溶液，用 0.1 mol/L NaOH 将混合溶液的 pH 调至 9.5。

（2）将制备好的 Cu$_2$O 纳米线电极放入混合溶液中，进行助催化剂 Pt 的光电沉积。在三电极体系中，将 Cu$_2$O 纳米线电极作为光阴极，Ag/AgCl 作为参比电极，Pt 作为阳极。使用 300 W 氙灯作为光源，并配备 420 nm 以上可见光穿透的滤光片，在可见光照射 Cu$_2$O 纳米线光阴极表面，将光阴极电位加到–0.66 V（vs. Ag/AgCl），进行 Pt 沉积 10 min 左右至光阴极电流饱和。

（3）将沉积 Pt 纳米颗粒后的 Cu$_2$O 纳米线光电极取出，并用蒸馏水清洗电极表面，获得表面担载 Pt 助催化剂的 Cu$_2$O 电极。

3. 光电催化水分解测试

光电化学测试采用标准的三电极系统，其中 Pt 作为对电极，饱和甘汞电极作为参比电极，制备的 Cu$_2$O 载 Pt 光阴极则作为工作电极。光源为太阳光模拟器，将光强度调节至 100 mW/cm^2，并使用斩光器斩光，从而同时测定光电流和暗电流。

电解质配制：采用 0.5 mol/L Na$_2$SO$_4$ 溶液，具体为称取 71.00 g 无水硫酸钠于盛有一定量水的烧杯中，搅拌溶解后转移至 1 L 容量瓶中，加水稀释定容。在进行光电流测试之前，先通入氮气 15 min，并均匀搅拌以排出溶液中的氧气。全分解水的光电化学反应示意图如图 3.4 所示。

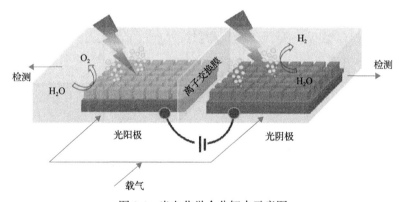

图 3.4　光电化学全分解水示意图

在电极光电流测试中，采用线性扫描伏安法，将电压范围设置为 0.2～1.1 V［vs. 可逆氢电极（RHE）］，扫描速度为 10 mV/s，灵敏度为 10^{-3}。通过测试，可以直观比较电极活性：同一电流密度下，过电位越小，催化活性越高。

电极的光电化学稳定性测试条件为：采用电流-时间曲线法（i-t），将电压固定在–0.2 V（vs. RHE），扫描时间为 3600 s，观察电流随时间的变化。该测试可用于测定光电化学分解水的稳定性，电流变化幅度越小，说明电极越稳定。

Mott-Schottky 测试的测量条件为：在不施加光照的条件下，使用电容-电压法，将频率设置为 1 kHz，电压范围设置为 0~0.2 V（*vs.* RHE）。通过该测试可计算出材料的载流子浓度。

电化学阻抗谱的测量条件为：分别在光照和黑暗条件下，采用交流电阻法进行测量。将电压设置为 -0.2 V（*vs.* RHE）的施加电位，并将振幅设置为 5 mV。该测试可测量估计电极和溶液界面电阻。

需要注意的是：使用能斯特方程将电极电位转换为 RHE 标度，即 $E(\text{RHE}) = E(\text{SCE}) + 0.197 + 0.059 \times \text{pH}$。在光电流测试过程中需全程通入 N_2，以保持测试溶液中的低氧含量，确保没有阴极氧还原反应发生。

对于该实验中产生的气体产物，载气 N_2 将其从气室中排出，然后抽取 1 mL 气体样品，通过气相色谱检测气体组成和含量。通过测定氧气和氢气的峰面积以及气体标线，可以得到气体的含量和摩尔数。通过式（3.3），可以计算整个反应过程中阳极和阴极对氧气和氢气的选择性。

$$\text{FE}_{\text{gas}}(\%) = \alpha \times n \times F / Q = \alpha \times C_{\text{gas}} \times f_{\text{gas}} \times t \times F / (22.4 \times Q) \times 100\% \tag{3.3}$$

式中，f_{gas} 是气体流速；C_{gas} 是气体浓度；α 是电还原产物转移电子数；t 是反应时间；Q 是电还原反应过程中总的电荷量；n 是产物的物质的量；F 是法拉第常数。

四、实验数据处理

（1）通过比较光电流、载流子浓度和阻抗大小，筛选最优催化剂组成，并分析反应机理。

（2）处理光电化学电流-时间曲线与气相色谱图，分析产物并计算法拉第效率。

五、思考与讨论

（1）简述光电催化分解水制氢的工作原理。

（2）分析助催化剂层和表面修饰层加入对光电催化水分解反应性能的影响。

参 考 文 献

Ye S, Shi W W, Liu Y, et al, 2021. Unassisted photoelectrochemical cell with multimediator modulation for solar water splitting exceeding 4% solar-to-hydrogen efficiency[J]. Journal of the American Chemical Society, 143: 12499-12508.

Zhong M, Ma Y H, Oleynikov P, et al, 2014. A conductive ZnO-ZnGaON nanowire-array-on-a-film photoanode for stable and efficient sunlight water splitting[J]. Energy & Environmental Science, 7: 1693-1699.

实验 14　光(热)催化甲烷干重整制氢

一、实验内容与目的

(1)了解光(热)催化甲烷干重整的工作原理。

(2)了解并掌握光(热)催化甲烷干重整的催化剂制备方法与测试过程。

(3)了解并掌握光(热)催化甲烷干重整的性能指标计算与效率评估方法。

二、实验原理概述

1. 光(热)催化甲烷干重整的工作原理

随着化石能源的大量消耗和气候问题的日益严峻，实现"碳中和"已成为全球共识。通过甲烷干重整(dry reforming of methane，DRM)将温室气体二氧化碳和甲烷转化为合成气，可以实现甲烷的合理转化和碳资源的循环利用，从而有效改善环境问题。然而，DRM 作为强吸热反应，会造成大量能源的消耗。因此将太阳能引入热催化 DRM 体系，利用太阳能作为能量来源，实现光热协同催化，大幅减少能源消耗。甲烷干重整的反应过程如下：

$$CH_4 + CO_2 \longrightarrow 2CO + 2H_2 \quad \Delta H^{\ominus}_{298\,K} = 248 \text{ kJ/mol} \tag{3.4}$$

DRM 是一种发展较为成熟、可满足工业化产氢要求的技术，其中反应物 CH_4 与 CO_2 都是具有高解离能的稳定分子，CH_3—H 键能为 435 kJ/mol，CO—O 键能为 526 kJ/mol，因此需要在高温及催化剂条件下进行。如图 3.5 所示，DRM 催化剂通常由载体、活性金属、助催化剂三部分组成，其中，金属载体强相互作用、

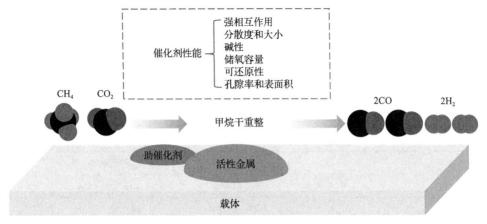

图 3.5　甲烷干重整反应示意图

金属分散度和颗粒大小、表面碱性、储氧容量、可还原性、孔隙率和表面积等是影响催化剂性能的主要因素。

另外，随着页岩气开采的商业化和可燃冰开采技术的不断进步，以 CH_4 为主要成分的天然气将成为人类社会使用最广泛的化石燃料资源。然而，CH_4 是一种温室气体，传统的燃烧利用方式会释放大量的 CO_2。DRM 反应同时满足 CO_2 资源化和 CH_4 综合利用的需求，可制备极具经济价值的 CO 和 H_2 工业产品，后续可用于费托合成制备碳氢化合物，如烷烃、烯烃、芳香烃、醇、二甲醚和汽油等，也可用于甲酰化反应制取高附加值化学品如脂肪醛。制备干重整催化剂的方法包括溶液燃烧法、等体积浸渍法、胶体磨循环浸渍法和水热-沉积法等。

2. 光(热)催化甲烷干重整的材料选择

设计合适的催化剂需要考虑多方面因素，包括活性金属、载体、助催化剂、材料结构以及制备和活化方法等。目前，甲烷干重整反应主要在贵金属(Rh、Ru、Pd、Pt 和 Ir)和非贵金属(Ni、Co)的负载型金属催化剂上进行研究。贵金属具有高活性和抗积碳的特点，而非贵金属 Ni、Co 由于成本低，也被广泛研究，但容易积碳，导致失活迅速。其中，Ni 是最常被用于工业规模商业化甲烷干重整反应的活性金属之一。

除活性金属外，载体也是甲烷干重整催化剂研究中的关键因素之一，它可为活性金属提供高表面积和分散性。在 DRM 反应中，载体的稳定性也非常重要，需要在高温下保持反应进行。常见载体如 SiO_2 和 Al_2O_3 等。此外，载体还具有一定的物理化学性质，如 CaO、La_2O_3 和 MgO 具有碱度，CeO_2、CeO_2-ZrO_2 和 TiO_2 具有储氧能力，CeO_2 和 ZrO_2 具有还原性，因此在反应中扮演着积极作用的角色。

助剂也是设计催化剂时需要考虑的因素，分为结构助剂和化学助剂。结构助剂可用于调整催化剂的形貌，避免烧结等结构性质。化学助剂则可调整催化剂的电子态，提供新的活性位点等调控与反应相关的化学性质。

最后，选择适合的制备方法也是提高催化剂性能的关键。合适的制备方法可提高催化剂的分散性、金属-载体间的相互作用和表面积等特性，从而提高催化活性、稳定性和抗积碳能力。表 3.1 列出了常见的催化剂和性能。

表 3.1 常用甲烷干重整催化剂及其性能

催化剂	反应条件		转化率/%			反应时间/h
	GHSV 或流速	反应气比例	T/K	CH_4	CO_2	
Rh, γ-Al_2O_3/MgO/La_2O_3, Imp	60000 mL/($g_{cat} \cdot h$)	$CH_4 : CO_2$ 1:1	1073	82	87	50

续表

催化剂	反应条件			转化率/%		反应时间/h
	GHSV 或流速	反应气比例	T/K	CH_4	CO_2	
Ni, MgO, Imp	60000 mL/($g_{cat} \cdot$ h)	$CH_4 : CO_2$ $1 : 1$	1073	95	91	120
Ni, $Ce_{0.8}Zr_{0.2}O_2$, MgO, CoP	480000 h^{-1}	$CH_4 : CO_2 : N_2$ $1 : 1 : 3$	1073	95	96	200
Co, La_2O_3, Sr, SG	24 L/($g_{cat} \cdot$ h)	$CH_4 : CO_2$ $1 : 1$	1073	94	99	30
Ni-Co, $MgO-Al_2O_3$, CoP	11.7 L/($g_{cat} \cdot$ h)	$CH_4 : CO_2 : N_2$ $1 : 1 : 1$	1023	84	87	28

注：Imp 表示初始湿法浸渍(incipient wet impregnation)；CoP 表示共沉淀法(co-precipitation method)；SG 表示溶胶-凝胶法(sol-gel method)。

3. 催化剂的制备

常用的催化剂合成方法包括浸渍法与共沉淀法。

1)浸渍法

浸渍法，又称湿法浸渍，是一种通过将固体粉末浸泡于溶液中，使溶液中的离子或化学组分物理或化学地吸附于粉末表面的方法。固体粉末通常为催化剂主体或载体，而可溶性化合物溶液中则含有主或助催化剂。通过浸渍法，将固体样品与溶液接触一定时间后，利用液体表面张力的作用，使溶液中的离子或化合物等活性相吸附到催化剂载体上，从而更好地附着在固体上。

在浸渍法中，可以通过抽真空的方式增加浸渍量和浸渍深度，因为在真空环境下可以在浸渍介质表面形成高浓度的渗入物量。此外，还可以通过提高浸渍溶液温度或增加浸渍液的搅拌等方式进一步优化浸渍效果。

2)共沉淀法

共沉淀法是指溶液中均相存在的阳离子，在加入沉淀剂后在溶液中直接发生化学反应并一起共沉淀，从而得到均一化合物的化学制备方法。共沉淀法还可用于制备小粒度且均匀分布的化合物。根据沉淀物是否为单相化合物或混合物，可将共沉淀法分为单相沉淀和混合物共沉淀。单相沉淀是指共沉淀后得到的沉淀物为单相化合物或固溶体，而混合物共沉淀则是指得到的沉淀物为混合物。

三、实验方法与步骤

1. 仪器与材料

光热催化反应装置、分析天平、磁子、集热式磁力搅拌器、pH 计、抽滤瓶、布氏漏斗、滤纸、循环水式真空泵、鼓风干燥箱、气相色谱仪、烧杯若干等。

氧化铝、氯化铑水合物、尿素、硼氢化钠、蒸馏水、氦气、氩氢混合气(5% H_2)、高纯甲烷、高纯二氧化碳。

2. Rh 负载 Al_2O_3 催化样品的合成方法和步骤

尿素分解法制备氧化铝负载型催化剂:将尿素添加至 $RhCl_3 \cdot 3H_2O$ 溶液(100~500 mg/L)中,并与 40 g/L 氧化铝载体粉末配制的溶液混合。将混合物逐渐加热直至 90℃,调节 pH 至 9。将浸渍的载体过滤、洗涤以除去氢氧化铑沉淀颗粒。最后,将含有铑前驱体的氧化铝粉末在 60℃干燥过夜。

前驱体中的三价铑还原步骤:用 NaBH₄ 进行液相还原,沉积的氧化铝与 0.1 mol/L NaBH₄ 溶液在 50℃反应 2 h,反应过程中有氢气析出。用 H_2 进行气相还原:沉积的氧化铝在 He 气氛中被加热至 250℃,在该温度下通入氩氢混合气(5% H_2)0.5 h,从而进行还原反应。

3. 光热催化反应装置

光热催化反应装置主要由氙灯光源、配气系统、光热催化反应器及产物分析系统组成,详见图3.6。配气系统由三个质量流量计和混合单元组成,以实现反应气体与内标气体的均匀混合。光热催化反应器由反应釜、石英盖板,以及用于承载催化剂的砂芯滤板组成。

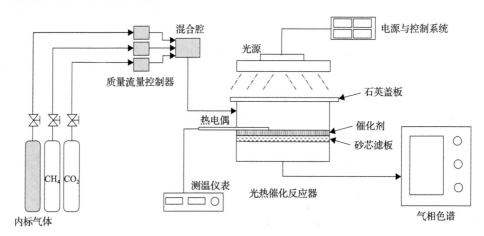

图 3.6　光热催化反应实验装置示意图

四、实验数据处理

外标法:用高纯度的已知组分作为对照物质,在相同条件下,分别测定已知对照物质和样品中待测组分的响应信号,将两者信号值比较求得被测组分的含量。

外标法可分为工作曲线法和外标一点法。工作曲线法是用不同浓度的对照物质在相同条件下进样，绘制信号强度与浓度的标准工作曲线，求出斜率、截距，再根据待测组分的信号，在标准曲线上查出其对应的浓度。外标一点法实际是截距为零时的标准工作曲线，此时只需用一种浓度的对照物质对比测定样品中待测组分的含量，在相同条件下多次测量对照物质与待测组分的峰面积，取平均值。以 W 与 A 分别代表在样品进样体积中所含待测组分的质量及相应的峰面积，(W) 及 (A) 分别代表在对照物质进样体积中含纯待测组分的质量及相应峰面积，通过 $W=A(W)/(A)$ 可计算样品中待检测组分的含量。

内标法：通过选择适当的内标物作为某个待测组分的参考物，校准和消除操作波动对分析结果的影响。关键在于选择适当的内标物，其需要能够被色谱柱分离，同时其峰与样品中所有峰不重叠。只需要根据待测组分和内标物的峰面积或响应值之比以及内标物加入的量，即可确定待测组分在样品中的百分含量。

本实验采用外标法处理数据，在 GC 色谱中内嵌合适的模板格式后，可以直接读出各反应产物如 CO、乙烯、乙烷等的含量，并导入数据处理软件进一步计算所得产物的转化率和选择性。计算方式如下：

$$CH_4 转化率 = 消耗 CH_4 的物质的量/初始的 CH_4 的物质的量$$

$$H_2 选择性 = 生成 H_2 的物质的量/(消耗 CH_4 的物质的量 \times 2)$$

五、思考与讨论

(1)简述光(热)催化甲烷干重整的原理和常用催化剂的合成方法。

(2)简述气相色谱的结构、工作原理及操作流程。

(3)计算并分析 H_2 产物的产率和选择性。

参　考　文　献

王嘉琦, 王秋颖, 朱桐慧, 等, 2020. 甲烷重整制氢的研究现状分析[J]. 现代化工, 40(7): 15-20.

Azevedo J, Steier L, Dias P, et al, 2014. On the stability enhancement of cuprous oxide water splitting photocathodes by low temperature steam annealing[J]. Energy & Environmental Science, 7(12): 4044-4052.

Jang W-J, Shim J-O, Kim H-M, et al, 2019. A review on dry reforming of methane in aspect of catalytic properties[J]. Catalysis Today, 324: 15-26.

Shoji S, Peng X, Yamaguchi A, et al, 2020. Photocatalytic uphill conversion of natural gas beyond the limitation of thermal reaction systems[J]. Nature Catalysis, 3(2): 148-153.

实验 15　分步式电解水制氢

一、实验内容与目的

(1)了解当前几种制氢气的方法及其各自的特点。

(2)了解并掌握分步式电解水制氢的概念和基本原理。

(3)掌握分步式电解水制氢的操作与测试方法。

二、实验原理概述

1. 制氢的背景及主要方法介绍

自从工业革命以来，传统化石燃料能源被快速地开采和消耗。这种过度使用导致了温室气体的增加，全球气候变暖，两极冰川融化，严重威胁着人类的生存环境。作为已知最轻的气体，氢气因其高热值和无污染的特点而受到广泛的关注。相比于传统化石燃料，氢气具有最高的燃烧热值，且其燃烧产物仅为水，因此被称为最理想的清洁能源。目前，工业上制氢气的主要方法包括水煤气制氢法、催化热分解制氢法、生物制氢法和电解制氢法。此外，还有一些尚处于研究阶段的方法，如太阳光催化制氢法等。水煤气制氢法是应用最广泛的一种方法，它以水蒸气和煤炭作为原料，在高温下通过化学反应制取氢气。其基本过程如下：

$$C + H_2O(g) \xrightarrow{\triangle} CO + H_2 \tag{3.5}$$

净化后的水煤气与水蒸气一起通过催化剂，使其中 CO 转化为 CO_2：

$$CO + H_2O(g) \xrightarrow{\triangle} CO_2 + H_2 \tag{3.6}$$

然而，水煤气制氢法在制备氢气的同时会向大气排放大量的 CO_2。为了克服这一缺点，催化热分解(高温分解，裂解)制氢法成为人们关注的重点。例如甲烷热分解过程为：

$$CH_4 \xrightarrow{\triangle} C + 2H_2 \tag{3.7}$$

催化热分解是一种制氢方法，它可以避免 CO_2 的排放，并且理论上制备 1 mol 氢气只需要吸收 37.8 kJ 的热量，对能源的需求量远低于水煤气制氢法(1 mol 氢气约吸收 63 kJ 热量)。然而，如果没有催化剂的情况下，热分解甲烷需要高达 1000℃以上的高温。虽然使用催化剂可以降低温度，但是生成的碳颗粒会不断包裹催化剂致使催化剂失活。此外，无论是水煤气制氢法还是催化热分解制氢法，都以化石燃料作为原料，并没有从根本上摆脱人们对化石燃料的依赖，不具备可持续性。

生物制氢法则是利用微生物来制备氢气，人们将碳水化合物作为供养体，利用光合细菌或厌氧细菌制备氢气。通过使用微生物载体或包埋剂，将细菌固化以便持续获得氢气。但是微生物极易受周围环境的影响，随着挥发酸的积累会产生生物反馈机制，限制氢气产量。

另一种制氢方法是电解制氢法，它利用了电解池的工作原理，通过外加电能，使溶液中的氢离子得到电子被还原，可以在短时间内获得大量氢气。在氯碱工业中，氢气作为重要的产物被回收。除了电解饱和食盐水，还可以直接电解水制氢。氯碱工业电解饱和食盐水制氢和电解水制氢的化学反应分别为：

$$2NaCl + 2H_2O \xrightarrow{\text{通电}} 2NaOH + H_2 \uparrow + Cl_2 \uparrow \tag{3.8}$$

$$2H_2O \xrightarrow{\text{通电}} 2H_2 \uparrow + O_2 \uparrow \tag{3.9}$$

根据电解水溶液的酸碱性，电解水制氢大致可分为酸性和碱性两种类型。在酸性电解水制氢过程中，质子交换膜被应用，该膜只允许 H^+ 通过，从而避免了 H_2 和 O_2 的混合，但质子交换膜成本昂贵。此外，许多催化剂在酸性条件下不稳定，因此必须采用贵金属作为催化剂，这进一步增加了酸性电解水制氢的成本。相比之下，碱性电解水制氢可采用多孔隔膜和某些过渡金属及其化合物作为催化剂，降低了成本，但很难避免 H_2 和 O_2 的混合。若 H_2 和 O_2 能够在两个单独的过程中分别生成，便可以从根本上避免 H_2 和 O_2 的混合，摒弃隔膜，降低成本。分步式电解水制氢便是基于这一思路发展起来的。

2. 分步式电解水的基本原理和过程

分步式电解水制氢是一种采用氧化还原介质材料，通过两步电解反应实现 HER 反应和 OER 反应在两个步骤中分别进行的技术。这种方法可以实现 H_2 和 O_2 的分离，无须使用昂贵的隔膜等材料。如图 3.7 所示，在传统的电解水制氢过程中，阳极和阴极分别进行 OER 和 HER 过程，由于 H_2 和 O_2 同时生成，需要使用隔膜来避免气体混合。

在分步式电解水制氢过程中，OER 和 HER 过程在两个步骤中分别进行。首先，在步骤 1 中，OER 电极和氧化还原介质材料电极被连接成闭合回路。阳极发生 OER 过程，生成 O_2 的同时，氧化还原介质材料发生还原反应，成为还原态。然后，断开电路，将 HER 电极和氧化还原介质材料电极连接成闭合回路，进入步骤 2。此时，阴极发生 HER 过程，生成 H_2，氧化还原介质材料发生氧化反应，重新回到氧化态。由于 O_2 和 H_2 分别在两个不同的步骤中生成，因此不需要隔膜即可分离，大大降低了成本。

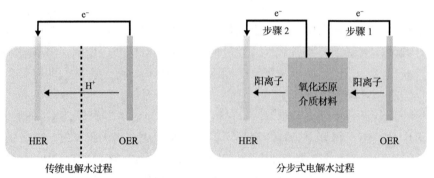

图 3.7　传统式电解水制氢和分步式电解水制氢过程示意图

在分步式电解水制氢过程中，氧化还原介质材料起到了至关重要的作用，它需要满足多个要求，包括但不限于以下几点：①长期保持化学和电化学的稳定性，以确保反应的持续进行。②不与过程中生成的氧气或氢气发生反应，或强烈吸附，避免产生不必要的损失。③能够发生可逆的氧化-还原反应，以确保在两个步骤中反应物的准确转化。④氧化还原电位区间应在 OER 和 HER 的区间内，以确保介质材料能够被氧化和还原。⑤材料制备简单、价格低廉，以降低制造成本和推广难度。

因此，选择合适的氧化还原介质材料是实现分步式电解水制氢的关键。目前，一些过渡金属离子、有机物和无机化合物等材料被广泛研究和应用，它们满足了上述多个要求，并具有一定的催化活性，有望成为未来分步式电解水制氢的重要材料。

3. 氢氧化镍电极材料介绍

氢氧化镍的化学式为 $Ni(OH)_2$，它属于六方晶系，固体呈蓝绿色。它微溶于水，易溶于酸和氨水。其熔点为 230℃，在加热过程中会缓慢脱水，最终转化为氧化镍。工业上有多种方法可用于制备氢氧化镍，例如沉淀法和电解法等。由于具有良好的循环可逆性和较高的理论容量，氢氧化镍在工业上被广泛应用于二次电池，特别是碱性可充电电池体系中，例如镍氢(Ni-MH)电池和镍镉(Ni-Cd)电池等。氢氧化镍电极的基本反应原理涉及氢氧化镍和碱式氧化镍($NiOOH$，也称为氢氧化镍酰或羟基氧化镍)的可逆转换。以碱性 Ni-Cd 电池为例，其正极材料为 $Ni(OH)_2$ 和石墨粉混合物，负极材料为海绵状镉(Cd)粉和氧化镉(CdO)粉，而碱液(主要为 KOH)则作为电解液。在电池充电时，正极会发生如下反应：

$$Ni(OH)_2 + OH^- \longrightarrow NiOOH + H_2O + e^- \tag{3.10}$$

负极发生的反应:

$$Cd(OH)_2 + 2e^- \longrightarrow Cd + 2OH^- \tag{3.11}$$

放电时,正极发生如下反应:

$$NiOOH + H_2O + e^- \longrightarrow Ni(OH)_2 + OH^- \tag{3.12}$$

负极发生的反应:

$$Cd + 2OH^- \longrightarrow Cd(OH)_2 + 2e^- \tag{3.13}$$

电池总反应为:

$$2Ni(OH)_2 + Cd(OH)_2 \longleftrightarrow 2NiOOH + Cd + 2H_2O \tag{3.14}$$

在上述电池体系中,氢氧化镍电极发生的是 $Ni(OH)_2$ 和 $NiOOH$ 的可逆转换。在充电过程中,$Ni(OH)_2$ 失去电子变成 $NiOOH$,Ni^{2+} 变为 Ni^{3+},化合价升高的同时伴随着一个质子的脱出;而在放电过程中,质子重新嵌入,$NiOOH$ 得到电子重新变成 $Ni(OH)_2$。这一过程可以看作是质子-电子的缓存过程。除此之外,循环伏安测试表明,在碱性溶液中,$Ni(OH)_2$ 与 $NiOOH$ 可逆转换的氧化还原电位介于 OER 和 HER 电位之间。因此,$Ni(OH)_2$ 可以用作碱性条件下的分步式电解水过程的氧化还原介质材料。

4. 基于 $Ni(OH)_2$ 材料的碱性条件下分步式电解水实验原理

作为极具前景的制氢方案,分步式电解水制氢正在吸引着越来越多的人关注。本实验就以 $Ni(OH)_2$ 作为氧化还原介质材料,实践一种碱性条件下,分步式电解水制氢的方法。

本实验的示意图如图 3.8 所示。在实验中,使用 $Ni(OH)_2$ 作为氧化还原介质材料,Pt 涂层钛网电极作为 HER 电极,RuO_2/IrO_2 涂层钛网电极作为 OER 电极。闭合开关 K1 时,Pt 涂层钛网电极发生还原反应,H_2 通过氢气出气口进入气体摩尔体积测定仪中。根据气体摩尔体积测定仪右侧玻璃管上的刻度变化,可以得出气体的体积。同时,负载有多壁碳纳米管和 $Ni(OH)_2$ [MWCNT/$Ni(OH)_2$]的镍网电极进行氧化反应,反应方程式如式(3.10)所示。为了确保氢气生成量的测量接近理论值,整个装置必须保持良好的气密性。在一定时间后,断开开关 K1,闭合开关 K2,则进入制氧步骤。此时 RuO_2/IrO_2 涂层钛网电极发生 OER 反应,MWCNT/$Ni(OH)_2$ 镍网电极进行还原反应(存储质子),反应方程式如式(3.12)所示。通过闭合不同的开关，O_2 和 H_2 分别在两个不同的步骤中生成。

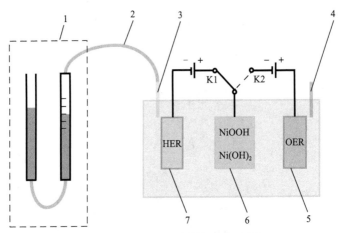

图 3.8　分步式电解水制氢实验示意图

1. 气体摩尔体积测定仪；2. 乳胶管；3. 氢气出气口；4. 氧气出气口；5. OER 电极，RuO_2/IrO_2 涂层钛网电极；
6. 氧化还原介质材料电极，　MWCNT/Ni(OH)$_2$ 镍网电极；7. HER 电极，Pt 涂层钛网电极

三、实验方法与步骤

1. 仪器与材料

超声清洗机、滤纸、漏斗、天平、切片机、液压机、五口电解池、电化学工作站、乳胶管、胶头滴管、止水夹、试管、烧杯、药匙、量筒、玻璃棒、pH 计、气体摩尔体积测定仪、鼓风干燥箱。

MWCNT、30%（质量分数）的硝酸溶液、六水合硝酸镍、0.1 mol/L 氢氧化钾溶液、1 mol/L 氢氧化钾溶液、蒸馏水、质量分数为 5% 的 PTFE 溶液、乙炔黑、乙醇、镍网、铂片电极、Hg/HgO 参比电极、RuO_2/IrO_2 涂层钛网电极、铂涂层钛网电极。

2. 操作步骤

1) 合成 MWCNT/Ni(OH)$_2$ 复合材料

(1) 首先需要对 MWCNT 进行活化处理，将 MWCNT 放入 30%（质量分数）的硝酸中，并用超声波处理 30 min。处理完毕后，将其过滤并用蒸馏水清洗，去除残留的硝酸。然后将 MWCNT 置于 100℃ 的烘箱中干燥 12 h。

(2) 称取 2.2 g 六水合硝酸镍置于 500 mL 烧杯中，加入 75 mL 蒸馏水，用玻璃棒搅拌使六水合氢氧化镍完全溶解。

(3) 使用天平称取 0.3 g 活化后的 MWCNT 加入上述溶液中，并搅拌混合。

(4)取一个 pH 计，将 pH 计的玻璃球浸入烧杯的溶液中，使用滴管缓慢滴加 0.1 mol/L 的氢氧化钾溶液直到 pH 为 8.5。

(5)过滤产物，并使用蒸馏水洗涤滤纸上的产物三次。然后将产物置于鼓风干燥箱中，80℃干燥 12 h。

2) Ni(OH)$_2$/MWCNT 电极的制备和活化

(1)在天平上放一干净小烧杯，天平清零后向烧杯中滴加适量 5% PTFE 溶液，记录其质量并算出净 PTFE 的质量，待用(PTFE 的净含量大于 12.5 mg)。

(2)按照 MWCNT/Ni(OH)$_2$ 复合材料∶乙炔黑∶PTFE=85∶10∶5(质量比)，再分别称取 MWCNT/Ni(OH)$_2$ 复合材料和乙炔黑的质量。

(3)用研钵将 MWCNT/Ni(OH)$_2$ 复合材料和乙炔黑混合研磨 10 min，使其混合均匀，加入含有 5% PTFE 的小烧杯中，并搅拌成泥状的浆料(如样品太干，可加少许乙醇)。

(4)对泥状材料进行擀膜，用切片机将其裁成 4 cm×2.5 cm 的方形电极片，称量其质量，电极片的质量应在 250~300 mg 之间。

(5)将上述电极片置于 4 cm×2.5 cm 的镍网上，用液压机压实(压力约为 10^7 Pa)。

(6)将电极片置于鼓风干燥箱 80℃干燥 8 h 左右。

(7)取一三口电解池，向电解池中加入适量 1 mol/L 氢氧化钾电解液，以 MWCNT/Ni(OH)$_2$ 电极为工作电极、铂片为对电极、Hg/HgO 电极为参比电极组装三电极体系[如图 3.9(a)所示]。MWCNT/Ni(OH)$_2$ 电极的活化通过使用电化学工作站进行恒流充放电完成，电压区间为 0~0.55 V(*vs.* Hg/HgO)，电流密度为 0.2 A/g[基于 Ni(OH)$_2$ 的质量]，循环充放电 3 次。

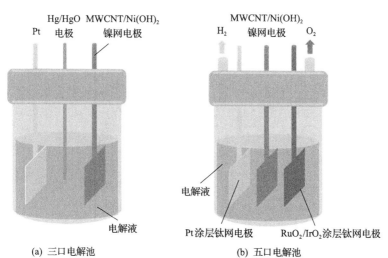

图 3.9　三口电解池和五口电解池示意图

3) 组装分步式电解水装置

(1) 取一个五口电解池(密封盖上设置三个电极口和两个通气口),向其中加入适量 1 mol/L 氢氧化钾电解液。在两个通气口处插入适合长度和尺寸的乳胶管,并保证密封良好。调节气管高度,气管底部不能浸入水面以下。电解池结构如图 3.9(b) 所示。

(2) 固定用于 OER 过程的 RuO_2/IrO_2 涂层钛网电极和用于 HER 过程的 Pt 涂层钛网电极、MWCNT/Ni$(OH)_2$ 电极,其中 MWCNT/Ni$(OH)_2$ 电极置于 OER 电极和 HER 电极的中间位置,上述电极尺寸均为 4 cm×2.5 cm。

(3) 将与 HER 电极相近通气口的气管连接至气体摩尔体积测定仪,用来测量 HER 过程中氢气的生成体积。

4) 分步式电解水并计算氢气体积

(1) 利用电化学工作站,准确地将 HER 电极和 MWCNT/Ni$(OH)_2$ 电极接线。施加 200 mA 的电流,使 HER 电极发生还原反应(氢气析出),MWCNT/Ni$(OH)_2$ 电极发生氧化反应(释放质子),过程时间为 10 min。该步骤中使用止水夹夹住 OER 电极附近的通气口,使该过程生成的 H_2 通过与 HER 电极相近的乳胶管通入气体摩尔体积测定仪中。10 min 后断开电源,记录气体摩尔体积测定仪中刻度管的刻度变化,即为生成氢气的摩尔体积。

(2) 将 OER 电极和 MWCNT/Ni$(OH)_2$ 电极与电化学工作站相连,施加 200 mA 的电流,使 OER 电极发生氧化反应(氧气析出),MWCNT/Ni$(OH)_2$ 电极发生还原反应(储存质子),过程时间为 10 min,10 min 后断开电源。计算理论的氢气生成量,并与实验测得的氢气量进行对比。

四、实验数据处理

(1) 分别做出 HER 过程和 OER 过程的电流-电位关系曲线。

(2) 根据 $n_{理论} = \dfrac{It}{qN_A}$ 和 $n_{实际} = \dfrac{PV}{RT}$,分别计算理论氢气生成量和实际氢气生成量,计算产率。

五、思考与讨论

(1) 简述目前工业制氢有几种方法? 各自特点是什么?

(2) 概括分步式电解水制氢的原理,并说明该方法的优点。

(3) 请分析测量得到的氢气实际产量与理论产量之间存在差异的原因。

参 考 文 献

丁福臣, 易玉峰, 2006. 制氢储氢技术[M]. 北京: 化学工业出版社.

Chen L, Dong X, Wang Y, et al, 2016. Separating hydrogen and oxygen evolution in alkaline water electrolysis using nickel hydroxide[J]. Nature Communications, 7: 11741.

Huang J, Wang Y, 2020. Efficient renewable-to-hydrogen conversion via decoupled electrochemical water splitting[J]. Cell Reports Physical Science, 1(8): 100138.

实验 16　电催化还原硝酸盐产氨气

一、实验内容与目的

(1)了解电催化还原硝酸盐产氨气的工作原理。

(2)了解并掌握电催化还原硝酸盐实验过程及产物的检测与分析方法。

二、实验原理概述

硝酸盐是生产生活用水中最常见的污染物,主要来源于工业生产和农业施肥。水中存在的硝酸盐物质会引起蓝婴综合征、癌症等人类疾病,因此,需要对生产生活用水中的硝酸盐进行处理以控制水中的硝酸根浓度。目前,处理污水中的硝酸根离子主要分为三种方式:①物理化学过程;②生物处理过程;③电催化还原过程。物理化学过程是将水中的硝酸盐提取出来,但是需要进行复杂的化学处理。生物处理过程虽然可以将水中的硝酸盐转换为无害的氮气,但是处理过程中产生了副产物(NO_2^-、NO_x、N_2O)。电催化还原硝酸盐是一种有效的处理方式,可以降低水中的硝酸根离子浓度,并将硝酸盐还原为有用的化工产品,如氨气等。但是,当前电催化还原硝酸盐产氨气的催化活性较低,尤其是在硝酸盐浓度低时。因此,目前该领域的研究重点是研发高效电催化材料以提高反应活性。

氨气是现代生产生活中不可缺少的物质,广泛用作化学合成肥料、燃料以及清洁能源载体的原料。传统工业中制备氨气的方式为1909年Haber和Bosch发现的H_2和N_2反应,该反应受限于高强度N≡N键,使得反应需要的条件苛刻。电催化还原硝酸盐过程中,不涉及N≡N键的破坏,因此反应速率较快,所需条件也更温和。硝酸盐电还原(NO_3^- reduction reaction, NO_3^-RR)涉及8电子转移反应,阴极反应如下:

$$NO_3^- + 6H_2O + 8e^- \longrightarrow NH_3 + 9OH^- \tag{3.15}$$

热力学电位 $E^\ominus = 1.20$ V (*vs.* RHE),其竞争反应主要是生成 N_2 的副反应以及HER反应,因此需要采用高反应活性高选择性的催化剂将 NO_3^- 直接还原为 NH_3,抑制 N_2 的生成和HER反应的发生,以提高生成 NH_3 的法拉第效率。

在阴极催化材料选择上,Cu、Ru、Pd、In、Sn等金属元素为常用的催化剂材料。近期研究表明,Cu与Ru双金属体系可以获得高效的 NO_3^-RR 产氨活性和高的法拉第效率,具体 NO_3^-RR 反应路径和机理如图3.10所示,主要反应路径包括 NO_3^-RR 至 N_2 路径、氮还原(N_2 reduction reaction, NRR)末端路径与NRR交替路径。NO_3^-RR 至 N_2 路径会经历一系列的脱氧和加氢步骤,如图3.10(a)所示,吸附在催化剂表面的*NO₃(*代表吸附在催化剂表面的中间体)会先经历两步的脱氧过程形成*NO，随后*NO 经历还原过程加氢形成*NOH，之后经历五步加氢步骤形成 NH₃，应该了解的是形成的*NO 有可能经历进一步的脱氧过程形成*N 中间产物，随后两个*N 结合而生成副产物 N₂。NRR 缔和机制包含两种可能的路径：①加氢优先发生在离催化剂更远的氮上，释放一分子的 NH₃，而留下与金属催化剂相连的 N，直到其加氢释放另一分子的 NH₃ 而离开催化剂表面[NRR 末端路径，图 3.10(b)]；②加氢依次发生在两个 N 中心上直到一个 N 转换成 NH₃ 使得 N-N 键断裂[NRR 交替路径，图 3.10(c)]。该 CuRu 双金属催化剂综合了 Ru 对于 NO₃⁻ 的低活化势垒以及 Cu 的低 HER 催化活性优势，使得该催化剂催化产氨的法拉第效率和选择性达 90%以上。

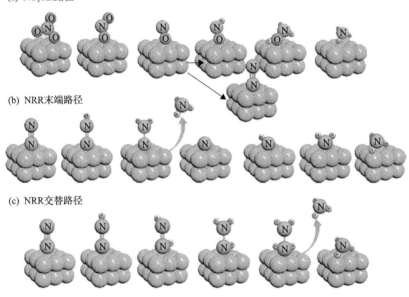

图 3.10　NO₃⁻RR 在催化剂表面的反应机理图

三、实验方法与步骤

1. 仪器与材料

H 型电解池(连续流动系统)、分析天平、电化学工作站、烧杯、鼓风干燥箱、管式炉。

泡沫铜、异丙醇、盐酸、过硫酸铵、氢氧化钾、蒸馏水、三氯化钌水合物、氩气、质量分数为 5%的全氟磺酸基聚合物(Nafion)溶液、泡沫镍、饱和甘汞电极、含有 2000 ppm 硝酸盐的 1 mol/L 氢氧化钾溶液。

2. 方法与操作步骤

1)电极制备

使用异丙醇和 0.1 mol/L 盐酸清洗 1 cm×1 cm 的泡沫铜表面，然后将清洗后的泡沫铜浸入含有 0.1 mol/L 过硫酸铵和 1 mol/L 氢氧化钾的溶液中，浸泡时间为 1 h。之后用蒸馏水清洗，并将其进一步浸入 10 mmol/L 三氯化钌溶液中，浸泡时间为 12 h，以得到预催化剂。将预催化剂在 70℃下干燥，并在氩气气氛中进行 200℃下的退火处理，时长为 2 h。随后，在恒定电流密度为 100 mA/cm² 和 700 mA/cm² 的条件下，进行分别为 12 h 和 1 h 的电解，以制备催化剂。接着，取 5 mg 催化剂溶解在 1 mL 异丙醇中，加入 20 μL Nafion 溶液，进行 1 h 的超声处理。最后，将处理后的溶液取 80 μL 并负载到碳纸上作为工作电极。

2)电化学测试

在 H 型电解池(连续流动系统)中，对电催化还原硝酸盐反应进行测试(图 3.11)，以确保反应过程中电解液中的 NO_3^- 浓度基本保持恒定。前述制备得到的电极材料用作工作电极，泡沫 Ni 电极和饱和甘汞电极分别作为对电极和参比电极。使用电化学阻抗谱(EIS)、电化学活性面积(ECSA)和计时电流测试等方法，利用电化学工作站对反应进行测试，并收集反应后的电解液以分析催化剂的催化活性。

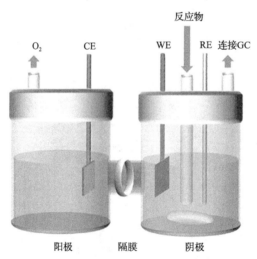

图 3.11 H 型电解池(连续流动系统)示意图

四、实验数据处理

1. NH_3 的法拉第效率(Faradic efficiency，FE)分析

在 H 型连续流动系统中测试得到 NH_3 的 FE 计算公式如下：

$$FE = \frac{n \times v \times C \times F}{i} \times 100\%$$

式中，n 为电极反应生成 NH_3 的电子转移数（该反应中电子转移数为 8）；v 为阴极液的流速，s^{-1}；C 为反应后收集到的阴极液中 NH_3 的浓度，mol/L；F 为法拉第常数，96485 C/mol；i 为反应过程的总电流，A。

2. 催化剂电化学活性面积（electrochemical active surface area, ECSA）分析

电化学活性面积的计算公式如下：

$$ECSA = C_{dl}/C_s$$

式中，C_{dl} 为双电层电容；C_s 为样品的比电容，本实验中 C_s 取 0.040 mF/cm^2，而双电层电容 C_{dl} 则由公式

$$C_{dl} = i_c/v$$

决定，其中 i_c 为充电电流；v 为扫描速率，利用电化学工作站在非法拉第电势区进行不同扫速的循环伏安（CV）测试，做电流（i_c）与扫速（v）的散点图并进行线性拟合，从拟合曲线的斜率得到双电层电容 C_{dl}。

3. NH_3 产物浓度计算

首先，采集出口电解液产品，并将其稀释至检测范围内。然后，将 1 mL 稀释样品与 1 mL 1 mol/L NaOH 溶液、5%（质量分数）水杨酸和 5%（质量分数）柠檬酸钠溶液混合。然后加入 0.5 mL 0.05 mol/L NaClO 溶液和 0.1 mL 1.0%（质量分数）$C_5FeN_6Na_2O$（硝基铁氰化钠）溶液，并在室温下静置 2 h。随后，使用紫外可见分光光度计（UV-2600）测定吸收光谱，利用波长为 655 nm 处的吸光度测定靛酚蓝的形成。使用一系列标准 NH_4Cl 溶液预先绘制标准浓度吸光度校准曲线。最后，根据测定的吸光度值和标准曲线，计算 NH_3 产物的浓度。

五、思考与讨论

(1) 简述电催化还原硝酸盐的反应原理和反应步骤。
(2) 计算并分析 NH_3 的法拉第效率和催化剂的电化学活性面积。

参 考 文 献

Chen F Y, Wu Z Y, Gupta S, et al, 2022. Efficient conversion of low-concentration nitrate sources into ammonia on a Ru-dispersed Cu nanowire electrocatalyst[J]. Nature Nanotechnology, 17: 759-767.

Ulf Prüsse, Marc Hähnlein, Jörg Daum, et al, 2000. Improving the catalytic nitrate reduction[J]. Catalysis Today, 55: 79-90.

Zhang J, Ji Y J, Huang X Q, et al, 2019. Adsorbing and activating N_2 on heterogeneous Au-Fe_3O_4 nanoparticles for N_2 fixation [J]. Advanced Functional Materials, 4(30): 1906579.

实验 17　氢氧燃料电池基础实验

一、实验内容与目的

(1)了解氢氧燃料电池的基本工作原理。

(2)掌握氢氧燃料电池的分类及优缺点。

(3)了解燃料电池催化层的制备方法。

二、实验原理概述

1. 氢氧燃料电池工作原理

燃料电池是一种化学电池，能够将物质发生化学反应时释放的能量直接转化为电能。其中，氢氧燃料电池是一种利用水电解逆反应来产生电能的"发电机"。它由正极、负极、电解质、隔膜和集电器等组成。隔膜的主要作用是隔离氧化剂和还原剂，而集电器主要用于收集电流和疏导反应气体。

燃料气(H_2)和氧化气(通常为空气中的 O_2)分别通入燃料电池的负极和正极。以酸性燃料电池为例，其工作原理如图 3.12 所示：H_2 在负极分解成 H^+ 和电子[式(3.16)]，H^+进入电解质中，而电子则通过外部电路移向正极，在外部电路中供给负载电器使用。在正极处，空气中的 O_2 与电解质中的 H^+接受从负极传来的电子，生成 H_2O[式(3.17)]。

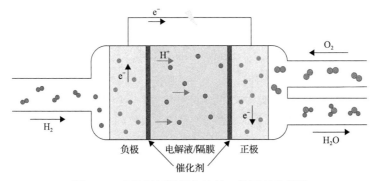

图 3.12　酸性氢氧燃料电池的工作原理示意图

而对于碱性燃料电池，其工作原理如图 3.13 所示：H_2 和 OH^-在负极发生结合反应，生成 H_2O，电子则通过外部电路移向正极[式(3.18)]；而 O_2 和 H_2O 在正极处发生反应生成 OH^-[式(3.19)]。由于正极反应较负极反应更为困难，因此通常需要使用高效催化剂。目前常用的催化剂是铂碳颗粒，然而其价格昂贵，因此人们仍在寻找更经济实用的催化剂。

$$H_2 \longrightarrow 2H^+ + 2e^- \qquad\qquad (3.16)$$

$$O_2 + 4H^+ + 4e^- \longrightarrow 2H_2O \qquad\qquad (3.17)$$

$$H_2 + 2OH^- \longrightarrow 2H_2O + 2e^- \qquad\qquad (3.18)$$

$$O_2 + 2H_2O + 4e^- \longrightarrow 4OH^- \qquad\qquad (3.19)$$

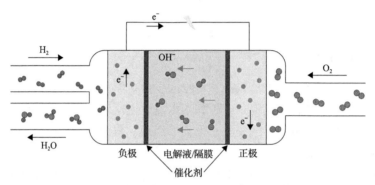

图 3.13　碱性氢氧燃料电池的工作原理示意图

2. 氢氧燃料电池分类

如表 3.2 所示，根据采用的电解质类型，可将燃料电池分为五类：

(1)碱性燃料电池(alkaline fuel cell，AFC)通常使用 KOH 作为电解液。这种燃料电池具有较高的效率(60%～90%)，但对 CO_2 非常敏感。因此，在宇宙飞行和军事等领域的应用中，需要采用高纯度的 H_2 或 O_2。这样的要求限制了碱性燃料电池在某些特定领域的应用。

(2)质子交换膜燃料电池(proton exchange membrane fuel cell，PEMFC)采用极薄的固态聚合物膜作为电解质。这种燃料电池具有高功率、高比能量、轻质量、长寿命和低工作温度的特点，是适用于固定式或移动式装置的理想器件。

(3)磷酸型燃料电池(phosphoric acid fuel cell，PAFC)使用液体 H_3PO_4 作为电解质，通常位于 SiC 基质中。它的工作温度为 160～220℃，由于温度较质子交换膜燃料电池高，正极反应速度更快。

(4)熔融碳酸盐燃料电池(molten carbonate fuel cell，MCFC)的工作温度为600～1000℃。这种电池具有能量转化效率高的特点，但对材料的要求也更高。

(5)固体氧化物燃料电池(solid oxide fuel cell，SOFC)采用固体电解质，具有良好的性能。由于其工作温度高达 1000℃，需要采用相应的材料和处理技术。

表 3.2 氢氧燃料电池分类及参数对比

类型	碱性燃料电池	质子交换膜燃料电池	磷酸型燃料电池	熔融碳酸盐燃料电池	固体氧化物燃料电池
英文简称	AFC	PEMFC	PAFC	MCFC	SOFC
电解质	KOH 溶液	含氟质子交换膜	H_3PO_4	K_2CO_3	固体氧化物
燃料气	纯氢	H_2、甲醇、天然气	H_2、天然气	天然气、煤气、沼气	天然气、煤气、沼气
氧化剂	纯氧	空气	空气	空气	空气
能量转化效率	60%~90%	43%~58%	37%~42%	50%以上	50%~65%
工作温度	60~120℃	80~100℃	160~220℃	600~1000℃	600~1000℃
优点	工作温度较低；效率高；成本低；可使用非 Pt 催化剂；采用双镍板作为双极板	可在室温下快速启动；工作温度相对较低；使用 H_2、天然气/甲醇重整气作为燃料气，空气作为氧化气；运行噪声低、污染排放低；功率密度高、机动性能好	利用廉价碳材料为导电骨架；除了以 H_2 为燃料气外，还可以直接利用甲醇、天然气、煤气等低价燃料；不额外需要 CO_2 处理设备	可使用天然气、煤气、沼气等作为燃料气；采用非贵金属催化剂，降低成本；高品位余热可用于热电联供	可使用天然气、煤气、沼气等作为燃料气；使用非贵金属催化剂，降低成本；高品位余热可用于热电联供；功率密度高

此外，根据工作温度的不同，燃料电池可以分为高温型、中温型和低温型三类。根据燃料来源的不同，燃料电池可以分为直接式燃料电池(如直接甲醇燃料电池)、间接式燃料电池(如通过重整器产生 H_2 的甲醇燃料电池)和再生式燃料电池。

3. 氢氧燃料电池优缺点

氢氧燃料电池的优点包括：

(1)发电效率高且比能量高。由于燃料电池发电不受卡诺循环的限制，因此其理论发电效率可达 85%~90%，受限于工作时的各种极化，目前燃料电池的能量转化效率约为 40%~60%。

(2)燃料范围广。燃料电池可以利用含有氢原子的物质作为燃料，包括化石燃料如煤炭、石油、天然气，以及可再生能源如沼气、酒精、甲醇等。因此，燃料电池能够实现能源多样化，减缓主流能源的耗竭，促进可持续发展。

(3)可靠性高。燃料电池能够快速响应负载变动，无论是过载运行还是低负载运行，能量转化效率变化不大。因此，燃料电池在应对负载波动和应急情况时表现出较高的可靠性，可用作不间断电源或应急电源。

(4)环境友好。燃料电池在使用甲醇、天然气等燃料时，相比热机工作过程，能够减少 40%以上的 CO_2 排放量，有利于减缓地球的温室效应。此外，燃料电池的燃料气必须经过脱硫处理，且电化学反应不涉及高温燃烧过程，几乎不排放氮氧化物和硫氧化物,有效降低大气污染。此外,燃料电池结构简单,运行部件较少,产生的噪声很低。

(5)建设便利。具有组装式结构的燃料电池易于安装和维修,不需要大量辅助设施。燃料电池电站的设计和制造也相对方便。

此外,氢氧燃料电池也存在一些缺点,诸如电池造价偏高、碳氢燃料无法直接利用、氢燃料基础建设不完善等。

三、实验方法与步骤

1. 仪器与材料

250 mL 烧杯、玻璃棒、量筒、点焊机、万用表、电化学工作站、5 mL 称量瓶、玛瑙研钵、电子天平、药匙、镊子、擀膜机、压片机、剪刀。

氯化钠、Pt/C 复合催化剂粉末、质量分数为 12% 的 PTFE 溶液、乙炔黑、乙醇、1 mol/L 氢氧化钾溶液、不锈钢网、弹簧状铂丝 2 根、镍丝 1 根、Hg/HgO 参比电极、蒸馏水、氧气。

2. 操作步骤

1)开路电压的测定

(1)取 5 mg NaCl 粉末加入盛有 200 mL 蒸馏水的烧杯中,搅拌均匀。

(2)将两段铂丝分别绕在圆柱形物体上,形成弹簧状,并在铂丝的一端电焊一小段镍丝用于连接电化学工作站。

(3)将两段铂丝分别连接至电化学工作站上,并利用导线的弹簧夹将其固定至烧杯上。正极接绿色和黑色电极夹,负极接白色和红色电极夹。记录两段铂丝之间的开路电压。设置程序,使电化学工作站输出恒定的 6 V 电压。

(4)观察两根铂丝周围产生气泡的情况,当铂丝表面附着大量气泡后,停止电压输出。

(5)记录此时两段铂丝间的开路电压。

2)燃料电池 O_2 电极的制备及循环伏安测试

电极片的制备:

(1)按 5:5:90(质量比)称取乙炔黑、12% PTFE 溶液和 Pt/C 复合催化剂粉末,其中乙炔黑和 Pt/C 复合催化剂粉末在玛瑙研钵中研磨 20 min,再与 12% PTFE 溶液均匀混合于 5 mL 称量瓶中。

(2)搅拌称量瓶中的混合物,并用长柄药匙混合成团状(可滴入 1~2 滴乙醇辅助)。

(3)将混合物转移至擀膜机上进行擀膜。

（4）用剪刀在擀好的膜上剪下一片 0.9 cm×0.4 cm 左右的矩形电极片，再准备一片 3 cm×1 cm 左右的不锈钢网，用压片机将电极片压在不锈钢网的一侧。

循环伏安测试：

（1）本实验采用电化学工作站进行三电极循环伏安测试。实验采用的参比电极为 Hg/HgO 电极，对电极为铂丝，工作电极为制备电极，研究体系所采用的电解液为 1 mol/L 的 KOH 溶液，提前向其中通 O_2 约 30 min。

（2）将工作电极、对电极和参比电极按下述方式连接：红线接对电极，白线接参比电极，绿线和黑线接工作电极。将三个电极插入装有 1 mol/L KOH 溶液的烧杯中，保持固定。

（3）设置测试参数：电压范围为–0.724 V～+0.076 V（*vs.* Hg/HgO），扫描速度为 10 mV/s。绘制纳米 Pt/C 复合催化剂的循环伏安曲线。

四、实验数据处理

（1）记录铂丝表面附着大量气泡后的开路电位，分析该开路电位产生的原因。

（2）绘制循环伏安曲线，标注各个峰的位置并归属其反应，评价 Pt/C 复合催化剂的催化性能。

五、思考与讨论

（1）简要说明燃料电池的工作原理，简述燃料电池的种类。

（2）思考铂丝在开路电压测定中的作用，能否换成铁丝或铜丝？

参 考 文 献

O'Hayre R, 车硕源, Colella W, et al, 2007. 燃料电池基础[M]. 王晓红, 黄宏, 等, 译. 北京: 电子工业出版社.

衣宝廉, 2003. 燃料电池——原理、技术、应用[M]. 北京: 化学工业出版社.

U.S. Department of Energy, Office of Fossil Energy, National Energy Technology Laboratory, 2004. Fuel Cell Handbook（Seventh Edition）[M]. West Virginia: EG & G Technical Services, Inc.

实验 18　太阳能宽带光吸收体的设计和制备

一、实验内容与目的

(1)了解三维金属纳米颗粒等离激元共振的宽谱光吸收原理和设计方法。

(2)掌握基于电子束蒸镀/热蒸镀的金属纳米颗粒自组装方法。

(3)了解颗粒形貌表征和吸收光谱表征的扫描电子显微镜、积分球辅助的紫外-可见-近红外和傅里叶变换红外光谱表征测试技术。

二、实验原理概述

1. 基于等离激元共振耦合杂化的宽谱吸收机理

表面等离激元可以分为表面等离极化激元(surface plasmon polariton，SPP)和局域表面等离激元(local surface plasmon，LSP)。两者与光作用的电子区域不同，SPP 为光与平整金属-介质界面附近自由电子振荡的传播型耦合电磁模式；LSP 为光与金属纳米粒子表面附近自由电子振荡形成局域等离激元共振模式。

从金属表面等离激元的应用领域来看，近些年等离激元效应在片上导波、滤色、分子传感、光催化和光伏等领域都有广泛的应用探索。在大部分应用中，等离激元光热效应一直被认为是一种不可避免的寄生效应，在电子参与散射的过程中将捕获的光子能量耗散为欧姆损耗。然而另一方面，基于等离激元的光热效应也可以应用于光热治疗、药物传递、光热成像等领域。

利用表面等离激元热效应也可以实现性能优异的理想吸收体。与传统光吸收体相比，等离激元吸收体有以下三个优点：

(1)金属基等离子体材料由于其独特的带隙结构，可以充分利用光吸收的带间和带内跃迁，实现低辐射复合，因此，非常薄的等离子体材料可以强烈地吸收光。

(2)等离子体材料的吸收光谱可以灵活操纵，具有多种光学模式，有利于光谱与太阳辐照度的匹配。

(3)相对于入射场，LSP 可以产生显著的局部场增强，最高可达数千倍。入射光的能量转化为电子和电磁场的振荡能量，最终转化为热能(称为光致热局域效应)。

基于以上优点，早期研究者对各种等离子体纳米结构，如金属超构原子(金属超表面)或其他几何结构进行了大量研究，构造了多个共振来拓宽吸收带宽。例如，Aydin 等人报道的基于交叉梯形光栅阵列的等离子体吸收体在 400～700 nm 的光谱范围内测量到了 71%的吸收；Sondergaard 等人报道了一种由超尖锐凸面金属槽实现的超吸收体，实验证明其在 450～850 nm 的平均吸收率为 96%。

然而，这些早期尝试中存在的一些问题限制了其应用。首先，吸收体的结构主要通过自上而下的光刻技术制造，如聚焦离子束和电子束光刻技术，在样品尺寸、空间分辨率和可扩展性方面存在固有的限制。其次，在所有这些之前的研究中，光吸收是由数量非常有限的共振纳米结构实现的，这些结构紧凑地聚集在块体光学衬底上。因此，这些吸收器的工作带宽、效率和制备工艺等方面均有待进一步提高。

从吸收体性能和制备工艺两点出发，2016 年，朱嘉和周林等人制备了基于多孔阳极氧化铝(anodic aluminum oxide，AAO)的高效宽带等离子体共振吸收体——金沉积的纳米多孔氧化铝模板(gold-deposited nanoporous template，Au-NPT)。作为当时最高效和最宽带的吸收体主要有以下两个优点：①大的模板孔洞使得其中金颗粒的尺寸呈现出大的长径比，从而有多种杂化局域表面等离子体共振模式，因此可以在宽波段实现对太阳光的高效吸收。②本征纳米模板的孔隙率极大(～40%)，这种模板可以实现有效的折射率梯度渐变，从而实现减小反射的效果。此外，大的孔隙率也有利于其与多种光学模式结合。因此这种结构可以在整个可见光到中红外区域(0.4～10 μm)内实现约99%的平均光吸收率。

根据图 3.14 从机理上来理解基于多孔阳极氧化铝金膜的宽谱高吸收。选用带金颗粒的纳米金膜、多孔阳极氧化铝自组装金颗粒膜(Au/NPT)、多孔阳极氧化铝衬底、多孔阳极氧化铝金膜多个对照组，通过比较图 3.14 中的数据可以从可见-近红外(400 nm～2.5 μm)和中红外(＞2.5 μm)两部分来理解这一宽带光吸收机理。

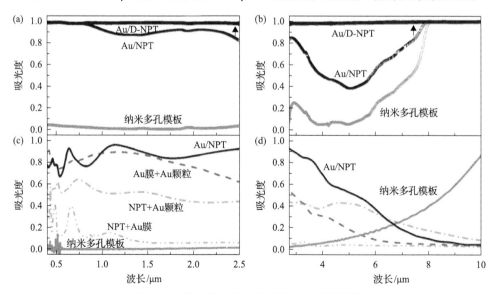

图 3.14　等离激元吸收体吸收实验/模拟曲线

(a)积分球在可见光和近红外区域测量的实验吸收光谱；(b)在中红外区域通过镜面反射测量的
实验吸收光谱；(c)，(d)仿真软件 Lumerical 计算的吸收曲线

在可见-近红外波段，从 Au/NPT 和 NPT+Au 膜吸收曲线对比可以发现孔内的纳米金颗粒为主要吸收体。这是由于金纳米颗粒沿 z 方向以随机分布的形式紧密堆积，每个金纳米颗粒的局域表面等离子体共振(local surface plasmon resonance, LSPR)将耦合杂化，导致多个重叠的等离子体模式，从而产生宽带吸收。比较 Au/NPT 和 NPT+Au 颗粒的吸收曲线，发现金膜在可见-近红外区域对增强整体吸收起重要作用。这是由于溅射在表面上的金颗粒相互交连并形成图案化膜，这样的金膜可以有效地将光反射回吸收器，并显著增加金颗粒的吸收光程，而横向的周期性也可以为表面等离极化激元的激发提供有效的光耦合。

在中红外波段，通过比较 Au/NPT 与 Au 膜+Au 颗粒之间的吸收曲线存在很大差异(~40%)，这表明纳米多孔模板在该波段也有重要作用。在无纳米多孔模板的情况下，LSPR 和 SPP 模式重叠引起的吸光度明显降低。当波长大于 2 μm 时，大孔隙率纳米多孔模板提供强散射和内反射，因此光吸收的有效光程显著增加。此外，由于较大孔径的多孔膜板具有较低的有效折射率，因此可以表现出优异的抗反射性能，进一步提高了吸收效率。在波长大于 6 μm 后，纳米多孔模板本身的吸收快速增加，并成为主导机制。

总之，在可见-近红外波段，具有较大孔径的 Au/D-NPT 吸收体更有利于在物理气相沉积过程中形成具有多种长径比的紧密堆积的金纳米颗粒，增加了 LSPR 的密度。此外，更大的孔隙可以减小反射，也有利于在表面形成更多的 SPP 模式。在中红外波段，由于纳米模板大孔隙提供的散射和内反射以及 6 μm 后相当高的本底吸收，显著提高了吸收效率。

2. 实验仪器原理

1)扫描电子显微镜

通过扫描电子显微镜表征物体的形貌和微观尺寸，所使用的扫描电子显微镜型号为 TESCAN MIRA3，工作电压为 0~30 keV。

如图 3.15 所示，扫描电子显微镜的工作原理主要是电子枪产生电子束轰击样品表面，其表面产生多种电子信号，SEM 成像主要利用二次电子和背散射电子。二次电子是高能电子束，使得样品表面原子的核外电子脱离原子核的束缚，其主要分布在样品表面 5~10 nm 的区域，主要用于表面形貌的分析；背散射电子是被样品原子反弹回的电子，能量较高，主要分布在样品表面更深的区域，根据样品原子序数的不同其背散射电子的产率也不同，因此可以用来进行元素成分分析。

本实验使用的 SEM 用于玻璃表面减反掩膜和刻蚀后微观结构以及阳极氧化铝镀金的微观形貌表征。对于玻璃表面的减反掩膜(纳米二氧化硅微球)和阳极氧化铝/金的样品，使用导电铜胶/碳胶将其黏附在扫描电子显微镜载物台上，置于仓

内并抽真空。使用不同电压电流,聚焦调节出清晰图像,在不同倍数下观察表面
微结构特征形貌和尺寸。

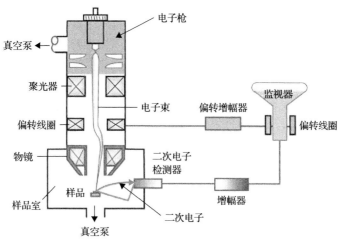

图 3.15 扫描电子显微镜的工作原理

2)紫外-可见分光光度计(ultraviolet-visible spectrophotometer,UV-VIS)

本实验使用紫外-可见分光光度计/积分球来表征刻蚀完玻璃表面的反射率以
及阳极氧化铝/金体系下的可见-近红外吸收。所使用的型号为 UV-3600/ISR-310,
选用的工作波长为 400～2500 nm。

UV-VIS 的工作原理主要是通过光源输出稳定的宽波段的光,然后通过单色器
将复合光筛分为单色光,单色光经过样品反射或透射后,反射光和透射光被探测
器收集,进而将光信号转化为电信号导出(图 3.16)。

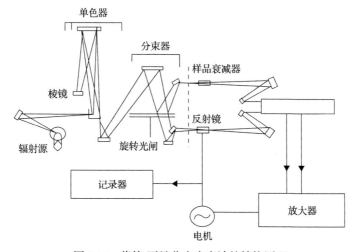

图 3.16 紫外-可见分光光度计的结构原理

本实验使用 UV-VIS 搭配积分球配件表征玻璃表面减反结构刻蚀完成后的反射率和多孔阳极氧化铝镀金完成后的吸收率，主要用于收集样品在半球空间内的反射光和透射光。对于刻蚀完成的玻璃结构，将其置于积分球的反射窗口，根据背景(硫酸钡作为背景)可自动计算出反射率。对于多孔阳极氧化铝镀金这一体系吸收率的表征，先使用积分球，在其反射窗口进行反射率 R 的测量。之后使用夹具在透射窗口进行透射率 T 的测试，最后通过 $(1–T–R)$ 计算出对应的吸收率。

3)傅里叶变换红外光谱仪(Fourier transform infrared spectroscopy，FTIR)

本实验使用傅里叶变换红外光谱仪/积分球来表征多孔阳极氧化铝/金体系下的红外吸收。所使用的型号为 Nicolet Is50R/4P-GPS-020-SL，选用的工作波长为 $2.5\sim15~\mu m$。

FTIR 的主要工作原理为通过光源输出一束红外光，然后通过干涉仪变成干涉光，干涉光经过样品反射或透射后含有样品信号，将含有样品信号的干涉光信号传输并转化成电信号，再通过傅里叶变换转换为红外吸收谱图(图 3.17)。

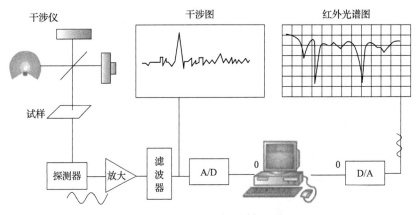

图 3.17　傅里叶变换红外光谱仪工作原理图

本实验使用 FTIR 表征多孔阳极氧化铝及其镀金样品的红外吸收率。针对多孔阳极氧化铝镀金这一体系，先使用积分球，在其反射窗口进行反射率 R 的测量(使用金镜作为背景)。之后使用夹具在透射窗口进行透射率 T 的测试，最后通过光功率的能量守恒定理，计算得出吸收率 A。

$$A=1–T–R$$

三、实验方法与步骤

1. 仪器与材料

扫描电子显微镜、紫外-可见分光光度计、傅里叶变换红外光谱仪、电子束蒸发镀膜仪。

多孔阳极氧化铝、金属金靶材。

2. 实验步骤

1)样品准备

使用电子束蒸镀对孔径为 300～500 nm、厚度为 50～100 μm 的 AAO 进行蒸镀，镀膜速率为 3～5 Å/s，形成 AAO/Au 等离激元吸收体。

2)性能表征

对 AAO/Au 吸收体进行吸收光谱以及 SEM 表征。

具体操作细节如下。

电子束蒸发：

(1)设备开启。在使用设备之前，确保空气压缩机和水冷机已开启。按照顺序打开空气压缩机和水冷机开关，并将水冷机温度设定为 25℃。打开控制柜电源，启动分子泵、真空计和膜厚仪开关(从下到上)。然后打开进气阀门，让腔室充满气体，直到腔室的压力达到大气压 10^5 Pa。缓慢抬起舱门并向右平移打开，打开电子束控制柜开关，将控制面板上的开关调至"enable"。

(2)加料并抽真空。打开电子枪挡板，取出坩埚，并将金颗粒加入坩埚中，确保金颗粒完全覆盖表面，同时确保膜厚仪的晶振探头都有读数。将坩埚放入指定位置内，确认无误后关闭挡板，并关闭舱门开始抽真空。首先关闭放气阀门，打开机械泵开关，并打开旁路阀。待真空度低于 10^4 Pa 后，舱门回转一圈，并点击自动开机按钮。等待分子泵转速达到 400 时，电子束可以开始工作。

(3)电压电流调节操作。打开电子枪电源启停开关，并持续调节电压示数，直到电子束完全打到坩埚的中心位置。打开源挡板，调节电流将速率调节至所需数值，然后打开基片挡板，同时启动基片旋转，开始镀膜，直到达到指定的厚度。

(4)放气取样。当膜厚达到设定值时，关闭基片挡板和源挡板，关闭电源，开始降温过程。点击自动关机按钮，等待分子泵压力降至 0，然后关闭机械泵。打开放气旋钮，将系统充气至大气压。取出样品。

(5)关机。打开机械泵，将压力降至 5 Pa 后，关闭旁路阀，然后按照从上到下的顺序关闭所有电源。关闭电子束控制柜(将开关调至"lock")，关闭水冷机和空气压缩机。

扫描电子显微镜：

(1)制样

在样品台上贴上铜胶，将 Au/AAO 置于铜胶上，固定住四个角，防止样品与样品台发生相对滑动。

(2)进样

①记录右下方 vacuum 窗口电镜腔室真空度(column pressure)。

②破真空：点击右下方 vacuum 窗口中"VENT"，直至最下方显示"venting finished"（*注意：在此之前确认样品台已经 home—$z=40$ mm）。

③放样：轻轻平拉舱门，将样品台固定于固样台中心 7 号孔位置，确定样品台固定完好后，轻轻平推关好舱门。

④抽真空：点击右下方 vaccum 窗口中"PUMP"，手推舱门，辅助抽真空，直至真空进度条出现红条才可放手。

（3）样品扫描观测

①等待真空：等待 vacuum 窗口中 column pressure 降至 $5×10^{-3}$ Pa，方可操作，选择 Beam Blanker 窗口状态为"Beam is always on"。

②加高压：在右侧 Preset 窗口双击选择要使用的电压电流条件，在右侧窗口 Electron Beam 中点选"BEAM ON"，按钮变蓝被激活，当扫描窗口出现图像时，即已对电子束加上高压。

③样品聚焦：（resolution 模式 5k × 放大倍数下聚焦到图像相对清晰不拉伸状态）

i. 粗聚焦

调整亮度和对比度：自动—点击扫描窗口右边，手动—点击，调整轨迹球（x 方向对比度，y 方向亮度）。

找样品："wide field"模式最小放大倍数下寻找样品，点击鼠标滑轮移动。

切换聚焦模式"resolution"：点击扫描窗口右侧 MODE，选择"RESOLUTION"模式。

放大缩小：点击扫描窗口右边，根据需要调整轨迹球进行适当放大缩小。

移动样品，选择观察点：鼠标光标移至所选特征点，点击鼠标滑轮即可。

聚焦：样品放大到一定倍数（5k × 左右），点击扫描窗口右边，调整轨迹球进行聚焦调整，将图像调整至当下最清晰状态，图像没有拉伸状态（平面台初始 WD 约为 30 mm）。

ii. 精细聚焦

选择工作距离：一定在确定粗聚焦后，调节 stage control 窗口里的"WD&Z"至 20 mm，上升样品台，再次聚焦好后，调"WD&Z"至 10 mm ，再次聚焦好后，在较靠近极靴时小心慢慢上升样品台，根据样品选择合适的工作距离，本样品的工作距离约为 6～10 mm。

选择观察模式：选择 SE 工作模式。

图像晃动调整：若聚焦过程中，图像出现平移晃动，需要点击扫描窗口右边进行镜筒对中，在弹出的对话框中点击"next"，若 X 方向上有晃动，则按住 F12 在 X 方向上拨动轨迹球，若 Y 方向上有晃动，则按住 F11 在 Y 方向上拨动轨迹球，直至整个图像没有晃动，原地同心振动后，再点击对话框上的"Finish"结束对中。

消像散：若聚焦过程中，图像出现拉伸变形，需要先聚焦到图像没有拉伸状态，调整像散，点击扫描窗口右边，若 X 方向上有变形，则按住 F12 在 X 方向上拨动轨迹球，若 Y 方向上有变形，则按住 F11 在 Y 方向上拨动轨迹球，直至整个图像没有变形，消像散需要与聚焦交替进行。

扫速选择：滚动鼠标滚轮或者点击扫描窗口右侧，选择相应扫速。

图像旋转：点击右上 Main Toolbar 里，滚动轨迹球，调整旋转度。

图像保存测量：在适当的放大倍数下，图像聚焦到最佳状态后，选择最佳扫速，点击窗口右侧，或者右边 Info Panel 中"Acquire"，图像扫描完全后，保存到所选文件路径。

(4)取样

①关闭电子束：再次点击"BEAM ON"，使变灰失活。

②记录使用时间和真空度。

③样品台归位：stage control 窗口内点击"home"。

④破真空：点击右下方 vacuum 窗口中"VENT"，直至最下方显示"venting finished"。

⑤取样。

⑥抽真空：点击右下方 vaccum 窗口中"PUMP"，手推舱门，辅助抽真空，直至真空进度条出现红条即可放手。

⑦样品台整理清洁。

可见-近红外分光光度计：

(1)开机，打开仪器电源开关(箱体右侧)，预热 10 min。

(2)打开对应桌面软件 UV probe2.3，出现界面后点击 connect，仪器开始初始化(时间约为 10 min)，通过后点击 OK。

(3)点击桌面图标 M 进行参数设定。

Measurement：　　Wavelength Range　测量波长范围设定

　　　　　　　　　Scan　扫描快慢设定

　　　　　　　　　Sampling Interval　样品采集间隔

Measuring Mode：　Transmittance　透射谱

　　　　　　　　　Absorbance　吸收谱

　　　　　　　　　Reflectance　反射谱

(4)安装积分球设置，Slit：狭缝宽度，一般选择 20。

(5)Detector：探测器选择，External(2Detectors)。

(6)将样品贴在反射窗口。

(7)点击 baseline 进行基线的背景扫描。

(8)点击 start 开始进行反射率测量，测量结束后将数据存盘。

(9)将样品贴在透射窗口。

(10)点击 baseline 进行基线的背景扫描。

(11)点击 start 开始进行透射率测量，测量结束后将数据存盘。

(12)关闭软件。

(13)关机，归置仪器和桌面。

傅里叶变换红外光谱仪：

积分球测中红外光谱

(1)打开软件 OMNIC，设置如图 3.18 所示。

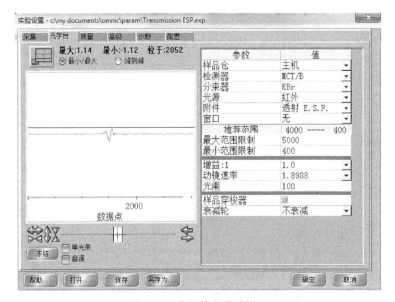

图 3.18　中红外积分球设置

(2)将侧面开关打至 Sample。

(3)放置金镜，采集背景。

(4)放置样品，采集样品。

(5)保存文件：另存为谱图文件、CSV 文件。

(6)关机，拆卸积分球。

四、实验数据处理

(1)对 AAO/Au 样品进行 SEM 表征，根据电子显微镜图片分析颗粒分布。

(2)根据 FTIR 和 UV3600 的吸收曲线，进行数据处理和整合，采用多组平均方法得到合理的吸收曲线。

五、思考与讨论

(1)简述多孔纳米模板对宽谱光吸收的作用。

(2)观察 SEM 图片，思考其颗粒尺寸与镀膜速率之间的关系。

(3)可见、近红外、中红外波谱区域光吸收的机理有何不同？简述特征尺寸结构与吸收光谱的关联性。

参 考 文 献

布隆格司马, 基克, 2014. 表面等离激元纳米光子学[M]. 南京: 东南大学出版社.

Aydin K, Ferry V E, Briggs R M, et al, 2011. Broadband polarization-independent resonant light absorption using ultrathin plasmonic super absorbers[J]. Nature Communications, 2: 517.

Hedayati M K, Faupel F, Elbahri M, 2012. Tunable broadband plasmonic perfect absorber at visible frequency[J]. Applied Physics A-Materials Science & Processing, 109(4): 769-773.

Sondergaard T, Novikov S M, Holmgaard T, et al, 2012. Plasmonic black gold by adiabatic nanofocusing and absorption of light in ultra-sharp convex grooves[J]. Nature Communications, 3: 969.

Zhou L, Tan Y, Ji D, et al, 2016. Self-assembly of highly efficient, broadband plasmonic absorbers for solar steam generation[J]. Science Advances, 2(4): e1501227.

实验 19　基于界面光热的太阳能液-气相变实验

一、实验内容与目的

(1) 了解等离激元相关材料的工作机理与制备方法。

(2) 了解并掌握光热转换设备的基本结构及工作原理。

(3) 掌握阳极处理、物理气相沉积等材料制备方法的原理及步骤。

二、实验原理概述

1. 太阳光光热转换制备提纯水及等离激元在光学领域的应用

随着人类社会的发展和科学技术的进步，能源危机逐渐凸显，并成为人类发展道路上迫切需要解决的问题。特别是化石能源日益枯竭和水资源短缺的问题引起了广泛关注。太阳能作为一种绿色可再生能源，被视为取之不尽、用之不竭的能量来源。人类现在所利用的大部分能源直接或间接来自太阳能，因此高效利用太阳能对于缓解能源危机、解决环境污染等全球性问题具有重大意义。

利用太阳光进行海水淡化制备纯净水的方法不仅可以有效利用太阳能，而且可以为缓解水资源短缺问题做出巨大贡献，因此成为人们日益关注的重点技术。然而，传统的海水淡化技术存在能量转换效率低、设备体积庞大和成本高昂等缺点，难以实现大规模应用。

金属表面等离激元是指费米能级附近导带上的自由电子受外界电磁场激发形成的一种振荡电磁模式，通常被视为一种表面波激发。将等离激元材料应用于太阳能吸收材料的制备，可以显著提高光热转换效率，为利用太阳能进行光热转换和提纯水提供了新的思路和方法。这种方法能够利用等离激元材料的特殊性质，将太阳光的能量更有效地转化为热能，进而用于海水淡化制备纯净水的过程。

通过利用金属表面等离激元材料，可以设计和制备高效的太阳能吸收材料，将光能转化为热能，从而实现海水淡化制备纯净水的过程。这一新颖的方法为解决水资源短缺问题提供了一种有前景的解决方案，有助于推动可持续发展和环境保护。

2. 物理气相沉积制备薄膜材料的原理

物理气相沉积是在真空条件下，将固态或液态材料通过物理的方法转化为气态，并迁移扩散至待镀材料表面最终凝结成为固态薄膜的过程。物理气相沉积主要可分为蒸发镀膜和溅射镀膜两大类，蒸发镀膜是通过加热膜料使之气化成为气态原子，在真空条件下迁移扩散至样品表面成膜的方法；而溅射镀膜则是利用辉光放电产生的等离子体(或离子枪产生的离子)在电场下加速撞击膜料表面，通过溅射的方法使膜料转化为气态进而成膜的方法。本实验中采用蒸发镀膜的方法在多孔氧化铝模板中孔的侧壁上生长铝纳米颗粒。

3. 三维铝颗粒自组装材料的合成与应用

在等离激元光学领域，基于金属制作的等离激元材料常用于太阳能转换，金属铝虽然价格低廉，但由于其在紫外区有较强的等离激元反应而被较多应用于生物传感器或是光催化领域。将金属铝应用于太阳光转换方面的关键问题是使铝在可见光与红外领域有较好的等离激元共振响应。

本实验通过在三维多孔氧化铝模板中进行铝纳米颗粒的自组装，制备高带宽高效率的铝基等离激元光吸收材料。其组成与制备流程如图 3.19 所示。首先将铝箔进行阳极氧化，制备成为多孔氧化铝模板，然后通过物理气相沉积的方法在孔的侧壁进行铝颗粒的自组装生长，并在模板表面沉积一层金属铝。

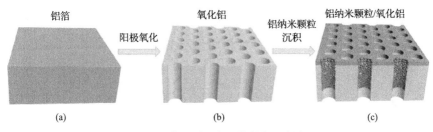

图 3.19 三维铝颗粒自组装材料的制备流程

该种结构可通过以下机理实现高带宽高效率的太阳光吸收：①铝纳米颗粒倾向于密堆积排列，产生较强的等离激元杂化效应与高密度局域表面等离激元共振模；②铝纳米颗粒外存在天然氧化层，在提供保护与维持稳定性的同时，还能改变纳米颗粒周围的有效电介质从而扩宽在红外区域的吸收范围；③铝纳米颗粒的欧姆损耗与近场增强效应强于其他金属，提高了光谱吸收；④作为骨架结构的多孔氧化铝模板由于其独特的纳米结构，可以减少表面反射，增强内部的光散射，从而增强吸收作用。

图 3.20 简单展示了提纯水装置的原理图。由于氧化铝模板的多孔性，样品可以漂浮在水面上，在孔中的水受到局部加热汽化成为水蒸气，水蒸气进行迁移扩散并最终通过冷凝得到收集。

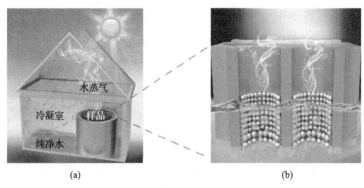

图 3.20　制备提纯水装置原理示意图

三、实验方法与步骤

1. 仪器与材料

管式炉、超声清洗机、阳极氧化装置、蒸发镀膜设备、热电偶能量计、太阳光模拟器、天平。

铝箔、丙酮、乙醇、去离子水、氢氧化钠溶液、氢氧化钾溶液、磷酸溶液、铬酸溶液、氯化亚铜溶液、盐酸溶液、待提纯的海水、氩氢混合气($5\% H_2$)。

2. 操作步骤

1) 多孔氧化铝模板的制备

(1) 高温退火。将实验所需铝箔在500℃下进行高温处理，升温时间为40 min，在500℃下保温4 h，气氛为氩氢气($5\% H_2$)。

(2) 超声清洗。将高温退火后的铝箔分别用丙酮、乙醇和去离子水进行超声清洗。

(3) 除氧化层。将铝箔浸入5%(质量分数)的氢氧化钠溶液中，静置2 min 以除去铝箔表面的氧化层。

(4) 电化学抛光。将铝箔浸入1 mol/L 的氢氧化钾溶液中，在30℃下超声10 min，以得到光滑的铝箔表面。

(5) 阳极氧化。将铝箔装入阳极氧化装置中，设置循环水温度，加入磷酸(6%，质量分数)和铬酸(1.8%，质量分数)的混合溶液，以150 V 的电压进行阳极氧化，60℃下放置2 h，去掉第一次氧化的氧化铝薄膜。用第一次氧化的条件继续第二次氧化。之后，将得到的样品放入1 mol/L 的氯化亚铜和0.1 mol/L 盐酸的混合液中，溶去铝基底，得到多孔氧化铝模板。最后将氧化铝模板移入5%(质量分数)的磷酸中，30℃下静置1 h 进行扩孔，之后用去离子水清洗多孔氧化铝模板，干燥样品，即为所需多孔氧化铝模板。

2)三维铝颗粒自组装材料的制备

(1)将得到的氧化铝模板移至物理气相沉积腔室内，抽真空度至 10^{-4} Pa。

(2)以 0.1 nm/s 的速度进行物理沉积，沉积厚 85 nm 的金属铝，得到生长在多孔氧化铝模板孔侧壁上的三维铝颗粒自组装材料。

3)提纯水的制备及装置性能测试

(1)组装好自制提纯水装置，在不同的光照强度下进行海水的提纯。

(2)在提纯水过程中注意测量以下数据：通过热电偶能量计测量照射到样品表面光的能量；通过连接到计算机的分析天平实时测量质量变化，进而计算蒸汽产生速率并评估能量转换效率；记录水蒸气温度与表面下层水的温度。并根据以上数据计算太阳光水蒸气产生效率。

太阳光水蒸气产生效率可由以下公式计算：

$$\eta = \dot{m} h_{LV} / P_0$$

式中，$\dot{m}$ 为质量变化率；h_{LV} 为液相-气相转变的相变潜热；P_0 为材料表面的太阳光辐射能量密度。

(3)取提纯前后的水样，对其杂质离子浓度进行测量与对比，评估水的提纯效果。

四、实验数据处理

(1)计算提纯水过程中蒸汽的产生速率，并评估能量转换效率。

(2)计算提纯水过程的太阳光水蒸气产生效率。

五、思考与讨论

(1)作为太阳光光热转换制备水的材料应具备什么特征？本实验中所采用的材料是如何提高转换效率的？

(2)本实验中为何采用物理气相沉积中蒸发镀膜的方法生长铝纳米颗粒？

(3)研究证明过多摄入铝元素将危害人体健康，易引发痴呆等症状。对比提纯前后水样中铝离子含量以确定是否会产生铝污染，并分析原因。

参 考 文 献

谭颖玲, 2016. 三维金属颗粒等离激元黑体材料[D]. 南京: 南京大学.

Jin Y, Zhou L, Yu J, et al, 2018. In operando plasmonic monitoring of electrochemical evolution of lithium metal[J]. Proceedings of the National Academy of Sciences, 115(44): 11168-11173.

Zhou L, Tan Y, Wang J, et al, 2016. 3D self-assembly of aluminium nanoparticles for plasmon-enhanced solar desalination[J]. Nature Photonics, 10(6): 393.

实验 20　基于太阳能的膜蒸馏水处理实验

一、实验内容与目的

(1)了解太阳能膜蒸馏水淡化原理和优势。

(2)了解并掌握太阳能膜蒸馏水淡化系统的材料制备和系统构建方法。

(3)了解并掌握太阳能膜蒸馏水淡化系统的性能评估与热分析方法。

二、实验原理概述

1. 膜蒸馏水淡化的基本原理和分类

膜蒸馏技术的工作原理如图 3.21 所示，热的进料液从疏水微孔膜的一侧进入，溶液受热蒸发后形成蒸汽。膜的另一侧为冷凝侧，蒸汽在该侧冷凝纯化。疏水微孔膜将进料液与渗透液隔离，在温差与跨膜压差的驱动下，只有蒸汽可以通过膜孔。膜蒸馏的具体过程如下：首先，进料液受热蒸发产生蒸汽；其次，热蒸汽在膜孔内扩散传递进入渗透侧；最后，在渗透侧遇冷液或其他冷却设备冷凝成液滴。传统的膜蒸馏过程的工作温度为 50~80℃，可以利用废热、余热、地热和太阳能等进行加热，目前广泛应用于处理海水，含染料、重金属离子和放射性物质的水资源。

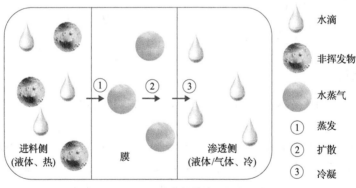

图 3.21　膜蒸馏技术原理图

根据膜蒸馏水淡化过程中，渗透侧纯水收集方式的不同可以分为四类：直接接触膜蒸馏、气隙膜蒸馏、气扫式膜蒸馏和真空膜蒸馏，如图 3.22 所示。

(1)直接接触膜蒸馏。在该系统中，进料侧的液态盐水被多孔的疏水膜隔离，而在进料侧表面上蒸发的水可以通过膜中的孔道扩散到膜的另一侧，然后被冷侧循环水冷凝(渗透流)并收集。然而，由于膜两侧溶液直接接触，热量损失较大，能量利用效率较低。这种设计简单的膜蒸馏系统是目前研究最广泛的类型，有潜

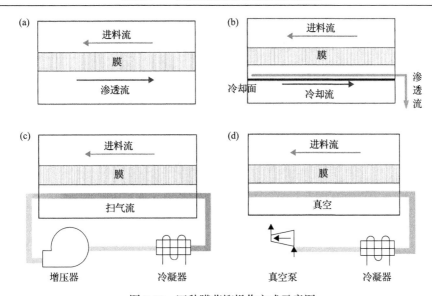

图 3.22 四种膜蒸馏操作方式示意图

(a)直接接触膜蒸馏; (b)气隙膜蒸馏; (c)气扫式膜蒸馏; (d)真空膜蒸馏

力在工业化脱盐应用中得到实现。

(2)气隙膜蒸馏。在膜和渗透侧的冷凝板表面之间存在气隙。在这种情况下,进料侧蒸发出的水蒸气穿过膜孔和气隙,最终在膜组件内的冷表面凝结。这种膜蒸馏系统中,膜与渗透侧的收集板没有直接接触,可以消除膜导致的热传导损失。然而,由于膜和收集板之间存在气隙,蒸汽传质阻力增加,导致渗透通量较小。

(3)气扫式膜蒸馏。在膜的渗透侧,使用冷的惰性气体吹扫通过膜孔的水蒸气,并在膜组件外部冷凝后收集。这种模式需要大量惰性气体来携带水蒸气以实现冷凝,因此膜蒸馏设备较为复杂且成本较高。

(4)真空膜蒸馏。该系统借助真空泵在膜组件的渗透侧施加真空,使得膜组件外部发生冷凝。施加的真空压力低于从进料溶液中分离的挥发性分子的饱和压力。这种系统通过在冷凝侧抽真空来增加膜两侧蒸汽的压差,从而增加水蒸气的跨膜驱动力。

2. 太阳能膜蒸馏水淡化的优势

太阳能膜蒸馏技术是指通过膜蒸馏技术,利用太阳能对进料液进行原位加热从而实现水淡化的技术。太阳能膜是指能够吸收太阳光的膜,在此处太阳能膜为双层结构,包括负载了整个太阳光谱上具有宽带吸收的炭黑的聚乙烯醇(polyvinyl alcohol,PVA)层,以及隔开进料液与馏出液的具有疏水透气功能的 PVDF 层。如图 3.23 所示,太阳照射到从进料口输入的进料液表面,具有宽带光吸的炭黑纳米颗粒引起的高效、高度局部化的加热。局部加热引起进料水的蒸发,其随后在膜的馏出物侧冷凝。局部太阳能光热加热过程取代了通过外部装置加热整个体积的给水的需要，消除了传统蒸馏过程的固有效率限制和大量功率要求。

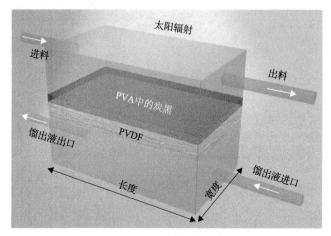

图 3.23　太阳能膜蒸馏水淡化示意图

　　与利用废热、地热等热量，只从入口处加热进料液的操作模式相比，太阳能膜蒸馏技术具备以下优势：

　　(1)太阳能原位加热缓解了温度极化效应，有利于维持膜两端的温差。

　　(2)太阳能无处不在，便于开发小型灵活的分散式水处理器件。

　　(3)温度更加温和，缓解了对疏水透气膜的性能要求。

三、实验方法与步骤

　　1. 材料与仪器

　　实验所使用的主要材料如表 3.3 所示。

表 3.3　实验所需的主要材料

材料名称	规格	材料名称	规格
浓盐酸	AR	去离子水	—
亚氯酸钠	80%	聚二甲基硅氧烷薄膜	—
氢氧化钠	97%	聚四氟乙烯薄膜	—
十二水合磷酸钠	98%	氮氧化钛蓝膜(titanium nitride oxide，TiNOx)	
全氟辛基三乙氧基硅氧烷	96%	铜基冷凝器/容器	—
甲醇	GC	可发性聚乙烯泡沫	—
丙酮	AR	3D 打印的尼龙骨架	—
无水乙醇	GR	3D 打印的塑料烧杯	—

实验所使用的主要仪器如表 3.4 所示。

表 3.4 实验所需的主要仪器

仪器名称	数量	仪器名称	数量
分光光度计	1 台	光功率计	1 台
傅里叶转换红外光谱分析仪	1 台	油浴锅	数台
扫描电子显微镜	1 台	分析天平(0.1 mg)	数台
电感耦合等离子体发射光谱仪	1 台	氙灯	数台
接触角测量仪	1 台	多通道温度记录仪	数台

2. 操作步骤

1)太阳能膜蒸馏水淡化系统的材料制备和系统构建

构建的太阳能膜蒸馏水淡化系统自上而下由对流抑制层、选择性吸收体、亲水纤维布、疏水透气膜和底部冷凝器组成,结构原型如图 3.24 所示。

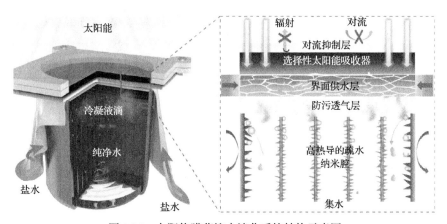

图 3.24 太阳能膜蒸馏水淡化系统结构示意图

各组成部分的具体制备过程如下:

(1)对流抑制层和选择性吸收体:在厚度为 2 mm 的尼龙骨架上表面贴附一层聚二甲基硅氧烷薄膜,在下表面贴附选择性吸收体 TiNOx 材料。在聚二甲基硅氧烷与 TiNOx 材料之间留有 2 mm 的空气隔层,利用空气的低热导率[0.023 W/(m·K)]抑制与环境的对流损耗。

(2)亲水纤维布裁剪为宽度为 7 cm 的长条形,做供水层。

(3)疏水透气膜裁剪为 7 cm×7 cm 的正方形,做疏水透气层。

(4)底部冷凝器为铜基容器,内径和高度均为 6.0 cm。将铜基冷凝器进行疏水改性处理,具体过程如下:

①依次用丙酮、无水乙醇和去离子水超声清洗，随后在 2 mol/L 盐酸中浸泡，用大量去离子水冲洗后冷风吹干；

②配制含有 $NaClO_2$、$NaOH$、$Na_3PO_4·12H_2O$ 的混合水溶液（3.75∶5∶10，质量分数），并置于 98℃油浴锅中溶解；

③待溶液温度稳定后，将铜基冷凝器浸没于溶液中，反应 10 min，此时器件表面形成氧化铜纳米结构，颜色逐渐变黑；

④将器件取出，用大量去离子水冲洗并用冷风吹干；

⑤将器件浸没在 2%（体积分数）的全氟辛基三乙氧基硅氧烷的甲醇溶液中，静置 1 h；

⑥最后将器件取出并转移至加热台上，145℃烘干 1 h。

（5）将疏水透气膜和亲水纤维布依次覆盖在冷凝器顶部，并用橡胶皮筋固定。将对流抑制层和选择性吸收体置于亲水纤维布上，构成太阳能膜蒸馏水淡化系统。

2）太阳能膜蒸馏水淡化系统的性能测试

（1）光学性能测试

①利用分光光度计分别测定聚二甲基硅氧烷薄膜和 TiNOx 材料对 250～2500 nm 太阳光主要辐照波段的吸收性能；

②利用傅里叶变换红外光谱分析仪测试 TiNOx 材料在红外波段的发射率。

（2）形貌测试

利用扫描电子显微镜对亲水纤维布、疏水透气膜和改性前后的铜基冷凝器表面进行形貌表征。

（3）接触角性能测试

利用接触角测量仪对亲水纤维布、疏水透气膜和改性前后的铜基冷凝器进行亲疏水性测试。

（4）冷凝速率测试

①打开氙灯，预热 20 min；

②构建三组对照试验，冷凝腔室分别使用 3D 打印的塑料烧杯、铜和改性后的氧化铜烧杯，其余组成部分相同；

③测定构建系统吸光面的高度，将光功率计的光强校准面调至等高位置；

④调整氙灯光斑大小，使其在③测定的相同高度的光斑直径为 6～7 cm；

⑤用光功率计测定该高度的光强，调整氙灯电流大小，使光强稳定在 1 个太阳强度；

⑥单独称量并记录冷凝腔室的初始质量 m，构建光热膜蒸馏系统；

⑦用 3.5%（质量分数）的氯化钠溶液润湿亲水纤维布，并将纤维布两端浸没在盐水槽中。构建膜蒸馏系统，置于氙灯光斑下，进行 1 h、3 h、5 h 的光照实验；

⑧每段测试时间完成后，单独称量并记录冷凝腔室的质量 m'，前后的质量差（$\Delta m = m' - m$）为该时长的冷凝产量；

⑨计算冷凝速率。

$$\dot{m} = \frac{\Delta m}{t \times S} \tag{3.20}$$

式中，$\dot{m}$ 为冷凝速率，$kg/(m^2 \cdot h)$；Δm 为特定测试时间下的冷凝产量，kg；t 为测试时长，h；S 为光照面积，m^2。

(5)冷凝水品质测试

收集 5 mL 冷凝水，利用电感耦合等离子体发射光谱仪测定冷凝产物中 Na^+ 的含量。

3) 太阳能膜蒸馏水淡化系统的热学分析

(1)将热电偶探头分别贴在 TiNOx 材料底部、冷凝腔杯壁上和环境中，如图 3.25 所示。测量的温度可以认为是蒸发面的温度（T_{evap}）、冷凝面的温度（T_{cond}）和环境温度（T_{amb}）。

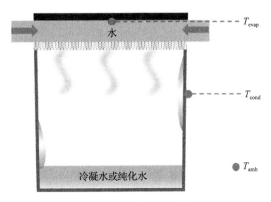

图 3.25 温度测量示意图

(2)利用多通道温度测量仪记录三组对照系统在 5 h 运行过程中的温度变化，并绘制温度曲线。

(3)取各个系统在 1 h、3 h、5 h 时刻的温度值，并计算蒸发面与冷凝面之间的温差（$\Delta T_{evap\text{-}cond} = T_{evap} - T_{cond}$）以及冷凝面与环境之间的温差（$\Delta T_{cond\text{-}amb} = T_{cond} - T_{amb}$。对三组对照实验的温差大小进行比较。

四、实验数据处理

(1)绘制选择性吸收体的吸收曲线，横轴为波长，纵轴为吸收率。结合太阳辐射的光谱曲线计算选择性吸收体在太阳辐照波段的光吸收率。

(2)分别计算 3 组对照实验 1 h、3 h、5 h 的冷凝速率，以横坐标为时间，纵坐标为冷凝速率做图，并分析造成冷凝性能不同的原因。

五、思考与讨论

(1)简述所构建的太阳能膜蒸馏水淡化系统各组成部分的作用和性能要求。

(2)对选择性吸收体的吸收光谱进行光热转化能量分析。

(3)分析造成三组对照实验冷凝性能不同的原因。

参 考 文 献

徐凝, 2019. 界面光—蒸汽转化: 仿生设计和综合利用[D]. 南京: 南京大学.

Dongare P D, Alabastri A, Pedersen S, et al, 2017. Nanophotonics-enabled solar membrane distillation for off-grid water purification[J]. Proceedings of the National Academy of Sciences, 114(27): 6936-6941.

Politano A, Argurio P, Profio G D, et al, 2017. Photothermal membrane distillation for seawater desalination[J]. Advanced Materials, 29(2): 1603504.1-1603504.6.

Wang F, Xu N, Zhao W, et al, 2021. A high-performing single-stage invert-structured solar water purifier through enhanced absorption and condensation[J]. Joule, 5: 1-11.

Wang P, Chung T-S, 2015. Recent advances in membrane distillation processes: Membrane development, configuration design and application exploring[J]. Journal of Membrane Science, 474: 39-56.

实验 21 锂离子电池关键材料回收实验

一、实验内容与目的

(1)了解回收退役锂离子电池关键材料的工艺过程和原理。

(2)了解电感耦合等离子体发射光谱仪的基本工作原理和使用方法。

(3)掌握锂离子电池关键材料回收实验中相关参数的计算方法。

二、实验原理概述

锂离子电池以其循环寿命长和能量密度高的优点广泛应用于我们的日常生活中,如电子消费产品、电动汽车和能源储存系统。废旧锂离子电池回收具有显著的经济和社会效益。回收废旧锂离子电池可以有效利用其中的有价值材料和资源,如钴、镍、锂等,避免宝贵的资源被浪费并进一步降低新材料的采购成本。同时,废旧电池中还包含有害物质,如重金属和有机溶剂,如果不经适当处理就随意丢弃或填埋,可能对环境和生态系统造成污染和危害。因此,回收废旧锂离子电池有助于减少资源的消耗和环境污染。废旧锂离子电池的大规模产生已经成为一个不可忽视的社会问题。回收废旧电池是企业和个人履行社会责任的表现,为可持续发展做出贡献。

锂离子电池的回收方法主要包括火法回收、物理材料分离、湿法回收、直接回收和生物回收。其中湿法回收又包括酸性浸出和碱性浸出。相较于其他方法,酸性浸出回收得到的材料更纯,并且在工业上易于控制,是最容易实现工业化的方法之一。在本实验中,我们采用湿法酸性浸出的方法从废旧三元锂离子电池中回收有价值的正极活性材料。实验包括以下四个部分:电池的预处理过程、拆解过程、酸液浸泡过程和沉淀过程。

1. 软包电池的预处理过程

废旧软包电池可能存在放电不充分等安全问题,因此在进行后续处理之前必须对软包电池进行预处理,以确保其完全放电。

在实际工业生产中,为了将电池的电压降至 0.5 V 以下,通常采用盐水浸泡的方法对废旧锂离子电池进行统一处理。由于对单个电池进行电压控制的方法成本较高,工业上常用的处理方式是使用浓度为 5~10 g/L 的 NaCl 溶液进行浸泡(即将正负极电极柱浸入溶液中放电),浸泡时间为 15 h。而对于需要快速处理的软包电池,可采用浓度为 30 g/L 的 $FeSO_4$ 溶液进行浸泡,处理时间为 125 min。盐溶液在体系中起着电解池中电解液的作用,将废旧电池外部接入电解池进行放电。由于放电过程中可能会产生有毒气体,因此通常需要进行后续的尾气处理。在实验室环境中，可以利用电流电压控制软件进行精确的放电，以确保电池充分放电。

这些预处理步骤是废旧锂离子电池回收过程中的重要环节，确保后续处理的安全性和高效性。

2. 软包电池的拆解过程

工业上为了简化步骤并且回收碳粉，通常不对软包电池的黏结剂进行后续处理。目前，工业上采用物理粉碎分流筛选的方法初步分离出废旧三元电池的正极粉末。基本步骤包括废旧电池的初步粉碎，通过风选振动机使用气流分离不同质量的粉末。然后采用限制颗粒大小的隔膜进行粉末分选，隔离出不同粒径的颗粒。接下来进行二次粉碎，以确保粉碎更加充分。最后，通过气流分选获得含微量铝等金属元素的杂质粉末(图 3.26)。

初步粉碎　→　气流初筛　→　隔膜分选　→　二级粉碎　→　气流分选

图 3.26　工业初步回收废旧锂离子软包电池流程图

在实验室中，由于缺乏大型气流分选设备，并且为了消除正极活性材料中黏结剂的影响，通常需要手动拆解废旧软包电池并分离正负极。拆解后的正极材料被粉碎，并置于马弗炉中，在 650℃下进行 2 h 的煅烧，以充分分解黏结剂。经过预处理后，废旧电池相对安全，但由于电解液可能具有浓烈气味，建议整个拆解过程在通风橱中进行。在拆解过程中，只需切开顶部和侧部的封口(图 3.27)，将正负极从隔膜中取出时要注意避免正负极直接接触，以免造成危险。

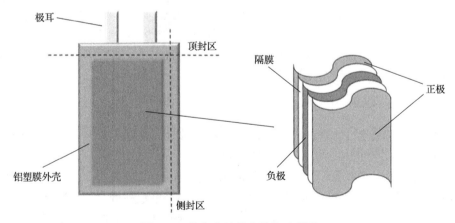

图 3.27　软包电池基本结构示意图

3. 酸液浸泡过程

酸浸是三元材料回收技术中最重要的一步。其实质是利用酸性溶液将金属氧化物溶解。尽管从理论上来说，三元材料可以完全溶解，但在实际实验中，粉末颗粒的大小和三元材料中不同价态的复杂性往往会影响溶出率。由于三元材料溶解后可能存在的 Mn^{4+}、Ni^{3+}等都具有很强的氧化性，浓盐酸中的氯离子可以被高价过渡金属离子氧化。一般通过加入一定量的还原剂来改变三元金属的价态，以加速氧化物溶解。在酸液中浸泡三元氧化物后，可以通过抽滤将不溶物除去，而我们所需的金属离子则留存在滤液中。

为了确定滤液中三元金属的比例和浸出效率，通常使用电感耦合等离子体发射光谱仪(inductively coupled plasma optical emission spectrometer，ICP-OES，图 3.28)对滤液中的金属离子含量进行测定。ICP-OES 的基本原理是利用光源提供能量，使样品蒸发形成气态原子，并进一步电离形成等离子体。这些原子态、离子态和等离子态在光源中被激发发光，然后通过光谱仪器将光分解成不同波长的光谱。最后，利用光学器件对光谱进行分析，其中波长可以用于离子的定性分析，光谱强度则可以进行定量分析(通过已知离子浓度的光强进行标定)。

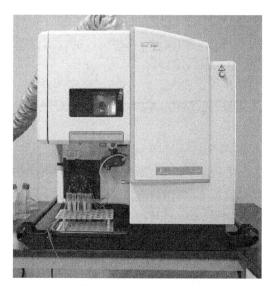

图 3.28　电感耦合等离子体发射光谱仪(ICP-OES)

在得到金属离子浓度后，可以通过浸出溶液体积总量进一步算出金属离子的浸出效率。

4. 沉淀过程

沉淀过程是对酸性浸出液中的目标金属离子进行提取回收。利用不同化合物在一定酸碱度下的溶解度不同，通过向浸出液中加入沉淀剂，使金属离子选择性转化为相应的难溶沉淀物，进而通过抽滤、洗涤等操作实现固液分离。常用的沉淀剂有氢氧化钠、碳酸钠、草酸铵等。由于 Ni^{2+}、Co^{2+} 和 Mn^{2+} 过渡金属离子化学性质相似，容易共沉淀，通常需要使用具有高选择性的沉淀剂。此外，沉淀顺序、溶液 pH 的控制、温度等条件对于抑制金属离子共沉淀也非常关键。

三、实验方法与步骤

1. 仪器与材料

实验原料及试剂：预处理过的废旧 NCM(811) 软包电池、质量分数为 36% 的浓盐酸、2 mol/L NaOH 溶液、蒸馏水。

实验用具及设备：小刀、瓷舟、电子天平、500 mL 烧杯、50 mL 烧杯、磁子、保鲜膜、玻璃棒、镊子、药匙、移液枪、布氏漏斗、定量滤纸、500 mL 抽滤瓶、循环水式真空泵、马弗炉、磁力加热搅拌器、真空烘箱、pH 计、ICP-OES 检测设备。

2. 操作步骤

(1) 在通风橱中，将处理过的废旧 NCM(811) 软包电池沿顶封处与侧封处划开，取出正极片并裁成小片放入瓷舟中。

(2) 将瓷舟置于马弗炉中，设置温度 650℃ 煅烧 2 h。

(3) 煅烧完成后取出瓷舟，用药匙将正极材料粉末从铝集流体上全部刮下，称取质量。

(4) 取 5 g 正极材料粉末放入 500 mL 烧杯中，依次加入 170 mL 蒸馏水和 30 mL 质量分数为 36% 的浓盐酸。将烧杯置于磁力加热搅拌器上并用保鲜膜封口，在 70℃ 下加热搅拌 2 h。

(5) 根据正极材料粉末的化学计量比 ($LiNi_{0.8}Co_{0.1}Mn_{0.1}O_2$) 计算浸出液中各种金属离子的理论浓度，以及完全回收得到产物 MnO_2、Co_3O_4、Ni_2O_3 的理论质量。

(6) 取少量浸出液，用蒸馏水将金属离子浓度稀释至 ICP-OES 检测设备的最大检出限 (一般为 2 mg/L)，利用 ICP-OES 检测稀释液中的金属离子浓度，计算得到浸出液中金属离子的实际浓度。

(7) 向浸出液中缓慢滴加 2 mol/L NaOH 溶液调节 pH 值为 11，使 Ni、Co、Mn 三种金属离子完全沉淀。然后将浸出液置于磁力加热搅拌器上，在 50℃ 下加热搅拌 3 h。待 $Mn(OH)_2$ 沉淀被水中的溶解氧完全氧化后，向浸出液中缓慢滴加质量分数为 36% 的浓盐酸调节 pH 值为 2。

(8) 将反应后的浸出液进行抽滤，保留滤液，用蒸馏水洗涤三次沉淀。将沉淀在 100℃ 烘干后，放入马弗炉中 850℃ 煅烧 12 h，得到回收产物 MnO_2，称取质量。

(9) 向滤液中缓慢滴加 2 mol/L NaOH 溶液调节 pH 值为 7.6，重复步骤 (8)，

得到回收产物 Ni_2O_3，称取质量。

（10）继续向滤液中缓慢滴加 2 mol/L NaOH 溶液调节 pH 值为 10，重复步骤（8），得到回收产物 Co_3O_4，称取质量。

（11）分别取少量回收产物 MnO_2、Ni_2O_3、Co_3O_4 溶于质量分数为 36% 的浓盐酸中，并用蒸馏水将金属离子浓度稀释至 ICP-OES 检测设备的最大检出限，检测三种溶液中 Ni、Co、Mn 离子的浓度。

四、实验数据处理

（1）根据浸出液中的实际离子浓度与理论浓度比较，分别计算 Ni、Co、Mn 的浸出效率。

（2）根据实际得到的回收产物质量与理论质量比较，分别计算 Ni、Co、Mn 的回收产率。

（3）根据 ICP-OES 测量的结果，分别计算三种金属回收产物的纯度。

五、思考与讨论

（1）思考影响金属回收产率以及回收产物纯度的主要原因，并提出相应的改进方法。

（2）本实验中多次调节溶液 pH 值来实现 Ni、Co、Mn 的浸出与分离，请思考其中的原理，并写出相应的化学反应方程式。

参 考 文 献

董鹏, 孟奇, 张英杰, 2022. 废旧锂离子电池再生利用新技术[M]. 北京: 冶金工业出版社.

王兆程, 王义钢, 盛传超, 等, 2023. 锰离子氧化沉淀法实现锂离子电池 $LiNi_{0.8}Co_{0.05}Mn_{0.15}O_2$ 材料的回收和利用[J]. 无机化学学报, 39(9): 1661-1672.

Ciez R E, Whitacre J F, 2019. Examining different recycling processes for lithium-ion batteries[J]. Nature Sustainability, 2: 148-156.

Harper G, Sommerville R, Kendrick E, et al, 2019. Recycling lithium-ion batteries from electric vehicles[J]. Nature, 575: 75-86.

Yan W, 2021. Recycled cathode materials enabled superior performance for lithium-ion batteries[J]. Joule, 5: 1-16.

第四章 二氧化碳的捕捉与转化实验

实验 22 电催化还原二氧化碳制甲酸或甲酸盐

一、实验内容与目的

(1)了解电催化还原 CO_2 制甲酸的工作原理。

(2)了解并掌握电催化还原 CO_2 的实验过程。

(3)掌握用离子色谱定量分析甲酸的方法。

二、实验原理概述

1. 电催化还原 CO_2 原理

通过电催化手段将 CO_2 还原为液体化学品是一种环境友好的绿色 CO_2 转化策略,既能减少 CO_2 的排放,又能将可再生电能储存于化学键中。电催化还原 CO_2(CO_2 reduction reaction,CO_2RR)实质上是 CO_2 与水的反应,可在温和的条件下进行。通过调节反应电势,在常温常压下可以控制反应电流密度;通过选择不同的催化剂,可以控制形成不同的 CO_2 还原产物。电化学催化反应装置简单且易于模块化组装,电催化还原 CO_2 的示意图如图 4.1 所示。需要注意的是,CO_2RR 与 HER 反应的电位非常接近,因此需要有效地限制 HER 反应速率以提高 CO_2RR 的反应速率。然而,电催化还原 CO_2 的反应产物较多,需要解决产物选择性较低的问题。此外,电催化还原 CO_2 的动力学反应速率较慢,通常需要较高的过电势来加快反应速率。因此,开发高效廉价的 CO_2 电还原材料是实现电催化还原 CO_2 应用的前提。

甲酸(HCOOH)是一种重要的化学原料,在电解冶金、皮革和制革业等工业生产中得到广泛应用。同时,甲酸也是 CO_2 还原的重要液体产物之一。CO_2 转化为甲酸的反应路径相对简单,仅涉及两个电子的转移。作为主要的液体产物,甲酸易于与反应气体分离。因此,电催化还原 CO_2 生成甲酸被视为具有前景的反应途径之一。

2. 电催化还原 CO_2 制甲酸的材料选择

根据转移电子数和质子数的不同,电催化还原二氧化碳可以生产多种不同的产物(表 4.1)。其中水相体系的 CO_2 还原产甲酸的反应方程式是:$CO_2 + H_2O \longrightarrow$

$1/2O_2 + HCOOH$，其由阳极水氧化($H_2O \longrightarrow 1/2O_2 + 2H^+ + 2e^-$)和阴极 CO_2 还原($2H^+ + CO_2 + 2e^- \longrightarrow HCOOH$)两个半反应组成。

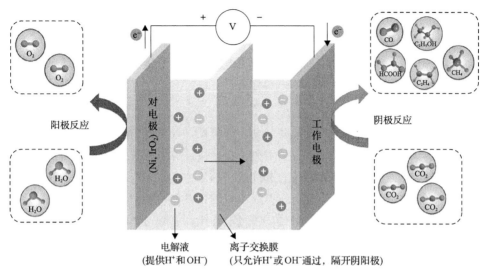

图 4.1　电催化还原二氧化碳简单示意图

表 4.1　电催化 CO_2RR 形成不同产物的反应方程式及平衡电位($E^\ominus$)

CO_2RR	$E^\ominus$/V ($vs.$ RHE)
$2H^+ + 2e^- \longrightarrow H_2$	0
$CO_2 + 2H^+ + 2e^- \longrightarrow HCOOH$	−0.19
$CO_2 + 2H^+ + 2e^- \longrightarrow CO + H_2O$	−0.11
$CO_2 + 8H^+ + 8e^- \longrightarrow CH_4 + 2H_2O$	0.17
$2CO_2 + 12H^+ + 12e^- \longrightarrow C_2H_4 + 4H_2O$	0.06
$2CO_2 + 12H^+ + 12e^- \longrightarrow C_2H_5OH + 3H_2O$	0.08
$2CO_2 + 8H^+ + 8e^- \longrightarrow CH_3COOH + 2H_2O$	0.12
$3CO_2 + 18H^+ + 18e^- \longrightarrow n\text{-}C_3H_7OH + 5H_2O$	0.10

　　在选择阴极催化材料时，常选用 Sn、In、Pb、Bi 等金属作为催化剂。其中，基于 Sn 或 Bi 的催化剂材料具有自然界储量丰富、价格低廉且绿色无毒的特点。相关研究表明，在水相电解液中，基于 Sn 或 Bi 的材料被广泛应用于 CO_2 电催化还原制备甲酸的反应。

　　如图 4.2 所示，在阴极 CO_2 电催化还原产甲酸的反应过程中，首先，CO_2 分子吸附在 Sn 基或 Bi 基催化剂表面，通过一电子转移将催化剂表面的 CO_2 分子还原加氢形成*OCHO 中间体。*OCHO 经过进一步的电子转移还原和质子化反应形成甲酸。生成的甲酸从 Sn 基或 Bi 基催化剂表面解吸。

$$CO_2 \xrightarrow[H^+]{e^-} *OCHO \xrightarrow[H^+]{e^-} HCOOH$$

图 4.2　Sn 基或 Bi 基材料电催化还原二氧化碳示意图

3. 离子色谱法检测甲酸的原理

离子色谱主要包括色谱柱、高压泵、抑制器和检测器等组件。离子色谱法利用离子交换原理进行分析，其中采用离子交换树脂作为固定相。当待测液体样品进入离子色谱时，通过使用适当的淋洗液，样品中的离子与交换树脂上的游离离子进行交换分离。离子交换树脂的吸附和脱附特性使得不同离子具有不同的保留时间，从而实现了定性分析。同时，通过电导检测器对分离出的离子进行检测。检测器的信号强度可以用来定量测定离子的浓度。

离子色谱中常用稀碱溶液、碳酸盐缓冲液等作为洗脱液来分离阴离子；而分离阳离子常采用稀甲烷磺酸溶液作为洗脱液。通过增加或减少洗脱液的浓度可以提高或降低洗脱液的洗脱能力。再生液则是在抑制器中通过膜代替淋洗液中不需要的阴阳离子，从而降低背景噪声。再生液的选择关联抑制器的两种再生方式：①电解水再生，即利用电解水产生的 H^+ 和 OH^- 实现再生；②外加溶液再生，即利用再生液在离子交换膜的渗析作用下实现再生，常用硫酸等。洗脱液、再生液、冲洗液、废液等与离子色谱的连接方式如图 4.3 所示。

本实验使用离子色谱来检测电催化还原二氧化碳的液体产物——甲酸。甲酸的选择性是指甲酸产物占二氧化碳还原所有产物的百分比。甲酸的法拉第效率是指电化学还原反应过程中，用于产生甲酸部分的电子占所有通过电子的百分比。将反应后的电解液稀释后进行离子色谱检测，根据标准曲线获得甲酸根离子的浓度，代入计算甲酸法拉第效率的式(4.1)，得出电催化还原二氧化碳制甲酸的法拉第效率。

$$FE = \frac{2c_{HCOOH}VN_A \times 10^{-3}}{Q} \times 100\% \tag{4.1}$$

式中，c_{HCOOH} 是 HCOOH 的浓度，mol/L；V 是电解液的体积，mL；Q 是电化学过程中总的电荷量，C。

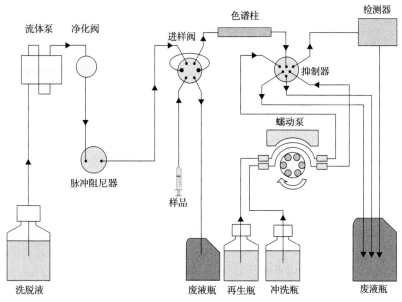

图 4.3　离子色谱装置连接示意图

三、实验方法与步骤

1. 仪器与材料

电化学工作站、H 型电解池、离子交换色谱(瑞士万通 ECO IC)、分析天平、超声清洗机、微量进样器。

碳酸氢钾、乙醇、蒸馏水、超纯水、Bi 纳米颗粒、5% Nafion 溶液、碳纸、Ag/AgCl 电极、铂丝电极、甲酸盐标准溶液。

2. 方法与操作步骤

1)电极的制备(以 Bi 基电极为例)

将 5 mg Bi 催化剂超声分散于 1 mL 乙醇和水(体积比 2∶1)的混合溶液中,超声 10 min 后,加入 40 μL 5% Nafion 溶液继续超声 30 min 形成均匀溶液待用。取上述溶液 5 μL 滴在碳纸(1 cm×1 cm)表面上,形成负载质量约为 0.024 mg/cm^2 的催化剂薄膜,室温下放置干燥后做工作电极。

2)电催化还原 CO_2 测试

在电化学工作站上进行测试时,使用三电极体系。参比电极是填充有饱和 KCl 溶液的 Ag/AgCl 电极,直径为 1 mm 的铂丝电极作为对电极,而制备的 Bi 电极则作为工作电极。测试体系中的电解液是 0.5 mol/L 的 $KHCO_3$ 溶液。

首先,正确地将三个电极置于电解池中,并进行电流-时间曲线测试(图 4.4)。

在不同的时间点停止实验，并收集工作电解池中的液体，以便进行下一步的测试。

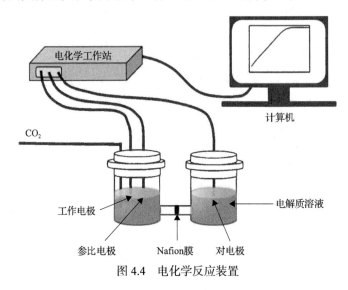

图 4.4 电化学反应装置

3) 甲酸/甲酸根离子(HCOOH/HCOO⁻)的定量分析

(1) HCOO⁻标准溶液的配制及洗脱液和再生液的准备

配制含 HCOO⁻为 1 mg/L、5 mg/L、10 mg/L、20 mg/L、50 mg/L、100 mg/L 的系列标准溶液；

将洗脱液抽滤、脱气后装入洗脱液瓶，将再生液装入再生液瓶、高纯水装入冲洗瓶中。

(2) 仪器准备

连接好洗脱液瓶、再生液瓶、冲洗液瓶和废液瓶；连接电源，压紧蠕动泵；启动计算机，进入操作界面；平衡基线，直至系统压力和电导值稳定。

(3) 标准溶液及样品的测定

在进行测定之前，使用注射器分别吸取标准溶液和样品，并按顺序注入样品环中。然后进行测定，得到一系列标准溶液和样品的色谱图。

接下来，使用离子交换色谱 MagIC Net 数据分析软件自动计算 HCOO⁻的含量。软件会基于色谱图的峰面积或峰高度进行分析，并利用已知标准溶液的浓度与样品浓度之间的线性关系进行计算。根据测得的数据，软件能够自动计算出 HCOO⁻的含量。

(4) 正常关闭仪器

四、实验数据处理

(1) 估算电催化剂的使用量

在实验过程中，将催化剂负载在面积为 1 cm² 的碳纸上，需要计算出催化剂的负载量，计算过程如下：

$$5 \text{ mg}/(1000 \text{ μL} + 40 \text{ μL}) \times 5 \text{ μL/cm}^2 = 0.024 \text{ mg/cm}^2$$

值得注意的是，实验中催化剂负载量有所不同，催化剂的催化性能也会有差别。

(2)利用离子交换色谱对还原液体产物进行定量分析

计算不同电解时间的电解液中 HCOOH 的浓度；并利用公式计算电化学还原 CO_2 为甲酸的法拉第效率。

基于 $HCOO^-$ 标准溶液做一条标准曲线，然后根据实验得到的甲酸对应的峰面积代入标准曲线，得到对应的甲酸浓度；根据以下 FE 公式，计算出对应的甲酸法拉第效率，计算公式如下：

$$FE = \frac{2 \times c_{HCOOH} \times V \times 96485 \times 10^{-3}}{it} \times 100\%$$

五、思考与讨论

(1)简述电催化还原 CO_2 的原理。

(2)简述离子色谱的结构、工作原理及操作流程。

(3)计算电还原 CO_2 制甲酸的法拉第效率并分析产物的选择性。

参 考 文 献

牟世芳, 刘克纳, 丁晓静, 2005. 离子色谱方法及应用[M]. 北京: 化学工业出版社.

徐艳辉, 耿海龙, 2015. 电极过程动力学：基础、技术与应用[M]. 北京: 化学工业出版社.

Bushuyev O S, De Luna P, Dinh C T, et al, 2018. What should we make with CO_2 and how can we make it[J]. Joule, 2: 825-832.

Li L, Ma D-K, Qi F X Y, Chen W, et al, 2019. Bi nanoparticles/Bi_2O_3 nanosheets with abundant grain boundaries for efficient electrocatalytic CO_2 reduction[J]. Electrochimica Acta, 298: 580-586.

Li L, Ozden A, Zhong M, et al, 2021. Stable, active CO_2 reduction to formate via redox-modulated stabilization of active sites[J]. Nature Communications, 12: 5223.

Ma W C, He X Y, Wang W, et al, 2021. Electrocatalytic reduction of CO_2 and CO to multi-carbon compounds over Cu-based catalysts[J]. Chemical Society Reviews, 50: 12897-12914.

实验 23   电催化还原一氧化碳制备多碳产物(乙烯等)

一、实验内容与目的

(1)了解电催化还原 CO 制备多碳产物(乙烯等)的工作原理。

(2)了解并掌握电催化还原 CO 的实验过程。

(3)掌握气相色谱和核磁氢谱对气体和液体产物的检测方法。

二、实验原理概述

1. 电催化还原 CO 原理

电催化还原 CO_2 是一种有效的策略[图 4.5(a)],可用于间接储存可再生电能,并制备有价值的化学品。然而,在某些特定测试条件下,如碱性和中性环境中,电解液会吸附 CO_2 并形成碳酸盐,导致大量 CO_2 损失,从而增加 CO_2 再生的

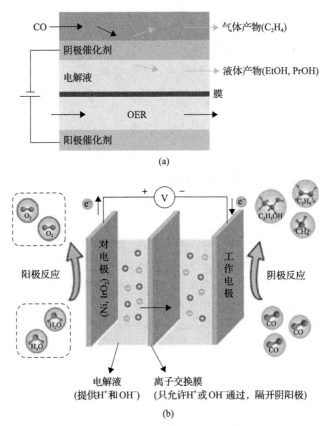

图 4.5   电催化还原一氧化碳示意图

成本。相比之下，电催化还原CO（CO reduction reaction，CORR）克服了这个缺点，并具有以下优点：①CO不易溶于电解液，提高了CO的利用率。在反应过程中不会生成碳酸盐结晶，从而确保电催化系统的长时间稳定性。②CO电还原到多碳产物所需的电子转移数更少，有利于提高多碳产物的选择性[图4.5(b)]。然而，电催化还原CO面临与HER反应竞争的限制。此外，由于催化剂对CO吸附强度的差异，反应动力学可能会变慢，需要高过电势以加快反应速率，并提高对特定产物的选择性。因此，开发经济、稳定和高效的CO电还原催化材料是实现大规模应用电还原CO技术的前提。

2. 电催化CO制备多碳产物的材料选择

相较于CO_2电还原，CO电还原所需转移电子数和质子数更少，其中CO到乙烯、乙醇和丙醇所需电子数分别是8、8和12[式(4.2)～式(4.4)]。反应过程中涉及C—C偶联过程，要求催化剂表面应具有合适的CO吸附能以支持偶联反应的发生。受此限制，常选用Cu基催化剂来进行反应。Cu基催化剂对反应中的各类中间体都具有良好的吸附能力，使其成为适用于电还原CO制备多碳产物的合适催化剂。在该反应中，决定速率的步骤是C—C偶联过程。通过一系列催化剂的调控和改性，优化表面中间体的吸附能力，构建适合反应的三相界面，降低反应的能垒，成为实现电还原一氧化碳制备多碳产物的关键(图4.6)。

$$2CO + 8H^+ + 8e^- \longrightarrow C_2H_4 + 2H_2O \tag{4.2}$$

$$2CO + 8H^+ + 8e^- \longrightarrow C_2H_5OH + H_2O \tag{4.3}$$

$$3CO + 12H^+ + 12e^- \longrightarrow C_3H_7OH + 2H_2O \tag{4.4}$$

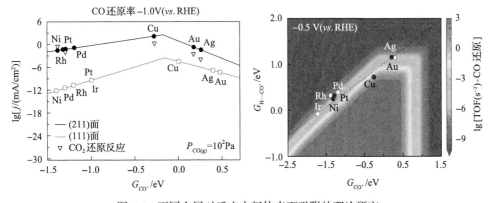

图4.6 不同金属对反应中间体表面吸附的理论研究

3. 产物分析

生成的气体产物通过气相色谱进行检测。采用在线进气的方式，从反应后的气体中提取定量样品，并将其注入气相色谱仪中以分析气体的成分和含量。液体产物则通过核磁共振(NMR)进行检测。使用内标法，将 1 mL 的电解液与重水(D₂O)和二甲基亚砜(DMSO)混合后，通过核磁共振技术检测电解液中液体产物的成分和含量。

计算气体产物和液体产物的法拉第效率的公式如下：

$$FE_{gas}(\%) = \alpha \times n \times \frac{F}{Q} = \alpha \times c_{gas} \times f_{CO} \times t \times \frac{F}{22.4 \times Q} \times 100\% \qquad (4.5)$$

$$FE_{liquid}(\%) = \alpha \times n \times \frac{F}{Q} = \alpha \times V \times \rho \times \frac{F}{M \times Q} \times 100\% \qquad (4.6)$$

式中，f_{CO} 是气体流速；c_{gas} 是气体浓度；α 是电还原产物转移电子数；t 是反应时间；ρ 是液体产物的密度；M 是液体产物的分子量；V 是电解液体积；Q 是电还原反应过程中总的电荷量；n 是产物的物质的量；F 是法拉第常数。

三、实验方法与步骤

1. 仪器与材料

电化学工作站、高效气相色谱、分析天平、超声清洗机、微量进样器(1 mL)。

氢氧化钾、乙醇、蒸馏水、Cu 纳米颗粒、0.5% Nafion 溶液、碳纸、泡沫镍、饱和甘汞电极、甲酸盐标准溶液。

2. 方法与操作步骤

1)电极的制备

将 5 mg Cu 催化剂超声分散于 1 mL 乙醇和水(体积比 2：1)的混合溶液中，超声 10 min 后加入 40 μL 5% Nafion 溶液，继续超声 30 min 形成均匀体系待用。取上述溶液 5 μL 滴在碳纸表面上，形成负载质量约为 0.024 mg/cm² 的催化剂薄膜，室温下放置干燥后做工作电极。

2)电化学还原 CO 测试

采用电化学工作站测试三电极体系。以饱和甘汞电极为参比电极，泡沫镍为对电极，所制备的 Cu 纳米颗粒为工作电极。测试体系的电解液为 1 mol/L KOH 溶液。将三电极正确装于电解池中，对工作电极进行电流-时间曲线测试。不同时间后停止实验，收集工作电解池里的液体，进行下一步测试。

3）产物的定量分析

（1）气体产物

反应过程中气体产物伴随着 CO 气体从气室排出，抽取 1 mL 气体打入气相色谱中从而检测气体组成及含量。气体含量通过先前做的气体标线测得。

（2）液体产物

液体产物通过核磁共振的方式进行检测。将 1 mL 电解液与重水和二甲基亚砜混合后注入核磁共振仪器中，检测电解液中液体产物的成分及含量。产物含量通过内标法由液体标准曲线得到。

四、实验数据处理

（1）估算催化剂的使用量

在实验过程中，将催化剂负载在面积为 1 cm² 的碳纸上，需要计算出催化剂的负载量，计算过程如下：

$$5 \text{ mg} / (1000 \text{ } \mu L + 40 \text{ } \mu L) \times 5 \text{ } \mu L/cm^2 = 0.024 \text{ mg/cm}^2$$

催化剂的负载量对催化性能会有一定的影响。

（2）利用气相色谱和核磁共振对还原气体和液体产物进行定量分析

将气相色谱仪测得的各气体产物色谱峰面积、核磁共振谱仪测得的各液相产物与内标样的相对核磁峰面积分别代入对应的标准曲线，计算不同电解时间的产物浓度，并利用式（4.5）、式（4.6）计算电催化还原 CO 为多碳产物的法拉第效率。

基于乙烯标准气体做一条标准曲线，然后根据实验得到的产物对应的峰面积代入标准曲线，得到对应的产物浓度；根据 FE 公式，计算出对应的乙烯法拉第效率。

五、思考与讨论

（1）简述电催化还原 CO 的原理。

（2）简述电还原 CO 至乙烯的实验过程、产物分析过程。

（3）计算电催化还原 CO 制乙烯的法拉第效率并分析产物的选择性。

参 考 文 献

Gao D, Wei P, Li H, et al, 2020. Designing electrolyzers for electrocatalytic CO_2 reduction[J]. Acta Physico-Chimica Sinica, 37: 2009020-2009021.

Nitopi S, Bertheussen E, Scott S B, et al, 2019. Progress and perspectives of electrochemical CO_2 reduction on copper in aqueous electrolyte[J]. Chemical Reviews, 119: 7610-7672.

Wang X, Ou P F, Ozden A, et al, 2022. Efficient electrosynthesis of n-propanol from carbon monoxide using an Ag-Ru-Cu catalyst[J]. Nature Energy, 7: 170-176.

实验 24　光电催化还原二氧化碳制甲酸

一、实验内容与目的

(1) 了解光电催化还原 CO_2 制甲酸的工作原理。

(2) 了解并掌握光电催化还原 CO_2 的实验过程及产物表征方法。

二、实验原理概述

1. 光电催化还原 CO_2 制甲酸

利用地球上丰富的太阳能，通过光电催化 CO_2 还原制液态化学品，是一种清洁、绿色的合成策略。然而，光电催化目前仍存在一些问题，如反应电动势不足、表面电子空穴难以分离以及强烈的析氢竞争反应等，导致效率相对较低。

甲酸(或甲酸盐)是一种重要的液态产物，通过电还原 CO_2 制甲酸只需要进行两个电子的转移，因此光电催化 CO_2 制甲酸对于 CO_2 的转化研究具有重要的科学意义。

2. 光电催化原理

水相体系中 CO_2 还原生成甲酸的反应方程式如下：$CO_2 + H_2O \longrightarrow 1/2O_2 + HCOOH$。该反应由两个半反应组成：阳极水氧化反应 $(H_2O \longrightarrow 1/2O_2 + 2H^+ + 2e^-)$ 和阴极 CO_2 还原反应 $(2H^+ + CO_2 + 2e^- \longrightarrow HCOOH)$。光电催化 CO_2 还原是在光照条件下进行的，其中半导体催化材料吸收太阳光产生电子和空穴对。空穴通过外电场作用传递到阳极材料表面，氧化水生成氧气；而电子则移动到半导体催化剂表面，在 CO_2 还原助催化剂的辅助下将 CO_2 还原成甲酸。如图 4.7 所示，这要求半导体催化剂材料具有较高的导带位置，使产生的光电子具有较高的能量，从热力学上有利于 CO_2 还原生成甲酸的反应发生。同时，表面的助催化剂材料能有效降低还原 CO_2 所需的活化能，改善反应的动力学性能。

在本实验中，选择硅材料作为光阴极的半导体材料。硅材料具有良好的太阳光宽谱吸收特性，较好的导带位置便于 CO_2 还原反应的发生，并且价格低廉。然而，硅材料产生的空穴需要在外部电路的作用下用于水分解产生氧气的半反应。同时，选择 Bi 基催化剂材料作为助催化剂。Bi 基催化剂材料是一种自然界储量丰富、价格低廉且绿色无毒的金属。相关研究表明，在水相电解液中，Bi 基材料被广泛应用于电还原 CO_2 制甲酸的过程。在电化学还原 CO_2 为甲酸的过程中，首先，CO_2 分子迅速吸附富集在 Bi 基催化剂表面，通过一电子转移将催化剂表面富

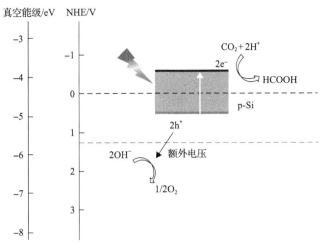

图 4.7　半导体光电催化还原二氧化碳示意图

集的 CO_2 分子缓慢还原成 $CO_2^{\cdot-}$ 阴离子自由基。

这些自由基可以在催化剂表面稳定存在，并被进一步还原成甲酸根离子，从催化剂表面解吸附，活性位点留待下一个催化循环。

三、实验方法与步骤

1. 仪器与材料

光源、电化学工作站、H 型电解池、离子交换色谱、分析天平、超声清洗机、微量进样器(1 mL)。

碳酸氢钾、乙醇、蒸馏水、Bi 纳米颗粒、p 型硅片电极、5% Nafion 溶液、Ag/AgCl 电极、铂丝电极、甲酸盐标准溶液。

2. 实验操作

1)电极的制备

将 5 mg 的 Bi 催化剂通过超声分散于 1 mL 乙醇和水(体积比 2 : 1)的混合溶液中，在超声处理 10 min 后加入 40 μL 5%(质量分数)的 Nafion 溶液，并继续超声处理 30 min，形成均一的溶液。取上述溶液中的 5 μL 滴在半导体硅电极(1 cm×1 cm)表面上，形成负载质量约为 0.024 mg/cm^2 的催化剂薄膜。将电极置于室温下晾干后，作为工作电极备用。

2)光电化学还原 CO_2 测试

采用电化学工作站进行三电极体系的测试。参考电极使用填充有饱和 KCl 的 Ag/AgCl 电极，直径为 1 mm 的铂丝电极作为对电极，而制备的 Bi/Si 电极则作为工作电极。

测试体系的电解液为 0.5 mol/L $KHCO_3$ 溶液。将三个电极正确安装于电解池中(图 4.8),对工作电极进行光照活化,然后进行电流-时间曲线测试。在不同的时间点停止实验,并收集工作电解池中的液体,以便进行下一步的测试。

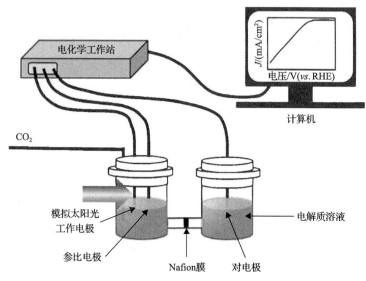

图 4.8　电化学反应装置

3)甲酸/甲酸根离子($HCOOH/HCOO^-$)的定量分析

(1)$HCOO^-$标准溶液的配制及洗脱液和再生液的准备

配制含 $HCOO^-$为 1 mg/L、5 mg/L、10 mg/L、20 mg/L、50 mg/L、100 mg/L 的系列标准溶液。

将洗脱液抽滤、脱气后装入洗脱液瓶,将再生液装入再生液瓶、高纯水装入冲洗瓶中。

(2)仪器准备

连接好洗脱液瓶、再生液瓶、冲洗液瓶和废液瓶;连接电源,压紧蠕动泵;启动计算机,进入操作界面。平衡基线,直至系统压力和电导值稳定。

(3)标准溶液及样品的测定

用注射器分别吸取标准溶液和样品依次注入样品环,进行测定,得到系列标准溶液和样品的色谱图。可使用离子色谱仪控制软件,例如"Chromctrl"自动分析,根据测定的标准曲线,直接给出甲酸的含量。

(4)关闭仪器

四、实验数据处理

(1)计算不同电解时间的电解液中 HCOOH 的浓度。

(2)利用公式计算电化学还原CO_2为甲酸的法拉第效率。

五、思考与讨论

(1)简述光电催化还原CO_2的原理及其与光分解水产氢过程的异同。

(2)查阅有关文献，了解光电催化CO_2还原反应的其他可能路径及产物。

(3)比较电催化与光电催化CO_2还原的异同及优缺点。

参 考 文 献

刘守新, 刘鸿, 2007. 光催化及光电催化基础与应用[M]. 北京: 化学工业出版社.

Dong W J, Zhou P, Xiao Y X, et al, 2022. Silver halide catalysts on GaN nanowires/Si heterojunction photocathodes for CO_2 reduction to syngas at high current density[J]. ACS Catalysis, 12(4): 2671-2680.

Roh I, Yu S M, Lin C-K, et al, 2022. Photoelectrochemical CO_2 Reduction toward multicarbon products with silicon nanowire photocathodes interfaced with copper nanoparticles[J]. Journal of the American Chemical Society, 144(18): 8002-8006.

Wen Z B, Xu S X, Zhu Y, et al, 2022. Aqueous CO_2 Reduction on Si photocathodes functionalized by cobalt molecular catalysts/carbon nanotubes[J]. Angewandte Chemie International Edition, 61(24): 202201086.

实验 25　光(热)催化逆水煤气变换实验

一、实验内容与目的

(1) 了解光(热)催化逆水煤气变换的工作原理。

(2) 掌握半导体光催化材料的本征吸收、缺陷吸收的定义及表征方法。

(3) 掌握光(热)催化逆水煤气变换的催化活性评估与转化效率估算方法。

二、实验原理概述

1. 光(热)催化逆水煤气变换的原理

通过逆水煤气变换(reverse water gas shift，RWGS)反应，CO_2可以转化为合成气(固定比例的 CO 和 H_2)。然后，通过费托反应，将合成气转化为碳氢燃料、脂肪醛、聚碳酸酯等高附加值工业产品。这种 CO_2 资源化转化技术是一种有效的方法。在这个过程中，催化剂起着关键的作用，如图 4.9 所示。催化剂能够加速反应速率，改善产物选择性，并提高反应的效率和稳定性。催化剂的设计和优化对于实现高效的 CO_2 转化具有重要意义。

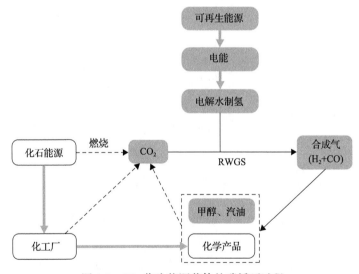

图 4.9　CO_2 作为能源载体的碳循环过程

RWGS 反应是一个能量上坡的反应，其焓变($\Delta H^{\ominus}$)为 41 kJ/mol。从热力学的角度来看，提高反应温度可以推动化学反应向正向移动，从而促进反应的进行。而从动力学的角度来看，提高反应温度有利于增加反应速率。因此，高温条件在热力学和动力学上都对 RWGS 反应有利。

$$CO_2 + * \longrightarrow CO + *O \quad \Delta H^{\ominus} = 283 \, kJ/mol \tag{4.7}$$

$$H_2 + *O \longrightarrow H_2O + * \quad \Delta H^{\ominus} = -242 \, kJ/mol \tag{4.8}$$

$$CO_2 + H_2 \longrightarrow CO + H_2O \quad \Delta H^{\ominus} = 41 \, kJ/mol \tag{4.9}$$

式中，*代表催化剂表面的吸附位点，*O 表示吸附在催化剂表面的 O 中间体。

2. 半导体光催化材料的本征吸收、缺陷吸收的定义

材料的光催化基本原理是在光照条件下，半导体光催化剂能够吸收与其禁带宽度相匹配的特定波长光子。当光子被吸收后，半导体中的电子将从价带跃迁到导带，形成光生载流子，包括电子和空穴。光生电子位于导带，具有还原性质，而光生空穴位于价带，具有氧化性质。这些光生电子和空穴随后迁移到催化剂表面，并与底物分子相互作用。在表面上，光生电子与底物发生还原反应，而光生空穴则与底物发生氧化反应。这引发了相应的氧化还原半反应，从而完成了光催化的全反应。在氧化还原过程中，光生电子可以提供额外的电子，促进底物的还原。同时，光生空穴可以通过接受电子来实现自身的消耗，从而在底物的氧化过程中起到重要的作用。这一光催化原理的示意图如图 4.10 所示。通过光催化的过程，半导体光催化剂能够利用光能有效地驱动氧化还原反应，实现一系列环境治理、能源转换和有机合成等应用。

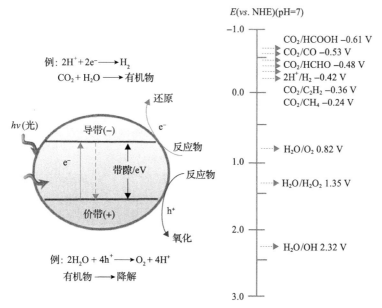

图 4.10　光激发半导体内载流子的产生及部分催化反应对应的氧化还原势(pH=7)

半导体材料对光的吸收方式可以分为本征吸收和缺陷吸收。本征吸收是指在不考虑热激发和杂质的影响下，半导体吸收光并形成电子-空穴对的现象。本征吸收要求入射光的能量大于半导体的禁带宽度，即 $hv > E_g$，其中 hv 为入射光子的能量；E_g 为半导体的禁带宽度。而缺陷吸收是通过元素掺杂或引入结构空位等方式，在半导体中引入缺陷，并形成特定的能级结构。这些缺陷能级有助于提高半导体对可见光的吸收范围，使其能够吸收更宽波长范围的光。然而，引入缺陷也会增加载流子的复合中心，影响光生载流子的传输和利用效率。因此，在光催化反应中，缺陷的引入可能会限制光生载流子参与氧化还原反应的效率。在某些催化剂中，引入缺陷可以增加载流子的复合，从而提高光热转化效率，并增加催化剂表面的温度。这种光热过程可用于光热催化反应。在本实验中，利用光热效应提高反应界面的温度，以促进 RWGS 反应的进行，提高反应速率和转化率。然而，需要注意平衡缺陷引入和载流子复合对光催化系统的影响，以实现最佳的光热催化效果。

3. 光(热)催化逆水煤气变换的材料选择

在催化剂选择方面，涉及贵金属和非贵金属催化剂体系，其中贵金属催化剂包括 Pt 和 Pd，而非贵金属催化剂则包括 Cu、Ni、Fe 等。

(1)Pt 催化剂体系。不同的载体会影响选择性和产率。在较低温度条件下(低于 400℃)，Pt/TiO_2 对于 RWGS 反应的催化活性优于 Pt/Al_2O_3；而当反应温度高于 400℃时，Pt/Al_2O_3 有利于催化 Sabatier 反应，促进副产物 CH_4 的生成。

(2)Pd 催化剂体系。Pt/Al_2O_3 可用于催化 RWGS 反应，但稀土元素如 La、Pr、Ce 等的掺杂对催化反应活性具有显著影响。

(3)Cu 催化剂体系。Cu 基催化剂在包括 RWGS 在内的各种 CO_2 加氢反应中展现出优异的催化性能。然而，在较高的反应温度下，纯 Cu 催化剂容易出现烧结失活问题，反应速率较低，例如在 600℃条件下，CO_2 转化率仅为 8.2%。因此，提高 Cu 催化剂的催化活性、选择性和稳定性需要选用合适的催化载体并添加助催化剂。

(4)Ni 催化剂体系。在 CeO_2 晶格中，高度分散的 Ni 位点周围的氧空位有利于 CO 的形成，而金属 Ni 颗粒有利于副产物 CH_4 的生成。因此，在较高温条件下，Ni 催化剂能够获得较高的 CO 选择性。

(5)Fe 催化剂体系。Fe 系催化剂常用于高温条件下的 CO_2 催化转化反应。在 RWGS 反应中，CO_2 和生成物 CO 裂解产生的 C 和 O 原子能渗入 Fe 纳米颗粒体相，生成 Fe 氧化物和碳化物，防止因催化剂表面积碳而失活，从而有效提高催化稳定性。

三、实验方法与步骤

1. 仪器与材料

光热催化反应装置、石英管式炉、超声波清洗机、分析天平、气相色谱仪、烧杯、磁子、磁力搅拌器、滴管、高压反应釜、鼓风烘箱、离心机、真空干燥箱、研钵。

氢氧化钠、七水合氯化铈、氯化钌水合物、氯金酸水合物、氯化钠、蒸馏水。

2. 操作步骤

一种光热催化材料的制备方法，包括如下步骤：

(1) 将金属金(Au)负载在镍(Ni)、钴(Co)、钌(Ru)、铑(Rh)、钯(Pd)掺杂的氧化铈(CeO_2)中，通过物理或化学方法(共沉淀法、水热法和煅烧合成法)中的一种或多种，制备成 Au、Ce、Ru 摩尔比为 (0、0.2、0.3、0.4、0.5、0.6)：3.8：0.2 的材料。

(2) 将摩尔比为 (0、0.2、0.3、0.4、0.5、0.6)：3.8：0.2 的氯化铈 $CeCl_3 \cdot 7H_2O$、氯化钌 $RuCl_3 \cdot nH_2O$ 和氯金酸 $HAuCl_4 \cdot nH_2O$ 溶解于蒸馏水中，搅拌使其完全溶解，记为 A 溶液。

(3) 制备含 NaCl 助剂的 7 mol/L 氢氧化钠溶液，记为 B 溶液，将 A 溶液滴入 B 溶液使其混合，静置后，将混合溶液装入高压釜中，进行水热处理。

(4) 水热处理后，通过离心收集沉淀物，用水和异丙醇洗涤，在室温下真空干燥，并研磨成细粉，将粉末在空气中高温煅烧，自然冷却至室温，即可获得材料。

(5) NaCl 为助剂的 NaOH 溶液的制备流程如下：

① 选取质量比为 1：(14～35) 的 NaCl 和 NaOH 溶液；

② 将 NaCl 和 NaOH 溶液置于反应釜中，均匀搅拌，静置 30～40 min。

步骤(3)中混合溶液在高压釜内的水热处理温度为 130～140℃，处理时间为 45～48 h。

步骤(4)中粉末煅烧的温度为 380～400℃，煅烧时间为 3.5～4 h。所制得纳米棒样品的扫描电子显微镜图如图 4.11 所示。

(6) 所制样品在光照条件下对混合气体进行催化反应，包括如下步骤：

① 称取催化剂(Au-Ce-O)粉末(15～50 mg)放入催化反应器中铺成薄层；

② 对催化剂(Au-Ce-O)进行活化，活化后催化剂在纯 Ar 氛围(30 sccm)下，通过配备有石英导引纤维的 300 W 氙灯进行照射，Au 的加入可提高可见光吸收，促进光热转换；

③ 将高浓度反应气体(72% H_2、18% CO_2 和 10% Ar)通入催化剂粉末中进行光

热催化反应，使用配备微型热导检测器的微型气相色谱仪进行数据分析。

图 4.11 所制备样品的 SEM 图

四、实验数据处理

气相色谱标定法分为外标法与内标法。

(1)外标法。利用高纯度的已知组分作为对照物质，在相同条件下分别测定已知对照物质和样品中待测组分的响应信号，通过比较两者的信号值来计算待测组分的含量。外标法可分为工作曲线法和外标一点法。工作曲线法是使用不同浓度的对照物质在相同条件下进行进样，绘制信号强度与浓度的标准工作曲线，通过斜率和截距计算待测组分的浓度。外标一点法实际上是一条截距为零的标准工作曲线，在相同条件下多次测量对照物质和待测组分的峰面积，取平均值。用(W)和(A)分别表示样品进样体积中待测组分的质量和对应的峰面积，用(W')和(A')表示对照物质进样体积中纯待测组分的质量和对应峰面积，通过 $W = A(W')/(A')$ 可计算待测组分在样品中的含量(图 4.12)。

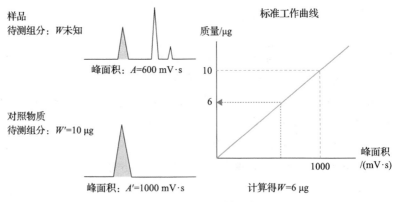

图 4.12 外标法定量计算示例

　　(2)内标法。是一种利用内标物作为参考的间接或相对校准方法。选择适合的内标物作为某待测组分的参考物，定量加入样品中，从而校准和消除操作波动对分析结果的影响。选择合适的内标物是关键，它应该能够被色谱柱分离，且其峰不重叠于样品中的所有峰。通过待测组分和内标物的峰面积或响应值之比以及内标物的加入量，即可确定待测组分在样品中的百分含量(图4.13)。

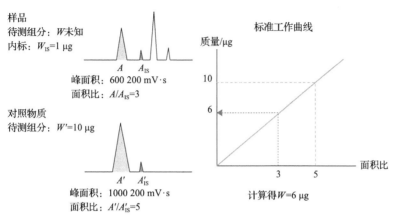

图4.13　内标法定量计算示例

　　本实验采用外标法处理数据，通过购买不同浓度的标气做出浓度与含量相对应的标线，测试过程中直接通过 GC 色谱得到各反应产物的浓度，之后利用标线得到各反应产物的含量，最后将数据导入数据处理软件(如 Origin、Excel)，计算得到产物的转化率、选择性和时空产率。

$$转化率 = 该产物的含碳量 / 初始 CO_2 的含碳量$$

$$选择性 = 该产物的含量 / 所有产物的含量$$

时空产率表示单位催化剂在单位时间内转化气体的能力，计算公式如下：

$$时空产率 = (流速 \times 转化率) / (V_m \times 催化剂质量 \times 时间)$$

式中，V_m 表示气体摩尔体积。

五、思考与讨论

　　(1)简述光(热)催化逆水煤气变换的工作原理与半导体光催化材料的催化过程。
　　(2)用共沉淀法制备固溶体光(热)催化材料并表征。
　　(3)计算并分析产物的产率和选择性。

参 考 文 献

Idriss H, Scott M, Subramani V, 2015. Introduction to hydrogen and its properties//Compendium of Hydrogen Energy[M]. Elsevier Science & Technology, 3-19.

Jiang H, Peng X, Miyauchi M, et al, 2019. Photocatalytic partial oxidation of methane on palladium-loaded strontium tantalate[J]. Solar RRL, 3(7): 1900076.

Wang X, Wang F, Sang Y, et al, 2017. Full-spectrum solar-light-activated photocatalysts for light-chemical energy conversion[J]. Advanced Energy Materials, 7(23): 1700473.

实验26　机器学习与密度泛函框架实现电催化材料预测与评估

一、实验内容与目的

(1)了解如何利用密度泛函理论来预测材料的催化性能。

(2)掌握多层前馈神经网络结构和误差逆传播算法的基本原理,并结合密度泛函计算得到的材料数据构建单隐层神经网络。

(3)学习如何处理学习器的输出数据,并通过验证集对学习器的性能进行进一步优化和评估。

二、实验原理概述

1. 人工神经网络(artificial neural network, ANN)机器学习基本原理

人工神经网络是由具有适应性的简单单元组成的广泛并行互联的网络,其结构可模拟生物的神经系统对真实存在的环境或物体的交互反应。最基本的组成成分是神经元模型,即前述定义的"简单单元"。对生物而言,其神经网络的内部交互过程大致是:每个神经元都与许多其他神经元相连,当该神经元"兴奋"时,会向相连的其他神经元发送化学物质,从而改变其他神经元内部的电位。而当其他神经元内部的电位达到一个"阈值"时,神经元就会被"激活",向它周围的其他神经元发送化学物质。

图4.14所示为Mcculloch和Pitts在1943年提出的简单模型,即一直沿用至今的M-P神经元模型。在该模型中,神经元将接收到来自于其他n个神经元传递来的输入信号,这些信号将通过带有权重的连接进行传递,其接收到的总输入值将与它的阈值进行比较,最后再通过激活函数的处理来产生神经元的输出。

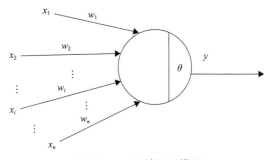

图4.14　M-P神经元模型

如图4.14所示,x_i为第i个神经元的输入;w_i为第i个神经元的连接权重;θ

为阈值；输出 $y = f\left(\sum_{i=1}^{n} w_i x_i - \theta\right)$。

理想的激活函数为阶跃函数，它将输入值映射为输出值"1"或"0"。由于阶跃函数具有不连续、不光滑的不良性质，所以实际上的激活函数常常采用的是 Sigmoid 函数，如图 4.15 所示。

$$\text{Sigmoid}(x) = \frac{1}{1 + e^{-x}} \qquad (4.10)$$

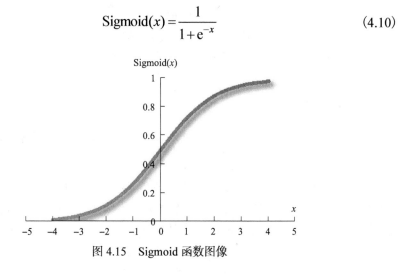

图 4.15　Sigmoid 函数图像

2. 多层前馈神经网络和误差逆传播(backpropagation，BP)算法

仅由两层神经元，即输入神经元和输出神经元构成的网络结构称为感知机。由于它学习能力很有限，难以解决非线性可分的问题，故多采用的是多层的功能神经元。如图 4.16 所示，在输出层和输入层中间的一层神经元称为隐层神经元，隐层神经元和输出层的神经元都是拥有激活函数的功能神经元。在这种神经网络

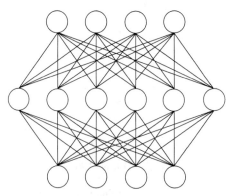

图 4.16　单隐层前馈神经网络示意图

中，每层的神经元与下一层的神经元互相完全连接，同层神经元之间不连接，且神经元之间也不存在跨层连接，因此叫作多层前馈神经网络。

下面是用于训练多层网络的 BP 算法。给定一个训练集 $D=\{(x_1, y_1), (x_2, y_2), \cdots, (x_m, y_m)\}$，$x_i \in R^d$，$y_i \in R^l$。为了方便计算，采用一个有 d 个输入神经元，q 个隐层神经元以及一个输出神经元的多层前馈神经网络。其中，θ_j 表示 j 个输出神经元的阈值，γ_h 表示第 h 个隐层神经元的阈值，第 i 个输入神经元与第 h 个隐层神经元的连接权为 v_{ih}，第 h 个隐层神经元与第 j 个输出神经元的连接权为 w_{hj}。记隐层第 h 个神经元接收到的输入为 $\alpha_h = \sum_{i=1}^{d} v_{ih} x_i$，输出层第 j 个神经元接收到的输入为 $\beta_j = \sum_{h=1}^{q} w_{hj} b_h$，其中 b_h 为隐层第 h 个神经元的输出。假设隐层和输出层神经元均采用 Sigmoid 函数。

对训练例 (x_k, y_k)，假定网络输出为 $\hat{y}_k = (\hat{y}_1^k, \hat{y}_2^k, \cdots, \hat{y}_l^k)$，即

$$\hat{y}_j^k = f(\beta_j - \theta_j) \tag{4.11}$$

则网络在 (x_k, y_k) 上的均方误差为

$$E_k = \frac{1}{2} \sum_{j=1}^{l} (\hat{y}_j^k - y_j^k)^2 \tag{4.12}$$

给定学习率 η，有

$$\Delta w_{hj} = -\eta \frac{\partial E_k}{\partial w_{hj}} \tag{4.13}$$

又

$$\frac{\partial E_k}{\partial w_{hj}} = \frac{\partial E_k}{\partial \hat{y}_j^k} \cdot \frac{\partial \hat{y}_j^k}{\partial \beta_j} \cdot \frac{\partial \beta_j}{\partial w_{hj}} \tag{4.14}$$

显然有

$$\frac{\partial \beta_j}{\partial w_{hj}} = b_h \tag{4.15}$$

Sigmoid 函数有一个很好的性质：

$$\dot{f}(x) = f(x)[1 - f(x)] \tag{4.16}$$

于是有

$$g_j = -\frac{\partial E_k}{\partial \hat{y}_j^k} \cdot \frac{\partial \hat{y}_j^k}{\partial \beta_j} = \hat{y}_j^k (1 - \hat{y}_j^k)(y_j^k - \hat{y}_j^k) \tag{4.17}$$

从而得到 BP 算法中关于 w_{hj} 的更新公式

$$\Delta w_{hj} = \eta g_j b_h \tag{4.18}$$

类似可以得到

$$\Delta \theta_j = -\eta g_j \tag{4.19}$$

$$\Delta v_{ih} = \eta e_h x_i \tag{4.20}$$

$$\Delta \gamma_h = -\eta e_h \tag{4.21}$$

其中

$$e_h = -\frac{\partial E_k}{\partial b_h} \cdot \frac{\partial b_h}{\partial \alpha_h} = b_h (1 - b_h) \sum_{j=1}^{l} w_{hj} g_j \tag{4.22}$$

3. 密度泛函计算基本原理

对于密度泛函理论(density functional theory,DFT),首先要讲其支持理论——Hohenberg-Kohn 定理。

定理一:不计自旋的全同费米子系统的基态能量是粒子数密度的唯一泛函。

定理二:能量泛函在粒子数不变条件下对正确的粒子数密度函数取极小值,并等于基态能量。

Kohn 和 Sham 提出,用分离的、无相互作用的泛函来代替全体系的、有相互作用的泛函,再将所有误差都用一项称之为交换关联泛函来表示。也就是说,用无相互作用的、但易于求解计算的动能和势能来替代真实的动能和势能,将其近似值与真实值的差都放进交换关联泛函,仅用交换关联泛函一项来包含所有的误差和未知的效应,即

$$E[\rho] = T_s[\rho] + U_H[\rho] + V[\rho] + E_{xc}[\rho] \tag{4.23}$$

$$E_{xc}[\rho] = (T[\rho] - T_s[\rho]) + (U[\rho] - U_H[\rho]) + E_{unknown}[\rho] \tag{4.24}$$

对于密度泛函理论而言,能量泛函是准确表示的,因为交换关联泛函项包含了所有的误差和未知效应。

三、实验方法与步骤

使用机器学习(machine learning，ML)筛选材料的流程原理如下：

在电催化 CO_2RR 反应中，析氢反应是其主要的竞争反应，可能导致 CO_2 的产物转化率较低、选择性较差，例如 Cu 催化剂；然而对于 Au、Ag 等催化剂，其主要产物是 CO，CO_2 的转化率较高，但难以合成多碳产物。在基于 DFT 的计算中，对于 CO_2RR 和 HER 催化剂的活性普遍使用 CO 和 H 在催化剂表面的吸附强度来描述，这种方法通常被称为基于描述因子的研究方法，已经被广泛采用。

使用机器学习和优化的组合方法，可以全自动地指导 DFT 方法对 ML 预测得到的候选电催化剂进行高通量筛选。图 4.17 描绘了对特殊性能材料进行高通量筛选的流程。首先，利用机器学习方法预测大量候选物的性质，并将其与理想值进行比较，选出最接近理想值的候选物。然后，对这些候选物的结构进行有针对性的 DFT 计算，并将这些新数据添加到训练集中，重新进行模型训练。重复该筛选过程，直到没有可选的候选物为止。对于候选物的选择，采用高斯概率模型，通过测量预测值与最优值之间的距离来确定需要进行 DFT 计算的候选结构。

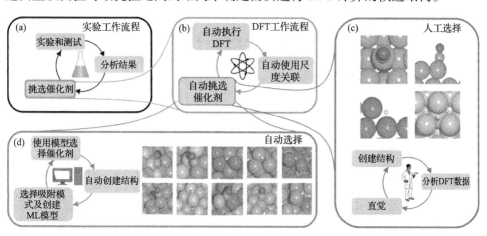

图 4.17　自动化材料发现的工作流程示意图

以 CO_2RR 产 CO 为例，构建自动化材料发现的整体框架主要包括以下步骤。首先，使用机器学习模型搜索任意大小的金属间晶体和表面的设计空间，并找到理想的 CO 和 H 的吸附能。然后，通过 DFT 计算验证这些位点的吸附能。

（1）首先，建立一个充分大的 DFT 数据集，计算 CO_2RR 中间体 CO 和 H 在不同催化剂表面的吸附能(ΔE)与反应活性(r)之间的关系。该数据集还应包括一些催化剂的描述符，如原子序数(Z)、电负性(χ)，以及原子与吸附质的配位数

(coordination number，CN)，与反应选择性(s)和反应活性(r)之间的关系。

(2)利用现有的 DFT 数据集来训练一个学习器。可以使用自动机器学习软件包(如 TPOT)，选择其中一种回归方法。

(3)使用已训练的学习器来搜索任意大小的设计空间，自动选择催化剂材料、晶面、晶界等参数，并自动生成结构。根据学习器预测的吸附能，自动筛选出合适的表面和吸附位点，并将这些数据传入 DFT 进行计算。通过验证学习器的性能并进一步扩充训练集，优化学习器的学习性能。

(4)使用机器学习框架来预测金属催化剂的性能，比如已知的 Cu(100)、Cu(111)、Ag(111)表面的吸附能与 CO_2RR 活性之间的关系。将预测结果与文献和实验结论进行比较，评估模型框架的可信度，并预测不同金属催化剂表面的催化活性。

通过这个自动化材料发现的工作流程，可以提高材料筛选的效率和准确性，加快新材料的开发和应用。

以下是一个利用 ML 加速高通量 DFT 筛选框架，用于筛选 CO_2RR 制多碳产物 Cu 基合金电催化剂的具体案例。复现和模仿这一案例需要计算机专业知识和技能，熟悉 Python 开发环境和第一性原理计算商业软件 VASP(Vienna Ab initio Simulation Package)的使用。

该案例首先使用来自 The Materials Project 开源项目的 244 种不同的含铜金属间化合物晶体，对其中的 12229 个表面和 228969 个吸附位点进行了枚举。然后对其中的一个子集进行了 DFT 模拟，计算它们的 CO 吸附能(ΔE_{CO})。这些数据用以训练一个 ML 模型来预测吸附位点上的ΔE_{CO}。该框架将机器学习预测的ΔE_{CO}与火山比例关系结合起来，以预测具有最高催化活性的吸附位点，ΔE_{CO}接近于-0.67 eV 的位点被认为在火山比例关系中产生近乎最佳活性。这些最佳位点再次由 DFT 进行模拟，为 ML 模型提供了额外的训练数据。循环进行 DFT 模拟、ML 回归和 ML 优先级排序形成了一个自动化框架，系统地搜索具有接近最佳ΔE_{CO}的催化剂表面和吸附位点。总体上，该框架进行了约 4000 次 DFT 模拟，得到了一组候选材料。以下是具体操作说明。

(1)DFT/ML 筛选方法构建：自动化 DFT 框架是在各种 Python 和 shell 软件包基础上构建的。其中，Materials Project 用于建立体相结构；Atomic Simulation Environment 用于管理这些结构；pymatgen 用于枚举所有具有米勒指数在-2 到 2 之间的对称不同的表面终结；同样也使用了 pymatgen 对表面进行德劳内三角剖分以枚举吸附位点；最后使用 VASP 进行 DFT 计算。每个表面/位点的枚举、DFT 计算以及各种管理计算任务被编码为相互依赖的任务，以便可以通过依赖管理软件 Luigi 自动管理。FireWorks 也被用于跨多个计算集群管理计算。DFT 结果随后被引入 ML 工作流程使用，以预测每个枚举的吸附位点的 CO 吸附能。为了实现这一目标，采用一种将每个吸附位点编码为数值数组的方法(图 4.18)。每个在块结构中存在的元素都被列入表格。每个元素用一个四个数字的向量描述：原子序数(Z)、鲍林(Pauling)电负性(x)、与 CO 分子配位的该元素的原子数(CN，通过一个截断半径为 5 Å 和一个沃洛诺伊(Voronoi)多面体角截断容差为 0.8 来确定，以及该元素上 CO 的中位单金属吸附能($\Delta\tilde{E}$)，从 DFT 结果数据库中计算得出。然后在"第二层"的原子上重复向量创建过程。考虑到数据库中合金的成分不超过三种，最终特征数量为 4×2×3。这些特征被输入到一个自动化机 ML 工具 TPOT中，该工具会自动选择和调整适当的回归方法(通常是随机森林和提升树回归器的组合)。密度泛函理论的化学精度约为 0.1 eV。当训练集大小小于 6000 时，预测误差会在较大范围内波动。随着训练集大小的进一步增加，预测误差变得相对稳定。经过 90/10 分割和随机森林回归算法后，用 TPOT 创建的模型的平均绝对误差(mean absolute error，MAE)约为 0.18 eV，在时间序列分割下约为 0.29 eV。中位绝对偏差(median absolute deviation，MAD)分别约为 0.1 eV。为了进一步通过额外树回归器提高预测器性能，使用 5 倍交叉验证和 95/5 分割，MAD 和 MAE都降至约 0.1 eV。这与 DFT 精度非常接近。整个 DFT 数据大小为 19644 个 ΔE_{CO}。

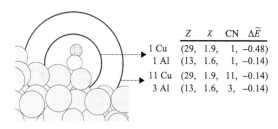

图 4.18 吸附位点的数字编码示例

为 CO 的第一和第二个邻近壳层内的每个元素创建向量。每个向量包含该元素的原子序数(Z)、该元素的鲍林电负性(x)、该元素在各自壳层内的原子数(CN)，以及该元素上 CO 的中位单金属吸附能($\Delta\tilde{E}$)。◎ 表示铜(Cu)，○ 表示铝(Al)，○ 表示碳(C)，◉ 表示氧(O)

随后，将得到的 ML 模型和 DFT 框架相结合，创建了一个主动 ML 工作流程，用于预测由 DFT 框架列举的每个吸附位点的所有吸附能。由 ML 预测的吸附能最接近于最优值-0.6 eV 的位点，能够被 DFT 框架自动模拟，得出一个 DFT 预测的吸附能。然后使用额外的 DFT 数据来重新训练一个新的 ML 模型，从而创建新的预测和优先级排序。因此，ML 模型使用 DFT 框架不断查询自己的训练数据，形成了一个自动而系统化增长的 DFT 数据库。总体而言，这个主动学习工作流程执行了超过 300 次机器学习回归，以指导对含铜表面上约 4000 个不同吸附位点上CO 结合能的 DFT 计算，其中约 1000 个位于 CuAl 表面上。

(2)用于筛选的 DFT 设置：使用安装有 ASE 优化器的 VASP 进行 DFT 计算。采用 RPBE 泛函，k 点网格为 4×4×1，能量截断为 350 eV。同时使用 VASP 版本5.4 提供的默认赝势。体系弛豫采用了 10×10×10 k 点网格和 500 eV 的截断能，仅允许各向同性弛豫。所有表面在 X/Y 方向上复制，以确保每个晶胞矢量至少为 4.5 Å。未包括自旋磁性或色散校正，因此排除了含有 Mn、Fe、Ni、Co 或 O 的所有材料。所有薄片在 Z 方向上至少复制到 7 Å 的最小高度，并且在薄片之间至少有 20 Å 的真空层。通常情况下固定底层并定义为距离表面顶部 3 Å 以上的原子。

　　(3)构建二维活性和选择性火山的方法：按照文献[Nature Communications, 2017, 8(1)：15438]提供的方法，将吸附能缩放关系与 CO_2 还原和 H_2 析出的基元反应的微观动力学相结合，以预测吸附物覆盖范围、反应速率，从而预测 CO_2 还原与 H_2 析出的活性和选择性，并绘制二维活性和选择性火山关系图[图 4.19(a)、(b)]。为了解决微动力学模型的收敛问题，需要设置 H 和 CH_X 之间的缩放比例，以便它们是线性独立的。

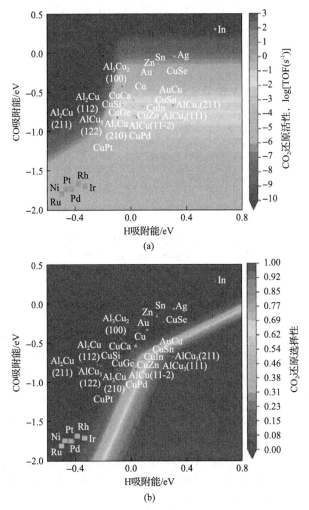

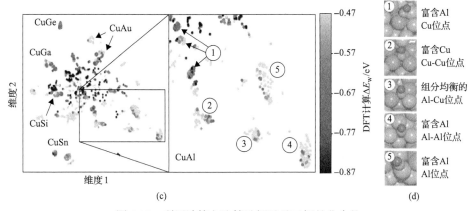

图 4.19　利用计算方法筛选铜及基于铜的化合物

(a)CO_2 还原的二维活性火山图，其中 TOF 表示单位时间内的转化频率；(b)CO_2 还原的二维选择性火山图。面板 (a)和(b)中的 CO 和 H 吸附能是使用 DFT 计算得出的。(c)t-SNE 图表示在含铜合金上进行的近 4000 个吸附位点 的 DFT 计算。Cu-Al 簇以数字标记。(d)t-SNE 图中标记的每个簇的代表性配位位点。每个位点的典型结构由表面 的化学计量平衡(即富含 Al、富含 Cu 或平衡)和表面的结合位点标记

　　(4)创建 t 分布随机近邻嵌入(t-SNE)图的方法：为了以数值方式表示每个吸 附位点，设计两个向量：一个是配位向量，另一个是邻位配位向量。图 4.20 展示 了这些向量的简化示例。配位向量包含了筛选中考虑的 31 种元素中的每一种元 素的项，该向量中的每一项是与 CO 配位的该元素原子的数量之和。邻位配位向 量是一个扁平数组，对于每种元素组合包含了 31×31 个项，该向量中的每一项是 某种元素的原子与属于另一种元素的所有吸附邻位配位的原子数量之和。图 4.21 所示算法概述了如何计算邻位配位数(neighbor coordination number, NCN)。

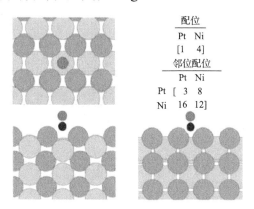

图 4.20　用于 t-SNE 分析的配位位点的数值表示的简化示例

"配位"向量中的每个项目代表特定元素(例如 Pt 或 Ni)的配位数。"邻位配位"数组中的每个项目代表相同的配位向 量，但针对吸附物的每一个邻位。注意：此示例仅供说明目的。实际使用的向量和数组包含足够的项目来表示 31 种不 同元素，总计 31×32 个特征。●代表镍(Ni)，●代表铂(Pt)，●代表碳(C)，●代表氧(O)

Algorithm Calculating array of neighbours' coordination numbers for an adsorption site

---

1: *ncn* := zeros(*n*, *n*), where n=31, the total number of elements we are investigating

2: **for** all neighbours **do**

3:　　*i* := index of the element of neighbour

4:　　**for** all neighbour's neighbours **do**

5:　　　　*j* := index of the element of neighbour's neighbour

6:　　　　$ncn_{i,j} := ncn_{i,j} + 1$

图 4.21　计算吸附位点的邻配位数数组

　　然后，配位向量和邻配位向量被连接成一个向量，经过缩放处理，使得新向量中的每个项目均值为 0，方差为 1，然后通过 SKLearn 的主成分分析器进行处理，将维度减少，直到解释了 85% 的方差，生成一个包含 113 个项目的向量。这个降维后的向量通过 *t*-SNE 算法进行处理，困惑度为 120，学习速率 (ε) 为 200，经过 2000 次迭代后停止，得到了为吸附位点进行 DFT 计算的二维降维结果 [图 4.19(c)]。

四、实验数据处理

　　结合任务管理、机器学习和 DFT 计算的一系列操作，设计了一个名为 GASpy 的可自动化计算框架。该框架的设计思路主要用于针对特定性质进行高通量材料筛选。在本实验中，该框架被应用于 CO_2RR 和 HER 电催化剂的筛选，并涉及化学元素周期表中的大部分金属和部分非金属元素。通过 GASpy 框架的操作，最终筛选出上百种候选表面结构，从而极大地缩小了实验研究的范围。

五、思考与讨论

　　(1) 简述人工神经网络机器学习与密度泛函计算基本原理。
　　(2) 简述多层前馈神经网络和误差逆传播算法。
　　(3) 简述如何使用机器学习筛选材料。

参 考 文 献

Gomez-Bombarelli R, Aguilera-Iparraguirre J, Hirzel T D, et al, 2016. Design of efficient molecular organic light-emitting diodes by a high-throughput virtual screening and experimental approach[J]. Nature Materials, 15(10): 1120-1127.

Isayev O, Oses C, Toher C, et al, 2017. Universal fragment descriptors for predicting properties of inorganic crystals[J]. Nature Communications, 8: 15679.

Raccuglia P, Elbert K C, Adler P D, et al, 2016. Machine-learning-assisted materials discovery using failed experiments[J]. Nature, 533 (7601) : 73-76.

Liu X, Xiao J, Peng H, et al, 2017. Understanding trends in electrochemical carbon dioxide reduction rates[J]. Nature Communications, 8: 15438.

Zhong M, Tran K, Sargent E H, et al, 2020. Accelerated discovery of CO_2 electrocatalysts using active machine learning[J]. Nature, 581 (7807) : 178-183.

第五章　新能源器件制备实验

实验 27　钙钛矿太阳能电池的制备与性能测试

一、实验内容与目的

(1) 了解钙钛矿太阳能电池的工作原理。

(2) 掌握钙钛矿太阳能电池的制备原理及工艺流程。

(3) 掌握钙钛矿太阳能电池的测试原理及方法。

(4) 学会分析钙钛矿太阳能电池的基本 J-V 曲线。

二、实验原理概述

钙钛矿最初是一种矿物的名称，于 1839 年在乌拉尔山的岩层中被 Rose 发现，并以俄罗斯地质学家 Perovskite 的名字命名。随着研究的不断深入，钙钛矿从一个默默无闻的矿物逐渐成为科研领域的热门材料。从广义上来说，钙钛矿是一类具有 ABX_3 分子式且呈现立方相结构的化合物。钙钛矿在光伏领域展示出巨大的潜力，主要得益于其卓越的光电性能。首先，钙钛矿材料具有非常高的吸光系数，其吸光系数是 N719 染料的 10 倍以上，表现出良好的光吸收能力。此外，通过调整钙钛矿的组分，可以实现广泛的能隙调节范围(1.2～2.2 eV)，以更有效地利用太阳光谱。另外，钙钛矿电池还具有优秀的电学性能，其电子/空穴扩散长度大于 1 μm，载流子能够在吸光层内高效迁移，并且能够被电极有效地收集。随着研究的不断进展，钙钛矿有望成为新一代低成本、绿色能源产业的主流产品。

钙钛矿晶体的结构如图 5.1(a) 所示。A 表示有机阳离子，包括 $HC(NH_2)_2^+$、$CH_3NH_3^+$ 等，X 表示卤族阴离子，包括 I^-、Br^- 和 Cl^-，无机阳离子包括 Ge^{2+}、Sn^{2+} 和 Pb^{2+} 等，用 B 表示。在钙钛矿材料中，B 位于八面体结构的中心，通过改变 X 离子来调节材料的带隙。在理想的立方结构中，A 离子和 B 离子的半径大小对钙钛矿材料的晶格结构有重要影响。A 位占据着由 12 个离子构成的八面体，而 X 位的阴离子则构成了包围 B 阳离子的八面体结构，B 阳离子的配位数为 6。化合物的立方晶胞结构十分复杂。然而，在对晶胞进行研究后，发现它由占据面心位置的 X 阴离子、位于体心位置的 B 离子以及立方角位置的 A 阳离子组成。这些离子在结构中起着关键的作用，对钙钛矿材料的性质和器件性能产生重要影响。

钙钛矿材料 ABX_3 结构的稳定性取决于容忍因子 $t\left[t=\dfrac{r_A+r_B}{\sqrt{2}\left(r_B+r_X\right)}\right]$ 和八面体因子 $\mu(\mu=r_A/r_X)$〔图 5.1(b)〕。r_A、r_B 和 r_X 分别为其对应离子的半径。t 用来评估 A 在 BX_3 的填充情况，μ 用来评估 B 填充 X_6 八面体的情况。通常情况下，要形成稳定钙钛矿结构，t 必须在 0.81～1.11 的区间内，当 t 为 0.9～1.11 时，钙钛矿晶型为理想立方体结构。当 t 因子偏离这个区间时，通常表现为斜方晶体、菱形晶体、正方或六角形。

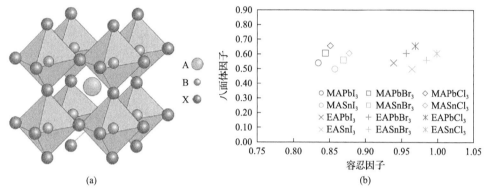

图 5.1　钙钛矿晶体结构及其相关的容忍因子和八面体因子

(a)立方相钙钛矿的晶体结构，对于光活性的钙钛矿，A 位大阳离子通常是甲胺离子($CH_3NH_3^+$)、甲脒离子($CH_3CH_2NH_3^+$)和铯离子，B 位金属离子通常是二价铅离子或者二价锡离子，X 位阴离子通常是卤素离子，包括氯离子、溴离子和碘离子；(b)计算了 12 种钙钛矿组成下的容忍因子 t 和八面体因子 μ，其中 MA 为甲胺离子，EA 为乙胺离子

经过十多年的发展，有机无机卤化物钙钛矿太阳能电池取得了惊人的进展。其效率从最初的 3.8%发展到目前的 26.1%。钙钛矿太阳能电池的发展速度越来越快，引起了全球科研人员的广泛关注，因此有必要对钙钛矿太阳能电池的工作原理、制备方法和测试手段进行一定了解。

常见的钙钛矿太阳能电池结构根据入射光的方向可以分为 n-i-p 结构和 p-i-n 结构。n-i-p 结构指的是光从 n 侧(电子传输层)入射，其基本结构包括透明导电电极/电子传输层(electron transport layer，ETL)/钙钛矿吸收层/空穴传输层(hole transport layer，HTL)/金属电极。而 p-i-n 结构则是将电子传输层和空穴传输层的位置互换，光从 p 侧入射。根据是否有介孔传输层，钙钛矿太阳能电池又可以分为介孔结构和平面异质结构。介孔结构电池主要存在于 n-i-p 型结构的电池中，其中 ETL 层采用致密 TiO_2/介孔 TiO_2 的结构。致密的 TiO_2 层可以收集传输电子并阻挡空穴，而介孔 TiO_2 可以形成一个框架，限制钙钛矿晶体的生长，提高钙钛矿薄膜的形貌重复性。

图 5.2 展示了钙钛矿太阳能电池的结构图、能级排列以及工作原理简图。在平面异质结型的电池中，当太阳光照射在钙钛矿太阳能电池上时，钙钛矿可以吸收部分波长的入射光，并且产生电子和空穴。高能量的电子和空穴快速热弛豫到带边。在电子传输层和空穴传输层的抽取作用下，电子和空穴分别向阳极(FTO)和金属电极移动，由此实现了电子和空穴的分离，并在外接负载的情况下产生电流。而在介孔结构的电池中，介孔结构限制了钙钛矿晶体的粒径，由于量子限域效应，钙钛矿的带隙会变大。钙钛矿吸收入射光，会产生激子。激子在材料的内部和界面处解离为电子和空穴，分别由电子传输层和空穴传输层收集到电极。

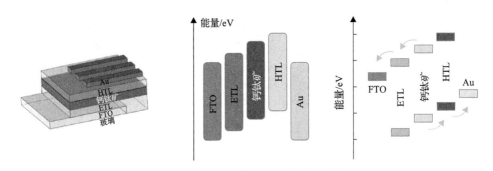

图 5.2 钙钛矿太阳能电池工作原理示意图

三、实验方法与步骤

1. 仪器与材料

称量天平、5 mL 小玻璃瓶、超声波清洗机、紫外臭氧清洗机、5 mL 注射器、0.45 μm 和 0.22 μm 过滤器、旋涂仪、洗耳球、恒温加热台(热板)、热蒸发蒸镀机、200 μL 移液枪、1 mL 移液枪、太阳光模拟器、源表等太阳能电池测试系统、量子效率测量仪。

N, N-二甲基甲酰胺、二甲基亚砜、碘化甲脒(formamidinium iodide，FAI)、溴化甲胺(methylammonium bromide，MABr)、氯化甲胺(methylammonium chloride，MACl)、碘化铅、氧化铟锡(indium tin oxide，ITO)玻璃衬底、去离子水、丙酮、无水乙醇、异丙醇、SnO_2 纳米晶胶体溶液、2, 2′, 7, 7′-四[N, N-二(4-甲氧基苯基)氨基]-9, 9′-螺二芴[2, 2′, 7, 7′-tetrakis(N, N-di-p-methoxyphenylamine)-9, 9′-spirobifluorene，Spiro-OMeTAD]溶液、4-叔丁基吡啶、LiTFSI、乙腈、金靶。

2. 方法与操作步骤

钙钛矿太阳能电池器件的制备方法较为复杂，本实验制备以 SnO_2 为电子传输

层，Spiro-OMeTAD 为空穴传输层的 n-i-p 反型钙钛矿太阳能电池。其结构如图 5.3
所示，制备方法具体可分为五个步骤，包
括衬底的清洗、电子传输层的制备、钙钛
矿层的制备、空穴传输层的制备，以及金
属电极的制备等。

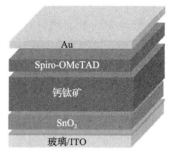

图 5.3　n-i-p 反型钙钛矿太阳能电池结构图

1）衬底的清洗

（1）清洗衬底之前，用无尘布蘸取异
丙醇将清洗容器和盖子擦干净，防止灰尘
黏附。

（2）将 ITO 衬底浸泡在稀释了去离子
水的专用 ITO 清洗剂中，使用无尘布仔细擦拭每片 ITO 的两侧，直到无明显斑点。
ITO 清洗剂的稀释比例为去离子水与清洗剂的体积比为 100∶1，搅拌均匀后使用。

（3）在擦拭完成后，先用流动的自来水冲洗 ITO 衬底，确保清洗剂没有残留，
然后将衬底放入 ITO 清洗架上，倒入稀释的 ITO 专用清洗剂，进行超声清洗，持
续 60 min 或更长时间，然后倒出清洗剂。倒入大量的去离子水，多次冲洗 ITO 衬
底和清洗容器，直到没有清洗剂残留，然后倒出去离子水。再次倒入去离子水，
进行 10 min 超声清洗，然后倒出去离子水。

（4）倒入丙酮，将 ITO 架子放入其中，进行超声清洗，持续 90 min 或更长时
间，然后将丙酮倒入专用的有机溶剂废液桶中。

（5）倒入无水乙醇，将 ITO 架子放入其中，进行超声清洗，持续 60 min 或更
长时间。

（6）倒入异丙醇，将 ITO 架子放入其中，进行超声清洗，持续 90 min 或更长
时间，然后将架子直接放入干净的异丙醇存储缸中。

（7）使用氮气枪将 ITO 吹干时，须戴上实验手套。右手使用镊子夹取玻璃，
然后左手握住方形玻璃的两个角，尽量避免触摸玻璃表面。接着使用氮气枪从剩
下的一个角吹向另一个角，使溶液在玻璃表面均匀散开，使玻璃表面清洁无痕迹。
在吹干过程中保持风速稳定，避免手触摸玻璃的导电面。吹干后，将玻璃放入臭
氧清洗剂中清洗 20～30 min。这一步是为了去除 ITO 表面残留的有机物，提高溶
液在 ITO 表面的润湿性。

2）电子传输层的制备

钙钛矿太阳能电池的各个功能层制备流程如图 5.4 所示。本实验使用成熟的
市售氧化锡纳米晶溶液制备电子传输层。氧化锡溶液直接购买并使用。此步骤需
要使用移液枪、干净的小瓶子、去离子水、注射器和滤头。使用移液枪准确地取
2 mL 去离子水与 1 mL SnO_2 胶体溶液（15%，质量分数）混合。首先将 2 mL 去离

子水与 1 mL SnO_2 胶体溶液稀释。然后将 SnO_2 电子传输层溶液滴在预处理好的 ITO 玻璃上，转速为 3000 r/min，加速度为 3000 rpm/s，旋转时间持续 30 s。随后在 150℃ 的空气中退火 30 min。最后，使用紫外线臭氧处理衬底 10 min，以改善衬底的浸润性，为下一步钙钛矿层的制备提供便利。

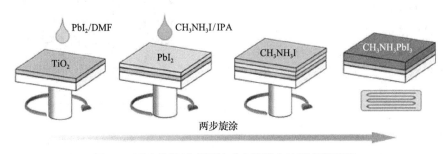

图 5.4　两步旋涂反型钙钛矿太阳能电池制备流程图

3) 钙钛矿层的制备

钙钛矿太阳能电池中的钙钛矿层对电池性能有重要影响。本实验采用了操作简单、方便且成本较低的两步旋涂法。两步连续的沉积方法是一种常用的钙钛矿薄膜制备方法。首先，将预先制备好的涂有氧化锡电子传输层的衬底转移到手套箱中。配制 50 μL 的 PbI_2 溶液（将 625 mg PbI_2 溶解在 0.9 mL N, N-二甲基甲酰胺和 0.1 mL 二甲基亚砜混合溶液中），PbI_2 溶液需要经过加热搅拌均匀的处理（通常在 180℃搅拌 3 h）。搅拌完成后，用注射器吸取溶液并更换为 0.22 μm 聚四氟乙烯滤头，将溶液过滤到干净的透明样品瓶中，过滤后的溶液应呈透明澄清状态。接下来，使用移液枪将 PbI_2 溶液旋涂在预先准备好的 SnO_2 衬底上，旋涂仪器参数设置为转速 1600 r/min，加速度 1000 rpm/s。然后，在 PbI_2 膜上旋涂制备好的 FAI/MABr/MACl 混合溶液（将 1100 mg FAI、110 mg MABr、110 mg MACl 溶于 15 mL 异丙醇中），旋涂转速设定为 1800 r/min，持续 30 s。之后，在控制湿度为 20%～30%的环境空气中，在 140℃下进行 15 min 的退火处理。值得注意的是，在旋涂开始时，用镊子夹住 ITO 衬底的边缘，注意不要损坏预先制备好的电子传输层，将 ITO 置于匀胶机转台上，按下真空按钮，使用洗耳球将表面灰尘吹走。用移液枪吸取 50 μL 的 PbI_2 溶液滴在基底表面，旋转结束后，将 ITO 置于预设温度为 100℃的热板上进行 5 min 的热处理。退火完成后，轻轻夹起制备好的衬底放入样品盒中（注意每次夹取 ITO 时，避免刮伤上面的薄膜）。

4) 空穴传输层的制备

待旋涂钙钛矿的衬底冷却至室温后，就可以进行 Spiro 空穴传输层的旋涂制备。Spiro 溶液的配制是将 72.3 mg 的 Spiro-OMeTAD、28.8 μL 的 4-叔丁基吡啶和 17.5 μL 的 LiTFSI（将 520 mg 的 LiTSFI 和 1 mL 乙腈溶解）溶解在 1 mL 的碳酸盐缓冲溶液中。Spiro 的旋涂参数为：转速为 3000 r/min，加速度为 3000 rpm/s，旋涂时间为 30 s。无须进行退火操作。

5）金属电极的制备

接下来是金属电极的制备。通过高真空热蒸发设备（图 5.5），在高真空条件下蒸镀 70 nm 的金作为钙钛矿太阳能电池的金属电极。首先，将约 1 g 的金放入钨蒸发舟中，将制备好各种功能层的衬底置于真空腔室的样品台上，关闭舱门，打开机械泵和分子泵，将腔室抽真空，待分子泵工作稳定，真空度约达到 $4×10^{-4}$ Pa 时，通过电位器调节电流，当电流达到 140 A 时，金蒸气开始蒸发，继续增大电流会导致大量蒸气快速溢出。因此，电流必须稳定控制在 2～4 Å/s 的均速蒸镀，直到薄膜厚度达到约 70 nm 为最佳。最后从真空腔室中取出样品，整个钙钛矿太阳能电池的制作完成。制备完整的器件如图 5.6 所示。

图 5.5　高真空热蒸发设备图

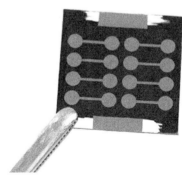

图 5.6　制备完成的钙钛矿太阳能电池器件

6）钙钛矿太阳能电池的测试

采用 Keithley2400 数字源表测试电池的 J-V 特性曲线，所用的光源为 400 W 的氙灯（AM 1.5），光功率密度调整和校准为 100 MW/cm^2，电池的有效受光面积为

0.049 cm^2；并采用太阳能电池外量子效率测试仪进行光谱响应特性分析(图 5.7)。

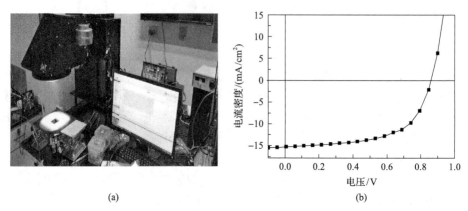

(a)　　　　　　　　　　　　　　　(b)

图 5.7　钙钛矿太阳能电池的测试装置(a)和 J-V 曲线(b)

7)电流密度-电压(J-V)性能曲线测试

电流密度-电压曲线是太阳能电池中一条非常重要的曲线，可以很直观地反映出电池的性能。在该曲线中，有以下一些基本参数。

(1)短路电流密度(J_{sc})

在标准光照时，当电压为 0 时，此时的电流即为短路电流。短路电流密度是短路电流和电池的横截面面积的比值。钙钛矿层的吸光能力、电子和空穴在器件中的运动速度都会影响短路电流密度。

(2)开路电压(V_{oc})

在标准光照时，当电路处于开路状态时，电流为 0，此时的电压称为开路电压。

(3)填充因子(FF)

由 J-V 图可以看出电池的最大功率(P_{max})，该点所对应的横坐标与纵坐标的乘积值最大。填充因子可以用最大功率(P_{max})与上面提及的短路电流密度(J_{sc})和开路电压(V_{oc})二者乘积的比值表示。太阳能电池载流子的迁移率是影响填充因子的主要因素。

$$\mathrm{FF} = \frac{P_{max}}{J_{sc} \times V_{oc}} = \frac{J_{max} \times V_{max}}{J_{sc} \times V_{oc}} \tag{5.1}$$

(4)光电转换效率(η)

最大输出功率除以入射光功率，得到光电转换效率。这个数值可以最直接地反映器件性能。

$$\eta = \frac{P_{max}}{P_{in}} = \frac{J_{sc} \times V_{oc} \times \mathrm{FF}}{P_{in}} \tag{5.2}$$

四、实验数据处理

(1)做出钙钛矿阳太阳能电池的电流密度-电压曲线(J-V)，横纵坐标分别为电池电压和电流密度，得到电池的开路电压、短路电流、最大输出功率的电压、最大输出功率的电流和填充因子，计算出电池的能量转换效率。

(2)做出钙钛矿太阳能电池的外量子效率曲线，横纵坐标分别为波长和外量子效率，并绘制出积分电流曲线，横纵坐标分别为波长和电流密度。

五、思考与讨论

(1)简要说明钙钛矿太阳能电池工作原理及存在的问题和挑战。

(2)钙钛矿太阳能电池制备过程中为什么需要在严格控制的手套箱中进行？

(3)了解钙钛矿太阳能电池的测试方法，对J-V曲线能够有所掌握。

参 考 文 献

韩巧雷, 2022. 基于无机电荷传输层窄带隙钙钛矿太阳能电池的研究[D]. 南京: 南京大学.

NREL, 2023. Best research-cell efficiencies[EB/OL]. https://www.nrel.gov/pv/cell-efficiency.html.

Green M A, Ho-Baillie A, Snaith H J, 2014. The emergence of perovskite solar cells[J]. Nature Photonics, 8(7): 506-514.

Jiang Q, Zhao Y, Zhang X, et al, 2019. Surface passivation of perovskite film for efficient solar cells[J]. Nature Photonics, 13: 460-466.

Lin R, Xiao K, Qin Z, et al, 2019. Monolithic all-perovskite tandem solar cells with 24.8% efficiency exploiting comproportionation to suppress Sn(Ⅱ) oxidation in precursor ink[J]. Nature Energy, 4: 864-873.

实验 28　界面光热蒸发水处理器件的制备

一、实验内容与目的

(1)了解界面光蒸汽转化的基本原理和标准方法。

(2)了解蒸发淡化器件的设计与制备方法。

(3)了解冷凝水收集器件的设计与制备方法。

(4)掌握光热转化效率和水淡化能力的评价方法。

二、实验原理概述

1. 界面光热效应的背景介绍

在过去的数十年里，由于淡水资源需求量持续增长，淡水资源短缺已成为人类实现可持续发展道路中的重要威胁之一。近年来，科学家们专注于研究和探索更高效、自驱动和便携的太阳能-蒸汽技术。这些太阳能-蒸汽系统利用新型的光吸收材料来高效地将水汽化，从而实现海水或废水的纯化。太阳能-蒸汽系统主要分为两类：基于底部和块体加热的太阳能光热-蒸汽转化系统[图 5.8(a)和(b)]以及基于界面加热的太阳能光热-蒸汽转化系统[图 5.8(c)]。基于块体加热的太阳能光热-蒸汽转化系统是通过加热底部或内部水体，使热能传递到水体上层界面，从而实现加热蒸发。然而，这种加热方式的光热-蒸汽转化效率相对较低。近期，科学家们为了提高能量转化效率，对界面光热转化技术进行了深入研究。该技术的关键是将吸收体置于汽-液界面，从而仅需加热水体界面薄层，便可产生蒸汽，而无须加热整个水体。通过这种方法，光热-蒸汽转化效率得到了显著提升。

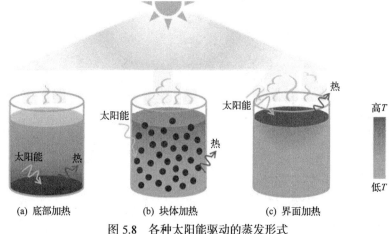

(a) 底部加热　　　　　(b) 块体加热　　　　　(c) 界面加热

图 5.8　各种太阳能驱动的蒸发形式

在界面加热中，太阳能-热转化和加热过程是被局域到汽-液界面。图中的 T 代表温度

2. 基于界面加热的水蒸发效率计算原理

在基于界面加热的水蒸发系统中，太阳光产生的热能加热水表面，产生水蒸气。然而，在这个过程中，仍然会有部分热量不可避免地传导到水体中，同时还会发生向周围环境的对流和辐射热，从而导致热能损失，使得系统的光热蒸发效率低于 100%。可以通过计算产生蒸气所需的能量与吸收总太阳能之间的比值来衡量光热转化的效率，计算公式如式 (5.3) 所示：

$$\eta = \dot{m} h_{LV} / P_{in} \qquad (5.3)$$

式中，$\dot{m}$ 是光致净蒸发率 ($\dot{m} = m_{Light} - m_{Dark}$)，$m_{Light}$ 和 m_{Dark} 分别是光照情况下和暗场 (无光照) 情况下的蒸发速率，$kg/(m^2 \cdot h)$；h_{LV} 是水到水蒸气的焓变 (其随温度变化，包括潜热和显热)，kJ/kg；P_{in} 是入射太阳光光强，W/m^2；经量纲计算，转化效率为一个无量纲量。

其中，暗场蒸发速率 ($kg/m^2 \cdot h$) 为：

$$v = \Delta m / \Delta t \qquad (5.4)$$

式中，Δm 是暗场下单位蒸发面积下水的质量变化量。

光热蒸发速率 ($kg/m^2 \cdot h$) 为：

$$v = \Delta m / \Delta t \qquad (5.5)$$

式中，Δm 是光照下单位蒸发面积下水的质量变化量。在稳定蒸发时的光热转化效率最为准确。建议使用最后 20 min 的数据进行计算以得到更精确的结果。

热辐射损耗为：

$$Q_1 = \varepsilon A \sigma (T_1^4 - T_2^4) \qquad (5.6)$$

式中，ε、A、σ 分别为发射率、表面积、斯蒂芬-波尔兹曼常数，T_1 为样品表面温度；T_2 为环境温度。

热对流损耗为：

$$Q_2 = hA (T_1 - T_2) \qquad (5.7)$$

式中，h 为对流换热系数。

热传导损耗为：

$$Q_3 = Cm\Delta T \qquad (5.8)$$

式中，C、m、ΔT 分别是水的比热容、水的质量和水的温度上升。

需要注意的是，一些在实验过程中的操作细节可能会带来实验误差。下面是一些需要注意的事项：①在测量系列样品过程中，确保温度和湿度的一致性，并在无风环境中进行实验(风速小于 0.1 m/s)。这可以减少因风速加速界面蒸发速率而导致光热效率偏高的影响。②在测量效率时，确保样品、天平和光源中心位于一条竖直线上。③吸收体和杯口的距离(d_1)，吸收体和杯壁的距离(d_2)，以及吸收体和光源的距离(d_3)有一定要求。d_1 应尽量较小，这样蒸汽从吸收体表面逸散时，不会因蒸汽凝结在杯壁上(在实验中可以容易地观察到)而对所测蒸汽质量造成误差。在实验中，d_2 也应尽量小。当杯口面积大于吸收体面积时，多余面积的水蒸发会导致测量吸收体蒸发量出现偏差。对于 d_3 来说，吸收体和太阳光模拟器之间应保持充足的距离，以确保蒸汽能够有效逸散，并且没有遮挡。④确保测量的精确性，将吸收体样品放置于水面上方后，需要等待一定时间(通常约 10 min)后开始照射光进行测量。这样可以确保吸收体充分被水浸润；烧杯壁面不能有水滴残留，因为残留的水滴会在阳光下蒸发，导致测量结果偏高；测量天平(推荐天平精度大于 0.001 g)需要取下防风罩，以确保蒸汽可以有效逸散，不受防风罩的阻碍；在测试前，需检查水温、样品温度和环境温度是否一致，并关闭周围的其他热源，以防止环境热辐射对样品的蒸发产生影响。

3. 水淡化性能的测试原理

利用电感耦合等离子光谱仪(inductively coupled plasma spectrometer, ICP)可分析冷凝水中的离子含量，并判断其是否符合世界卫生组织(World Health Organization, WHO)可饮用水标准。在冷凝的方式上，目前主要有被动冷凝和主动冷凝两大类。对于主动冷凝，通过引入强制对流、抽真空、利用换热器收集蒸汽等方式提高冷凝效率；对于被动冷凝，通过优化冷凝器结构参数、增加冷凝面、建立多级冷凝体系、选择相变材料、辐射制冷材料、冷凝面形貌的设计等多种方式提高冷凝效率。

ICP 主体是一个由三层石英套管组成的炬管，炬管上端绕有负载线圈，由高频电源耦合供电产生磁场，样品由工作气体(高纯氩气)代入发生电离、激发、分解的过程，最终被不同的检测器检出(图 5.9)。开始时，炬管中的氩原子并不导电，因而也不会形成放电。当点火器的高频火花放电在炬管内使小量氩气电离时，一旦在炬管内出现了导电的粒子，由于磁场的作用，导电粒子的运动方向随磁场的频率而振荡，并形成与炬管同轴的环形电流、原子、离子、电子在强烈的振荡运动中互相碰撞产生更多的电子与离子，形成明亮的白色炬焰，其外形为水滴状。用 ICP 做发射光谱仪和质谱仪的激发光源具有检出限低、线性范围广、电离和化学干扰少、准确度和精密度高等优点，因此常用于元素的定性定量分析。

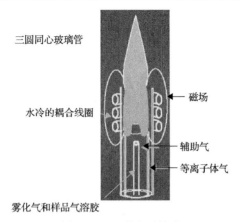

图 5.9　ICP 的主要构造

进行 ICP 测试的样品要求：

对于液体样品：如果是已经处理过的样品，要求是中性偏酸性的澄清溶液，并提供 5 mL。溶液不应含有机物、F 离子或其他杂质。此时只需要进行简单的稀释处理即可进行测试。如果需要自行稀释处理，一般将元素浓度配成 1~10 ppm。在自行配制溶液时，需要记录样品的质量、体积和稀释倍数，以便后续换算计算。如果是未处理的样品，需要提供 5 mL 以上的原液，并详细说明样品的情况。实验员会根据样品信息选择合适的前处理方法，包括消解、过滤、稀释等步骤，最后在标准曲线范围内进行测试。如果对前处理方法不清楚，不要自行进行处理，以免由于操作不当导致测试误差。

对于固体样品：需要提供至少 30 mg 的固体或粉末样品。样品量较少时，称量过程中可能会引入一定的误差，需要用称量纸包好并放入管子中。须提前明确样品的成分信息，若存在难以消解的成分，实验员须相应调整前处理方法，以提高测试的准确性。

三、实验方法与步骤

1. 仪器与材料

氙灯 1 台、光功率计 1 个、热电偶 1 个、电子分析天平 1 台、计时器 1 个、吸收体样品 1 个、200 mL 烧杯 1 个、50 mL 烧杯 1 个、玻璃培养皿 1 个、剪刀 1 把。

2. 方法与操作步骤

(1) 吸收体样品准备

以天然鳞片状石墨为初始原料，采用改进的 Hummers 法制备完全氧化的氧化石墨烯。氧化石墨烯的合成过程分为三个阶段：低温反应阶段、中温反应阶段和高温反应阶段。

低温反应阶段：在 500 mL 烧杯中小心倒入 120 mL 浓硫酸，然后把烧杯放入冰水中静置，待浓硫酸的温度降至 0℃，边搅拌边缓慢加入 5 g 石墨。搅拌 30 min 后，在混合液中缓慢加入 0.75 g 高锰酸钾。同时不断搅拌，并且控制温度不超过 5℃。继续搅拌 30 min 后，在烧杯中缓慢加入 15 g 高锰酸钾。同时不断地搅拌，控制温度不超过 5℃，连续搅拌 30 min（氧化石墨烯制备过程中具有一定的危险性，须在通风橱内进行操作，全程佩戴护目镜。切记要少量分批次的投加高锰酸钾，并控制实验温度）。

中温反应阶段：将盛有混合液的烧杯放入 35℃的水浴中，氧化 1 h，搅拌完成后，取出水浴中的混合液样品，并缓慢地加入 225 mL 去离子水。

高温反应阶段：将盛有混合液的烧杯放入 98℃的恒温水浴中不断搅拌，保持 30 min。配制 3.5%（质量分数）的双氧水溶液，将恒温水浴中的混合液取出，加入 150 mL 3.5%（质量分数）的双氧水溶液，混合液呈亮黄色。将上述溶液趁热过滤，除去大部分的水和强酸等。再用 5%（质量分数）的盐酸溶液洗涤，除去金属离子。最后，用蒸馏水反复洗涤直至中性，放入烘箱中充分干燥以待用。将 0.4 g 氧化石墨烯分散在 100 mL 去离子水中，经超声处理 3 h 后制得氧化石墨烯的分散液。在直径为 50 mm、孔径为 0.02 mm 的多孔纤维素膜过滤器上沉积 3 mL 的氧化石墨烯溶液。在真空条件下，60℃干燥 5 h 后获得氧化石墨烯薄膜，作为吸收体样品。

(2) 构建界面加热的水蒸发原型器件

实验装置如图 5.10 所示，需准备光源（氙灯）、天平、杜瓦瓶构建界面光热蒸发系统。将上步中所得到的吸收体样品按照烧杯直径进行裁剪，尽量保证吸收体样品的直径和烧杯内径一致。否则，当杯口面积比吸收体面积大时，多余面积的

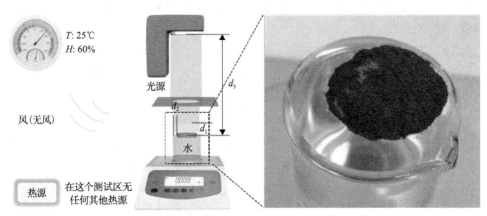

图 5.10　基于界面加热的水蒸发原型器件

d_1 为吸收体和杯口的距离，d_2 为吸收体和杯壁的距离，d_3 为吸收体和光源的距离

水蒸发会使得测量吸收体蒸发量出现偏差。将泡沫板作为保温层，包裹烧杯外侧，避免烧杯和外界空气进行热交换带来测量结果的偏差。为了保证测量的精确性，在吸收体样品置于水面上方后，需要等待一定时间（通常为 10 min 左右）再开始照射光进行测量，确保在测量前吸收体充分被水浸润。

3. 光热蒸发性能测试步骤

（1）使用前须认真阅读仪器使用说明书及操作规程等，严格按照操作规程开关仪器。

（2）对光功率计进行校准。在锡纸遮光的条件下，光功率计示数为 0，则表明光功率计校准完成。

（3）调节氙灯功率。将校准好的光功率计与吸收体上表面保持在同一水平线后，暂时将天平内部的烧杯取出，调节氙灯功率，直至光功率计的示数与 1 个太阳下的功率相同后，在天平上方盖上遮阳罩。然后将光功率计取出，将烧杯置于天平原位。

（4）测试温度变化。在测试前，利用热电偶测试水温、样品温度和环境温度，三者温度需要保持一致。此后，抽去遮阳罩，分别记录天平示数、水温和样品的温度随时间的变化情况。

（5）收集冷凝水。为收集水蒸气，须构建一个简易的冷凝收集器。烧杯内为含钾离子、钠离子等的水溶液，如图 5.11 所示。将界面光蒸发系统置于一个洁净容器中，顶部用洗净的透明层封住。当界面光热产生的热蒸汽遇到较冷界面，相变

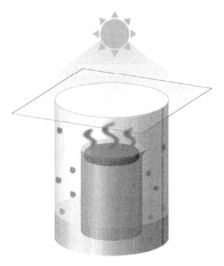

图 5.11　基于界面加热的冷凝水收集原型器件

放热并获得冷凝水。因此冷凝水会聚集在顶部或侧壁，并滴落至收集容器底部。

(6)仪器使用完后必须做好清洁维护工作，防止化学品残留在仪器上。仪器检测室禁止长时间放置溶剂和样品，样品使用完后必须立即清理。

四、实验数据处理

(1)根据式(5.3)计算光热转化效率，思考实验误差的产生原因以及如何降低实验误差。

(2)利用电感耦合等离子体发射光谱仪分析冷凝水中的离子含量，并判断其是否符合世界卫生组织可饮用水标准。

五、思考与讨论

(1)简要说明界面光蒸发的工作原理，简述其与传统蒸发技术的区别。

(2)分析影响界面光热蒸发器件效率的主要因素。

(3)计算暗场蒸发速率和稳态时的光热蒸发速率。

(4)光热蒸发达到稳态后，分析计算体系的热学损耗[吸收体的发射率为0.95，吸收体的热导率为0.05 W/(m·K)，对流换热系数为5 W/(m·K)]。

参 考 文 献

徐凝, 2019. 界面光-蒸汽转化: 仿生设计和综合利用[D]. 南京: 南京大学.

World Health Organization, 2022. Guidelines for Drinking-Water Quality[EB/OL]. 4th Edition. https://www.who. int/water_sanitation_health/publications/dwqguidelines-4/en/.

Jack C, Karimullah A, Tullius R, et al, 2016. Spatial control of chemical processes on nanostructures through nano-localized water heating[J]. Nature Communications, 7: 10946.

Li X Q, Ni G, Cooper T, et al, 2019. Measuring conversion efficiency of solar vapor generation[J]. Joule, 3: 1798-1803.

实验 29　光热辅助空气取水器的制备

一、实验内容与目的

(1)了解太阳能驱动的吸附-脱附式空气取水系统的原理和优势。

(2)掌握界面光热辅助的液体吸附剂基空气取水器的构建和性能评估方法。

二、实验原理概述

1. 太阳能驱动的吸附-脱附式空气取水背景介绍

随着人类社会和经济的持续发展，淡水稀缺越来越被认为是亟待解决的全球性的问题。公开数据显示，全球约有至少 20 亿人面临安全饮用水短缺的问题。全球水资源短缺的本质是淡水的需求和供给在空间和时间上不匹配。一些经济欠发达的地区甚至没有获得淡水资源的途径，无法满足人们基本的生活需求。总体来说，受地理气候、经济水平、人口数量以及科学技术水平等因素的影响，全球各个地区面临的缺水问题的严峻程度各不相同。因此，应对并解决水资源短缺这个重大挑战变得刻不容缓。

地球上有 70.8%的面积被水覆盖，但是淡水资源仅占总水量的 2.5%，超过 68%淡水资源以冰川的形式存在于南北两极和冻土中，人类能开采利用的淡水资源仅占世界淡水资源的 0.3%，相当于全球总储水量的 0.007%。另一方面，大气中储存巨大的淡水资源，包含 1290 亿吨淡水，是地球上所有河流的 6 倍，被认为是一个巨大的可再生的水库。如果能够充分开发收集大气中的水，就能在很大程度上缓解人类面对的淡水短缺问题。

传统的主动式冷却取水系统需要大量电力驱动才能正常工作，这不仅加剧了化石燃料的消耗和环境破坏，并且建造成本高昂，不适用于经济欠发达地区的小规模生活取水。相比之下，清洁的太阳能辐射量巨大，促使越来越多的研究人员开始研究太阳能驱动的吸附-脱附空气取水技术。该技术利用吸附剂从空气中捕获水分子，然后在太阳光的加热下使吸附剂中的水分子重新脱出，产生的水蒸气会被重新冷凝液化后收集，被加热的吸附剂再重新冷却用于下一次的水蒸气捕获。吸附-脱附空气取水技术的本质是在冷凝收集过程中提高了需冷凝水蒸气的分压，从而提高了露点温度。与大型的电力驱动取水相比，该技术具有装置简单、成本低、环境友好、产水量高等优势。

2. 用于空气取水的吸附剂介绍

吸附剂对空气取水系统是至关重要的，主要分为固体吸附剂和液体吸附剂。

固体吸附剂种类繁多，主要有多孔结构的物理吸附剂[包括活性氧化铝、沸石、硅胶、金属-有机框架(metal-organic framework，MOF)等]和以无机盐为代表的化学吸附剂，如氯化钙、氯化锂、溴化锂等，其主要是通过与水蒸气形成结晶水化合物来捕获水分子。近些年来，复合吸附剂以其吸水性能优越、成本低和实用性强迅速发展成为极具前景的空气取水材料。它不但单位质量的吸附性能优越，还对脱附温度要求大大降低，使其在自然太阳光甚至在更弱的光源强度下都能实现脱附。

　　具有高吸附能力的液体吸附剂比固体吸附剂在耐久性、操作连续性、大规模制备和成本等方面具有许多优势。液体吸附剂的种类包括无机盐溶液(氯化钙溶液、氯化锂溶液、溴化锂溶液等)和离子液体等。虽然高浓度的液体吸附剂有很好的吸附性能，然而随着液体吸附剂浓度的增加，它的取水性能主要受脱附过程的限制。水脱附能垒随液体吸附剂浓度的增加而升高，常规的太阳能驱动的脱附性能都不是很理想。解决液体吸附剂的脱附问题是未来的重要发展方向。

3. 典型的光热吸附-脱附空气取水器件介绍

　　关于光热吸附-脱附空气取水装置的研究在 20 世纪初期就已经开始。这种装置利用自然条件下夜间温度较低且相对湿度较高的特点来捕获空气中的水分，白天则利用太阳光进行加热和脱附过程。早在 1949 年，Dunkak 就设计了一种简易的太阳能驱动的硅胶空气取水装置。随后，Aristov 团队采用纤维布和氯化钙作为吸附剂，设计了一种单层结构的空气取水装置[图 5.12(a)]。其原理如下：将吸附剂置于玻璃箱底部，在夜间打开箱体，通过自然对流或强制对流让空气与吸附剂接触，从而捕获空气中的水分；白天，关闭箱体使整个体系密封，通过太阳光的辐照使吸附剂温度上升，脱附出的水蒸气在温度相对较低的收集处被冷凝收集。该装置产水量可达 1.5 kg/(m²·d)。由于冷凝不够充分，以及玻璃盖上冷凝水阻挡太阳辐射，所以总产水量相对较低。Kabee 团队设计了一种多层玻璃金字塔形状的空气取水装置，如图 5.12(b)、(c)所示，该装置采用锯木和纤维布作为吸附床，用 30%氯化钙溶液作为吸附剂浸泡吸附床。在晚上，金字塔的玻璃面打开，吸附床吸收潮湿的空气；在白天，玻璃面关闭，通过太阳辐射提取吸附床上的水分。水蒸发会凝结在金字塔的顶端和侧壁，实现露水收集效果。通过构建多层吸附床结构，能充分利用太阳能，使装置每日产水量达到 2.5 L/(m²·d)。

4. 基于界面光热转换的空气取水装置的设计

　　本实验旨在设计一种基于界面光热转换的空气取水装置，利用液态吸附剂在夜间捕获水蒸气，在白天利用界面光热辅助脱附并收集纯水。

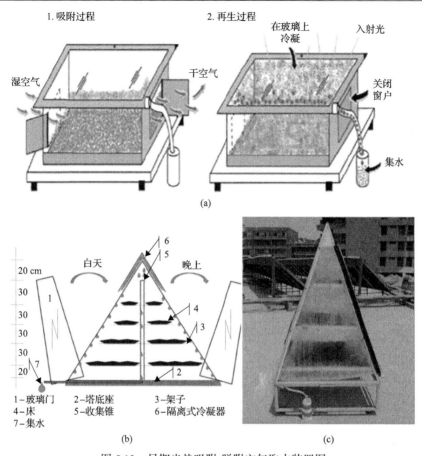

1. 吸附过程　　　　　　　2. 再生过程

在玻璃上冷凝　　　入射光

湿空气　　　干空气

关闭窗户

集水

(a)

白天　　　晚上

20 cm
30
30
30
30
20

6
5
4
3
2
7

1—玻璃门　　2—塔底座　　3—架子
4—床　　　　5—收集锥　　6—隔离式冷凝器
7—集水

(b)　　　　　　　　　　(c)

图 5.12　早期光热吸附-脱附空气取水装置图

(a)太阳池单层结构的空气取水装置示意图；(b)多层的玻璃金字塔形状的空气取水装置示意图；
(c)多层的玻璃金字塔形状的空气取水装置照片

　　如图 5.13 所示，空气取水装置每天循环运行一次，空气中的水汽吸附过程发生在一天中湿度最高的夜晚[图 5.13(a)]；白天，在光照下通过使用亲水性氧化石墨烯纤维素复合气凝胶进行界面光热辅助脱附[图 5.13(b)]。亲水性氧化石墨烯纤维素复合气凝胶具有百微米大孔的多孔结构。大孔之间的快速水扩散和对流，以及微孔的毛细管力作用，有利于实现充足的水供应。同时，盐离子可以通过浓度梯度扩散回到本体溶液，从而避免盐积聚，确保快速连续的水分子脱附[图 5.13(c)]。

　　根据图 5.13 所示的结构，该液态空气取水装置在晚上打开装置顶盖，液态空气取水剂(质量分数为 50% 的 $CaCl_2$ 溶液)从空气中吸收水汽。与周围空气中的水蒸气分压相比，液体吸附剂具有更低的水蒸气分压，因此能够有效地从空气中吸附水蒸气。在吸附过程中，水蒸气首先被 $CaCl_2$ 溶液的表面吸附，然后通过浓度梯度扩散到内部溶液中。

图 5.13　基于界面光热辅助的空气取水装置示意图

(a)夜间空气取水装置从空气中吸收水汽示意图；(b)白天在太阳光下空气取水装置脱附水汽示意图；
(c)在太阳能辅助的脱附中，作为抗盐吸收体的氧化石墨烯纤维素复合气凝胶结构示意图

当装置的顶盖关闭时，在白天会发生水脱附过程。使用抗盐的氧化石墨烯纤维素复合气凝胶作为吸收体，它可以有效吸收阳光，通过界面光热产生来促进水分子从 $CaCl_2$ 溶液中脱附。在密封的装置中，蒸发的水蒸气将冷凝回流到玻璃腔室的内槽中，并被收集到玻璃腔的底部。

三、实验方法与步骤

1. 实验设备和材料

无水氯化钙粉末、氢氧化钠粉末、尿素粉末、微晶纤维素粉末、氧化石墨烯分散液、环氧氯丙烷、去离子水、液氮。

材料与仪器：氙灯 1 台、光功率计 1 个、红外相机 1 台、电子分析天平（JY10002，精度为 10 mg）1 台、高精度天平（FA2004，精度为 0.1 mg）1 台、200 mL 烧杯 1 个、恒温恒湿箱（Zhihe，THP-50）1 台、热电偶（TT-K-30-SLE，Omega）1 个、计算机 1 台、冷冻干燥机 1 台、搅拌机 1 台、冰箱 1 台、太阳光模拟器（Newport 94043A）1 台、热电堆传感器（PowerMax-USB PM30，Coherent）1 个、无纸记录仪（MIK-200D，Meacon）1 台。

2. 操作步骤

1）液体吸附剂的选择

作为优秀的液体吸附剂需要满足以下几点基本要求：①在宽的湿度范围区间都有很好的吸水性能；②长寿命；③低成本。综合考虑以上因素，在实验中我们选择了高浓度（50%，质量分数）$CaCl_2$ 溶液作为液体吸附剂。

2）界面光热转换辅助脱附材料——氧化石墨烯纤维素复合气凝胶的制备

氧化石墨烯纤维素复合气凝胶作为水蒸气脱附材料，其制备过程分为凝胶化、

超快冷冻、冷冻干燥(图5.14)。将7g氢氧化钠、12g尿素和6g微晶纤维素与81g 3mg/mL氧化石墨烯分散液混合,搅拌20min使其均匀后,预冷至-12℃,静置8h,使微晶纤维素完全溶解。然后将3mL环氧氯丙烷交联剂加入混合物前驱体中,在室温下搅拌30min,使前驱体反应直至完全凝胶化,然后用大量去离子水反复清洗凝胶,直到将氢氧化钠、尿素和未反应的环氧氯丙烷去除。再把样品放在液氮氛围中冷冻,使凝胶样品网络中水分子冷冻成冰晶并迅速长大,可以通过冷冻时间(2h)和冷冻温度精确控制冰晶的生长,从而控制气凝胶孔径的大小。最后,通过冷冻干燥(-30℃,5Pa)使冰晶从冷冻状态升华,获得了具有大孔结构的氧化石墨烯纤维素复合气凝胶。

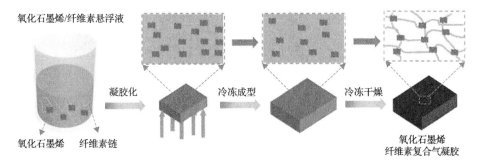

图5.14　氧化石墨烯纤维素复合气凝胶的制备过程

3. 性能测试

1) 吸附性能测试

利用恒温恒湿箱测量不同温度和湿度下,液体吸附剂(质量分数50%的$CaCl_2$溶液)的水蒸气吸附性能。拟采用实时质量记录表征吸附剂的水蒸气吸附量。如图5.15所示,采用高精度天平测量水吸附的质量变化,并将信息实时传送到计算机上,绘制出时间-质量变化曲线。本实验中,拟测试控制吸附剂液面高度、环境湿度、环境温度三个变量,分别测量吸附剂的吸附量,如图5.16所示。

2) 水蒸气脱附性能测试

太阳能界面光热转换辅助脱附实验的测试系统如图5.17所示,一个太阳光模拟器作为光源(模拟太阳光和聚光镜)。光功率通过热电堆传感器测得。对于基于界面光热转换过程和体块加热的装置,密封和热绝缘情况尽可能保持一致。氧化石墨烯纤维素复合气凝胶吸收体表面的温度变化利用热电偶进行检测并且通过多通道无纸记录仪实时记录。高精度天平用于实时记录质量变化并传送到计算机进行存储。绘制不同光照强度下的脱附曲线(液体吸附剂质量变换)、样品表面温度(图5.18)。

图 5.15　吸附实验的实验室测试系统

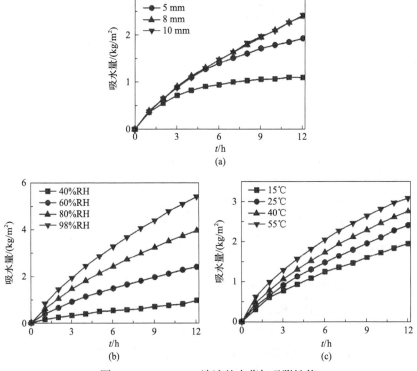

图 5.16　50% CaCl₂ 溶液的水蒸气吸附性能

(a)在 25℃、60% RH 时，不同液面高度的 50% CaCl₂ 溶液实时吸水曲线；(b)恒定温度 25℃下，不同湿度时，
50% CaCl₂ 溶液实时吸水曲线；(c)恒定湿度 60% RH 下，不同温度时，50% CaCl₂ 溶液实时吸水曲线

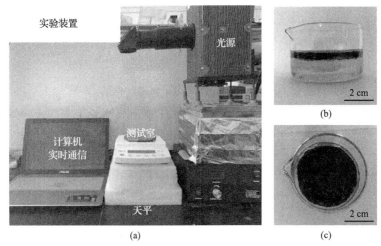

图 5.17　脱附实验的实验装置

(a)脱附蒸发质量曲线由高精度天平测量,并实时传送到计算机上进行蒸发速率和
光热转换效率的计算; (b)和(c)分别为脱附装置的俯视图和侧视图

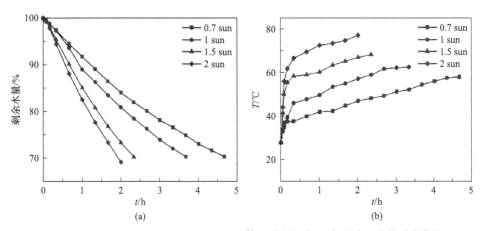

图 5.18　(a)不同光照下界面光热辅助的液体吸附剂空气取水器质量分数脱附曲线和
(b)氧化石墨烯纤维素复合气凝胶吸收体表面随时间的温度变化情况

四、实验数据处理

(1)绘制不同湿度、不同温度以及不同吸附剂液面高度下的吸附曲线。

(2)绘制不同光照强度下的脱附曲线。

五、思考与讨论

(1)分析吸附剂液面高度、环境湿度、环境温度如何影响吸附剂的吸水速度。

(2)是否可用实验 19 中的基于金属纳米颗粒等离激元共振的吸收体作为本实验的光热辅助脱附材料？请阐述理由。

参 考 文 献

王雪旸, 2020. 界面光热辅助的液体吸附剂基空气取水器[D]. 南京: 南京大学.

Fathieh F, Kalmutzki M J, Kapustin E A, et al, 2018. Practical water production from desert air[J]. Science Advances, 4: eaat3198.

Wang X, Li X, Liu G, et al, 2019. An interfacial solar heating assisted liquid sorbent atmospheric water generator[J]. Angewandte Chemie International Edition, 58: 12054-12058.

William G E, Mohamed M H, Fatouh M, 2015. Desiccant system for water production from humid air using solar energy[J]. Energy, 90: 1707-1720.

实验30 软包装锂离子电池制备

一、实验内容与目的

(1)掌握软包装锂离子电池的结构和制备流程。

(2)掌握软包装锂离子电池电化学性能的测量和分析方法。

二、实验原理概述

锂离子电池具有多项优点，如能量密度高、循环寿命长、无记忆效应和自放电率低，因此目前被广泛应用于高端电子设备和电气化交通领域。锂离子电池内部由正极、隔膜、电解液和负极构成锂离子通路，并通过正负极之间的化学势差来进行放电。根据所用正极材料的不同，锂离子电池可以分为钴酸锂、三元材料和磷酸铁锂电池等。而根据电池的形态和封装方式，商用的锂离子电池主要有方形、圆柱和软包三种类型。方形电池通常采用铝合金外壳和电池盖进行激光焊接封装，圆柱形电池则采用镀镍钢壳和电池盖进行机械封口封装。然而，由于金属钢壳质量较大，导致电池整体质量较大，比能量相对较低。此外，金属钢壳电池也可能因意外事故而发生漏液或爆炸等问题。相比之下，软包电池采用铝塑膜封装，具有许多优点。首先，它们的质量较轻，单体比容量大，循环性能好，内阻小，设计灵活。其次，软包电池还具有更好的安全性能。在发生安全隐患时，软包电池通常只会鼓气裂开或冒烟起火，而不会发生爆炸。因此，软包装锂离子电池更加符合对高比能量密度和高安全性需求迫切的 3C 领域产品的要求。同时，软包电池在动力电池领域也得到广泛应用。

1. 软包装锂离子电池结构

图 5.19(a)展示了软包装锂离子电池的结构示意图。电芯由若干片正极片和负极片叠放组成，正极片和负极片包括电极活性物质、黏结剂、导电剂以及电子集流体。正极片和负极片之间通过可传导 Li⁺的电子绝缘层(隔膜)隔离。所有正极片通过正极耳并联，所有负极片通过负极耳并联。正极耳和负极耳接出软包电池，并通过极耳胶与铝塑壳边缘紧密黏合，形成一个密闭的电池壳体。

2. 铝塑膜

软包装锂离子电池的外壳材质为铝塑膜，其结构如图 5.19(b)所示。一般来说，铝塑膜是一个由三层组成的结构。从内到外依次是热封层[聚丙烯(polypropylene，PP)或未拉伸聚丙烯(cast polypropylene，CPP)]、铝箔层(Al 层)和尼龙层(聚酰胺层）。这三层通过胶黏剂黏合在一起，形成一种综合性能优异的复合膜。尼龙层是软包装外表面的一层绝缘层，其主要作用是抵御外界的冲击，防止电池被刺穿。同时，尼龙层还必须具备较好的耐热性、耐摩擦性以及优良的加工性能。铝箔层在软包装锂离子电池中主要起到物质隔离的作用。铝在空气中会与氧气发生氧化还原反应，生成一层致密的氧化铝薄膜。该氧化铝薄膜既能防止活泼的金属铝继续被氧化，又能防止空气中的水分侵入电池内部或电解液泄漏到电池外部。

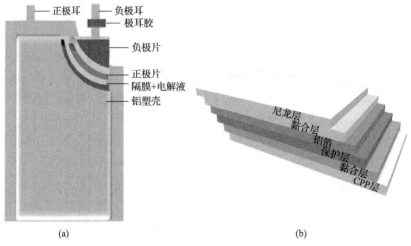

图 5.19　(a)软包装锂离子电池结构示意图和(b)铝塑膜结构示意图

此外，由于铝箔具有一定的韧性，在铝塑膜冲坑成型时可以提供一定的塑性，从而使内层热封层能够封装软包。在软包电池封装过程中，CPP 材料会与电极的极耳胶块黏合，形成一个密封的体系。由于热封层直接与电极片和电解液接触，因此必须具有良好的绝缘性和耐腐蚀性。同时，层间胶黏剂不能与电解液发生反应，并且要具备耐热老化和优良的黏结性能。这样才能保证软包装锂离子电池的性能和安全性。

3. 软包装锂离子电池制备流程(图 5.20)

软包装锂离子电池的制备流程分为八个步骤，下面逐一进行介绍。

(1)混浆。将电极活性材料、导电剂、黏结剂和溶剂按照一定比例混合均匀，并调制成浆料，搅浆的速度、温度、时间和加入浆料的次序都会影响最后的成浆。生产时可以通过测量浆料的黏度、固含量和颗粒度控制浆料的品质。

(2)涂敷。分别将正、负极浆料均匀地涂布在正、负极集流体上，并初步烘干，制成正、负极片。商用的正极集流体是铝箔，负极集流体是铜箔。涂布时放卷的速度、刮刀的间隙或喷涂的流量、浆料的品质都会影响活性物质的载量。涂布时

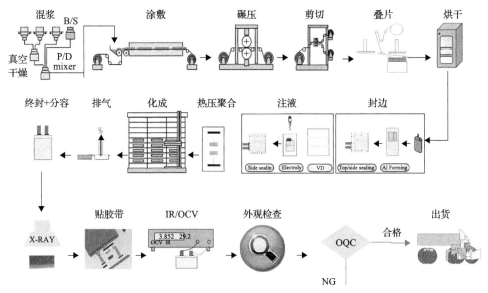

图 5.20　商业软包装锂离子电池制备流程图

应该对样品单位面积载量进行动态监测，并据此来控制刮刀之间的间隙距离或喷涂的流量，从而满足载量的要求。商用涂布机能够将极片初步烘干，但为了进一步稳定去除极片的溶剂和水分，应当将极片转移至真空烘箱中高温烘干 6~12 h。

（3）碾压。锂离子电池极片碾压是指通过上下轧辊之间的摩擦力将极片拖进辊缝，从而使极片压缩、变形的过程，通过碾压可以增加极片的压实密度、减小极片内阻。商业生产中通过调节上下轧辊的间隙与压力来调节压实的密度和厚度。

（4）切片。将碾压好的电极片分切成合适的尺寸，并且分切时每个极片的集流体都要留出一个极耳位置以供后续进行极耳的焊接。一般而言负极必须完全覆盖住正极，且负极的单位面积容量比正极高 8%~10%。

（5）叠片、焊接与双边封。将极片和隔膜按照负极、隔膜、正极的顺序依次叠放。注意正、负极片必须完全被隔膜隔开，以防止电池发生短路。所有的正极耳叠放在一起，负极耳叠放在一起。极片和隔膜保持平整，防止接触不良。将叠好的电芯的正极耳与铝极耳焊接，负极耳与镍极耳焊接，制成裸电芯。极耳焊接时采用超声波焊接技术，在静压力下利用超声振动的能量使极耳间形变和升温，从而达到连接异种金属的目的。然后将裸电芯装入成型好的铝塑膜中，对铝塑膜包装的顶部和一个侧边进行热压封装，留下的另一个侧边供后续注液时加入电解液。注意在封装有极耳的顶边时，应保证极耳胶露出 1/4 左右，从而保证极耳胶与铝塑膜紧密贴合，避免电池漏液。

（6）注液与一次封。注完液后在真空条件下热封铝塑膜包装的最后一个侧边。一次封时应预留出一个气囊，为电池的化成做准备。

（7）化成与二次封。通过充放电的方式将内部正、负极物质激活，同时在负极表面形成良好的 SEI 膜。在第一次充放电时，电芯内部会发生非常复杂的物理化学和电化学过程。电解液和负极界面上会生成一层稳定的固体电解质相界面（SEI 膜），同时会产生一定量的气体。通过二次封设备将气囊刺穿，释放化成过程产生的气体，并切除气囊，真空热压密封侧边，完成电芯的制作。

（8）老化和分容。老化一般指将化成后的软包电池进行放置，可分为常温老化与高温老化。老化可以提高化成后形成的 SEI 的稳定性，有利于电池性能的稳定。根据电池的容量、电压、内阻及压差 K 值（单位时间内电池的电压降，通常单位用 mV/d 表示，是用来衡量锂电池自放电率的一种指标）分选电芯称为分容，性能接近的电芯一起使用才能最大限度发挥其性能。

三、实验方法与步骤

1. 仪器与材料

真空搅浆机、涂布机、真空烘箱、切片机、辊压机、叠片机、铝塑膜成型机、超声波点焊机、氩气手套箱、蓝电测试通道、顶侧封机、预封机、二次封口机、热压整形机、电池测试夹具、天平。

磷酸铁锂、石墨、乙炔黑、Super P 炭黑、羧甲基纤维素钠（carboxymethyl cellulose sodium，CMC）溶液（1.5%）、丁苯橡胶（polymerized styrene butadiene rubber，SBR，固含量为 50%）、去离子水、隔膜、高温胶带、终止胶带、锂电电解液、铜箔、铝箔、铝极耳、镍极耳、铝塑膜、丙烯腈多元共聚物的水分散液黏结剂（LA133，固含量为 15%）。

2. 操作步骤

（1）材料预处理。将磷酸铁锂、乙炔黑、石墨、Super P 等材料在 80℃烘箱中烘烤 2 h 进行脱水。

（2）制备正极浆料。按磷酸铁锂∶乙炔黑∶LA133=92∶4∶4 的质量比称取材料（磷酸铁锂的质量约 100 g），进行初步混合后加入真空搅浆机中，往真空搅浆机中加入去离子水，最终形成固含量约为 50%的混合物。转速为 1500 r/min 的条件下搅拌 6～10 h，搅拌的最后 0.5 h 将转速降至 500 r/min，并开启真空泵以去除浆料中的气泡。搅浆过程中应全程开启冷却水，避免因搅拌引起温度过高影响浆料品质。搅拌完成后倒出浆料，用筛网滤去大颗粒和杂质，得到均一的正极浆料。

（3）正极涂布。将宽幅为 200 mm 的铝箔安装在涂布机的放卷轴上，通过调整逗号刀的高度来控制涂布厚度，建议涂布厚度可设为 400 μm，控制正极载量约 20 mg/cm²，将正极浆料加入料槽开启涂布机进行涂布，把浆料均匀涂布在铝箔一侧。涂布过程中应实时监测极片是否烘干以及涂布载量是否符合标准。涂好并烘干的铝箔经收卷轴卷绕收集，完成单面涂布。再按相同的方法在铝箔的另一侧对称位置涂上正极浆料，完成正极涂布，将极片放入真空烘箱烘烤过夜，温度为80℃。

(4)制备负极浆料。方法如步骤(2)，按石墨：Super P：CMC：SBR=94：2：1.5：2.5 的质量比称取材料，首先将石墨、Super P、CMC 置于真空搅浆机中，加入适量去离子水，2000 r/min 搅拌 6 h，再加入 SBR 500 r/min 真空搅拌 0.5 h，最终形成固含量40%～50%的浆料。后续步骤如步骤(2)。

(5)负极涂布。方法如步骤(3)，将铝箔换成铜箔。

(6)切片。用切片机将正极切成 4.6 cm×7.8 cm 的电极片，负极切成 4.8 cm×8.0 cm 的电极片。电极片裁切时会在一侧预留出集流体用以焊接极耳。

(7)叠片。在叠片机上按照正极片、隔膜、负极片的顺序依次叠放极片，制成裸露的电芯，检查正负极片是否完全被隔膜隔开。其中电芯两侧均应为负极片，电极片的数量应根据电极的载量与设计的电池容量进行计算(本实验设计容量约2 Ah，正极片数量为 9 片；负极片数量为 10 片，其中电芯端面的负极片为单面涂覆)。用终止胶带环绕电芯以避免后续过程中隔膜发生错位。

(8)焊接。用超声波点焊机将所有的正极耳与铝极耳焊接，负极耳与镍极耳焊接；焊接处用耐高温胶带卷绕，防止封装时短路或脱落。

(9)顶侧封。将铝塑膜裁成 16.0 cm×20.0 cm 大小并将长边向内放入铝塑膜成型机。用成型机冲出 5.0 cm×8.2 cm 的单边坑，深度为 5 mm。将电芯放入冲坑内，对折铝塑膜，用热封机密封铝塑壳的顶边和靠近电芯的侧边，热封温度为 170℃，然后将电池转移至真空烘箱内 80℃烘干 2 h，以彻底去除极片中的水。

(10)注液密封。将电芯转移至 Ar 气手套箱中，根据电池设计的容量加入电解液，具体的电解液用量为 4 g/Ah，真空密封另一个侧边，热封温度为 170℃。密封时注意留出一个气囊。

(11)化成。用夹具夹紧电池，放到电池充放电仪上充放电进行化成，充电截止电压为 3.65 V，放电截止电压为 2 V，倍率为 0.05 C。

(12)二次封。化成后的电池内部有气体产生，会影响电池的性能，使用二次封装机将气囊刺穿，并重新进行真空封装，热封温度为 170℃。切除气囊和边缘多余部分，并称量电池总质量。

(13)分容。1 C 倍率测试电池性能，采用恒流充电-恒压充电-恒流放电模式，如图 5.22 所示，充、放电截止电压分别为 3.65 V 和 2 V，记录电池容量。

四、实验数据处理

(1)绘制软包装磷酸铁锂电池的充放电曲线，比较电池实际容量与设计容量的差别并分析原因。图 5.21 展示了 2.2 Ah 磷酸铁锂/石墨电池的首次充放电曲线，供学习者参考。

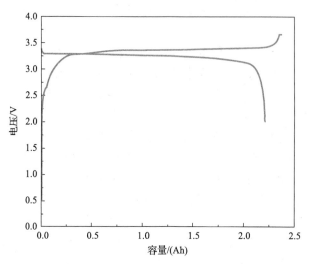

图 5.21　磷酸铁锂石墨电池首次充放电曲线

(2)计算软包装电池的比能量。电池比能量的定义式为

$$w = \frac{E}{m} \tag{5.9}$$

式中，E 为电池放电的能量，可通过对电池的充放电曲线进行积分得到；m 为电池总质量；软包装锂离子电池比能量的常用单位为 Wh/kg。

五、思考与讨论

(1)一般而言负极的面积比正极稍大且完全包覆住正极，应控制负极活性物质的总容量比正极多 8%～10%左右，这样做的目的是什么？

(2)锂离子电池化成的目的是什么？SEI 层有何作用？

参 考 文 献

吴宇平, 2012. 锂离子电池——应用与实践[M]. 北京: 化学工业出版社.

杨绍斌, 梁正, 2019. 锂离子电池制造工艺原理与应用[M]. 北京: 化学工业出版社.

Garayt M D L, Johnson M B, Laidlaw L, et al, 2023. A guide to making highly reproducible Li-ion single-layer pouch cells for academic researchers[J]. Journal of The Electrochemical Society, 170(8): 080516.

Kwade A, Haselrieder W, Leithoff R, et al, 2018. Current status and challenges for automotive battery production technologies[J]. Nature Energy, 3(4): 290-300.

实验 31　软包装锂-硫电池的制备与性能测试

一、实验内容与目的

(1)了解锂-硫电池体系的工作原理和失效机制。
(2)掌握软包装锂-硫电池的制备和测试方法。

二、实验原理概述

1. 锂-硫电池的结构和反应原理

锂-硫电池的结构如图 5.22 所示，主要由正极、负极、隔膜和电解液组成。正极由硫单质、导电炭黑和黏结剂制备而成；负极通常为金属锂；隔膜为多孔聚合物膜，通常材质为聚丙烯(PP)或聚乙烯(polyethylene，PE)；电解液通常采用醚类电解液，目前最常见的组成为 1.0 mol/L 双三氟甲基磺酰亚胺锂溶于乙二醇二甲醚和二氧戊环的混合液，其体积比为 1∶1，并且添加了质量分数 2%的 $LiNO_3$ 作为添加剂。此外，一些新型材料，如聚合物硫正极和固态电解质，也在该电池系统中进行了研究。

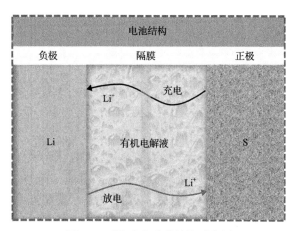

图 5.22　锂-硫电池的结构示意图

基于多电子反应的锂-硫电池显示出极高的理论比容量和理论比能量，分别为 1165 mAh/g 和 2446 Wh/kg；且硫在地壳中储量丰富，对环境友好；此外，锂-硫电池的工作电压约 2.1 V，能通过串并联满足并匹配多种电池的工作需求，因而成为学术界和产业界关注的下一代高比能电池。然而，该体系仍然存在几个需要解决的关键问题(图 5.23)：①电极在充放电过程中体积变化较大，约 80%。②S 及其放电产物 Li_2S 的电子导电性较差($5×10^{-30}$ S/cm)。③电极反应遵循溶解-沉积机制，其中间产物多硫化物会溶于电解液，进而穿梭到负极与锂金属发生副反应，造成不可逆容量损失及库仑效率低下，在充电过程中部分被还原的多硫离子又穿梭回正极，导致过充现象。④作为以金属锂作负极的电池体系，不可避免地要面对锂枝晶生长、库仑效率低下等问题。为了缓解上述问题，研究者们分别从正极材料、黏结剂、隔膜、电解质、负极及反应机理等方面做了大量工作并取得进展。

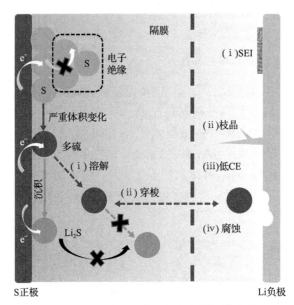

图 5.23　锂-硫电池体系存在的问题示意图

2. 软包装锂-硫电池的结构和失效机制

如图 5.24(a)所示，软包装锂-硫电池与扣式锂-硫电池的最大的区别在于铝塑复合膜软包装材料。与软包装锂离子电池结构相似，电池由若干片正极片和负极片叠放组成。科研人员通过研究扣式锂-硫电池和软包装锂-硫电池的失效机制差异，发现相较于扣式锂-硫电池中"穿梭效应"造成的电池失效，软包装锂-硫电池的失效是由于在较大的绝对电流下锂金属阳极上的锂枝晶生长和锂粉化，以及因此导致的过电位增大[图 5.24(b)]。电池循环过程中，锂负极经过连续沉积/剥离过程会产生大量锂枝晶，使更多的新鲜锂暴露在电解液中，诱导形成失活锂粉，软包装锂-硫电池中电极的锂离子扩散系数从 2.51×10^{-14} cm²/S 下降到 1.50×10^{-18} cm²/S，交换电流密度从 4.40×10^{-4} A/cm² 下降到 3.38×10^{-5} A/cm²，表现出较大的极化。

考虑到实际多层叠片软包装电池的制备对大型设备的较高要求，本实验选择制备工艺相对简单的单层锂-硫电池。通过该过程让学习者了解软包装锂-硫电池的制备工艺。

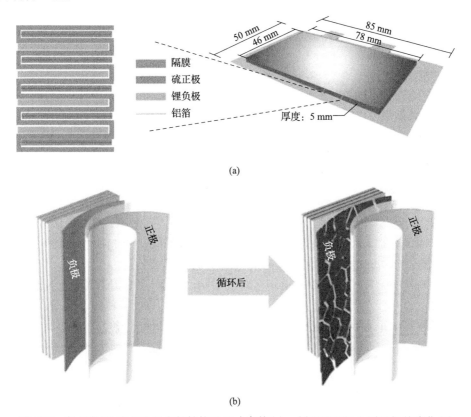

(a)

(b)

图 5.24 软包装锂-硫电池的内部结构及尺寸参数(a)、循环过程锂金属阳极的演化(b)

三、实验方法与步骤

本实验主要通过组装软包装电池来测试锂-硫电池在电化学反应过程中的充放电性能。主要步骤包括硫电极的制备、软包装电池的组装和电池的充放电测试及数据分析。

1. 仪器与材料

研钵、管式炉、鼓风干燥箱、真空烘箱、电池测试系统、氩气手套箱、点焊机、压片机、分析天平、热封机、1 mL 移液枪、剪刀、镊子、小烧杯。

硫粉、科琴黑(KB)、玻璃瓶、高温铝胶带、乙炔黑、PVDF、NMP、PTFE、乙醇、铝箔、隔膜、醚基电解液(1.0 mol/L LiTFSI 溶于 DME:DOL=1:1,体积比;质量分数 2% LiNO$_3$ 作添加剂)、金属锂带、铝网、铝极耳、铜网、镍极耳。

2. 操作步骤

1) S@KB 的制备

S@KB 的制备采用熔融扩散法,具体过程与实验 7 相同。

2) 电极片的制备

a. 擀膜方式

(1) 在天平上放置干净小烧杯,清零后向其中滴入适量 12% PTFE 溶液,记录其质量并算出净 PTFE 的质量。

(2) 按照质量比 S@KB:乙炔黑:PTFE=85:10:5 分别称取 S@KB 和乙炔黑的质量。

(3) 将 S@KB 与乙炔黑混合研磨 10 min 左右,混合均匀后,加到含有 12% PTFE 的小烧杯中,并搅拌成具有一定黏度的泥状物(若搅拌过程中样品太干,可加入适量乙醇)。

(4) 对泥状物进行擀膜,之后将擀好的电极裁成 4.6 cm×7.8 cm 电极片,控制硫的面载量约为 5 mg/cm^2,称量其实际质量,计算硫含量。

(5) 将电极片置于裁好的焊有铝极耳的铝网上,用压片机压实(压力为 10 MPa 左右)。

(6) 将压好电极片置于真空干燥箱 60℃干燥 12 h,待温度冷却后,快速转移至手套箱,备用。

b. 涂膜方式

(1) 预先配置质量分数 5%的 PVDF 黏结剂,溶剂为 NMP,待用。

(2) 按照质量比 S@KB:乙炔黑:PVDF=80:10:10,分别称取 S@KB、乙炔黑及 5%固含量的黏结剂 260 mg、32.5 mg 和 650 mg。

(3) 将上述混合物置于烧杯中,并搅拌成具有一定黏度的浆料(约 30 min;若黏稠度过高,可适当增加 NMP)。

(4) 浆料转移至涂膜机,采用刮刀涂覆法涂膜;随后用托盘将涂好的电极转移至加热板 60℃干燥,再转至真空烘箱 60℃烘干 12 h。

(5) 将电极片裁成 4.6 cm×7.8 cm 的尺寸,并在其中留上边缘 1 cm×1 cm 的铝箔,以用作内部电极连接的极耳。测量电极片上涂覆电极材料的质量(目标面载量控制为约 5 mg/cm^2),然后将内部电极连接的极耳焊接到外部镍电极连接极耳上。随后将其再次转移到真空烘箱中,在 60℃下烘干 12 h。冷却后,迅速将其转移到手套箱内,备用。

3. 锂-硫电池的组装

本实验所采用的电池是软包装电池,电池组装过程在氩气手套箱中进行。电池结构如图 5.25 所示。

图 5.25　软包装锂-硫电池结构图

1. 铜网集流体；2. 金属锂带；3. 隔膜；4. 硫正极；5. 铝网或铝箔；6. 铝塑膜；7. 正负极耳

　　首先，以两块 PTFE 板作为夹板，将 50 μm 厚金属锂带压制于铜网上，将压有锂带的铜网剪裁成 4.8 cm×8.0 cm 大小作为负极片，铜网上边缘预留出 1 cm×1 cm 尺寸用于焊接铜极耳。将尺寸为 5 cm×8.5 cm 的隔膜和准备好的硫正极片依次覆盖在负极片上组装成电芯组件。将电芯组件置于提前准备好的铝塑膜中，滴加 5 mL 电解液后，使用热封机进行密封，完成电池的组装。

　　4. 电池的测量与分析

　　对封装好的电池进行电化学性能测试，使用电池测试系统完成电池的充放电测试，所有实验均采用"恒流放电—恒流充电—循环测试"的程序。充放电测试的电压范围设定在 1.7～2.8 V 之间。

　　在 0.2 C（其中 1 C 等于 1.1 A/g）的恒流放电条件下进行测试，直至达到 1.7 V 的截止电压，然后使用相同电流进行充电，截止电压设置为 2.8 V。接下来进行 100 次充放电循环测试，启动测试前电池需静置 6～8 h。记录电池的充放电比容量并绘制比容量的循环曲线。电池的首圈充放电曲线如图 5.26 所示。

四、实验数据处理

　　(1) 做出锂-硫电池的充放电曲线，横纵坐标分别为比容量和电压。

　　(2) 做出电池的循环寿命曲线，横纵坐标分别为循环圈数和比容量，计算不同圈数容量保持率。

　　(3) 做出不同循环圈数的电池库仑效率，横纵坐标分别为循环圈数和效率。

五、思考与讨论

　　(1) 总结电池每圈库仑效率的变化，分析电池库仑效率低于 100% 的原因。

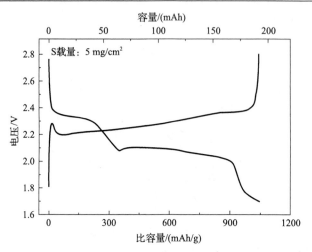

图 5.26　软包锂-硫电池的首圈充放电曲线

(2)锂-硫电池有哪些优缺点，分析电池容量衰减的可能原因。

参 考 文 献

张强, 黄佳琦, 2020. 低维材料与锂硫电池[M]. 北京: 科学出版社.

Cheng X B, Yan C, Huang J Q, et al, 2017. The gap between long lifespan Li-S coin and pouch cells: The importance of lithium metal anode protection[J]. Energy Storage Materials, 6: 18-25.

Manthiram A, Fu Y Z, Chung S H, et al, 2014. Rechargeable lithium-sulfur batteries[J]. Chemical Reviews, 114: 11751-11787.

Seh Z W, Sun Y M, Zhang Q F, et al, 2016. Designing high-energy lithium-sulfur batteries[J]. Chemical Society Reviews, 45: 5605-5634.

实验 32　锂-空气电池制备与性能测试

一、实验内容与目的

(1)掌握锂-空气电池的工作原理。

(2)掌握纳米 Ru/Super P 催化剂的制备方法。

(3)掌握锂-空气电池的制作方法。

二、实验原理概述

已经商业化的锂离子电池的比能量不超过 500 Wh/kg，难以满足人们对电池比能量日益增长的需求。锂-空气电池的理论比能量高达 3450 Wh/kg，远高于锂离子电池。因此，锂-空气电池被认为是极具前景的下一代高比能电池体系。

1. 锂-空气电池的充放电原理

典型的锂-空气电池是由金属锂与氧气反应释放出电能，它由锂负极、电解液和多孔碳正极组成。碳材料具有低质量、低成本、高导电性和优异的化学稳定性等优点，因此是较理想的活性材料载体。电池的工作示意图如图 5.27 所示。在放电过程中，负极的金属锂失去电子(e^-)并生成 Li^+ 离子。同时，空气中的氧气分子在正极表面获取电子(e^-)，发生还原反应，与 Li^+ 离子结合，形成固体产物 Li_2O_2，然后沉积在多孔碳框架内[式(5.10)~式(5.12)]。在充电过程中，发生上述过程的逆反应，Li_2O_2 分解并释放氧气(O_2)。

$$负极：\qquad Li = Li^+ + e^- \qquad E^\ominus = -3.04 \text{ V } vs. \text{ SHE} \qquad (5.10)$$

$$正极：\qquad 2Li^+ + O_2 + 2e^- = Li_2O_2 \qquad E^\ominus = -0.08 \text{ V } vs. \text{ SHE} \qquad (5.11)$$

$$电池反应：\qquad 2Li + O_2 = Li_2O_2 \qquad E^\ominus = 2.96 \text{ V} \qquad (5.12)$$

1)放电反应机理

锂-空气电池正极的放电反应可以通过表面路径或溶液相路径进行,式(5.13)~式(5.17)分别阐明了这两种反应路径。

在表面路径中[式(5.13)和式(5.14)]，O_2 先得到一个 e^- 与 Li^+ 结合生成 LiO_2 并吸附在电极表面[$LiO_{2(ads)}$]，之后 $LiO_{2(ads)}$ 再获得一个 e^- 与 Li^+ 结合生成膜状 Li_2O_2。在溶液路径中[式(5.15)~式(5.17)]，O_2 先得到一个 e^- 与 Li^+ 结合还原生成 LiO_2 并扩散到溶液中[$LiO_{2(sol)}$][式(5.15)]，之后 $LiO_{2(sol)}$ 受电解液中的溶剂、锂盐和添加剂的影响，会电离为 Li^+ 与 O_2^- 并溶解到电解液中[式(5.16)]，溶解后

的 O_2^- 会自发发生歧化反应与 Li^+ 结合生成不溶的 Li_2O_2 并释放 O_2。不溶的 Li_2O_2 会从电解液中析出并结晶成圆环状产物[式(5.17)]。

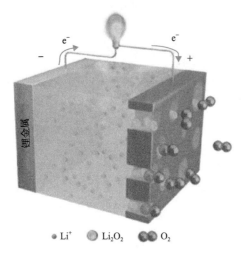

　　　　● Li^+　　　⬤ Li_2O_2　　⬤⬤ O_2

图 5.27　锂-空气电池工作示意图

$$O_{2(g)} + e^- + Li^+_{(sol)} \longrightarrow LiO_{2(ads)} \tag{5.13}$$

$$LiO_{2(ads)} + e^- + Li^+_{(sol)} \longrightarrow Li_2O_{2(ads)} \tag{5.14}$$

$$O_{2(g)} + e^- + Li^+_{(sol)} \longrightarrow LiO_{2(sol)} \tag{5.15}$$

$$LiO_{2(sol)} \longleftrightarrow O_2^{-}{}_{(sol)} + Li^+_{(sol)} \tag{5.16}$$

$$2O_{2(sol)}^- + 2Li^+_{(sol)} \longrightarrow Li_2O_{2(sol)} + O_{2(g)} \tag{5.17}$$

　　电解液中 LiO_2 的溶解度不同。表面路径中，LiO_2 倾向于沉积吸附在电极表面并进一步发生电化学还原反应生成 Li_2O_2。而在溶液相路径中，LiO_2 更倾向于溶解到电解液中，然后自发地发生歧化反应并析出 Li_2O_2。

　　2)充电反应机理

　　充电反应比放电更加复杂。早期的电化学方法和原位拉曼光谱研究表明，氧化 Li_2O_2 需要高电位，并且在乙腈类电解质中的充电过程中未观察到 LiO_2 中间体的存在。因此，研究者提出 Li_2O_2 会通过直接的双电子电化学反应[式(5.18)]发生氧化。

$$Li_2O_{2(s)} \longrightarrow O_{2(g)} + 2e^- + 2Li^+_{(sol)} \tag{5.18}$$

　　后续研究表明，充电过程也分为表面反应路径与溶液相反应路径[式(5.19)～式(5.22)]。表面反应路径包括两个步骤：首先，绝缘的 Li_2O_2 部分失去锂并形成

$Li_{2-x}O_2$（部分脱锂化合物）；然后，$Li_{2-x}O_2$ 进一步脱锂并释放氧气。溶液相路径则包含三个步骤：首先，绝缘的 Li_2O_2 部分脱锂形成 $Li_{2-x}O_2$；随后，$Li_{2-x}O_2$ 继续脱锂生成 LiO_2；生成的 LiO_2 会溶解到电解液中并发生歧化反应，造成氧气析出并生成 Li_2O_2。在充电过程中，锂-空气电池的总反应为 Li_2O_2 的分解，生成金属锂并释放氧气。

$$Li_2O_{2(s)} \longrightarrow Li_{2-x}O_{2(s)} + xe^- + xLi^+_{(sol)} \tag{5.19}$$

$$Li_{2-x}O_{2(s)} \longrightarrow O_{2(g)} + (2-x)e^- + (2-x)Li^+_{(sol)} \tag{5.20}$$

$$Li_{2-x}O_{2(s)} \longrightarrow LiO_{2(sol)} + (1-x)Li^+_{(sol)} + (1-x)e^- \tag{5.21}$$

$$2LiO_{2(sol)} \longrightarrow Li_2O_{2(s)} + O_{2(g)} \tag{5.22}$$

2. 锂-空气电池存在的主要问题

1）碳材料不稳定

碳电极与放电产物 Li_2O_2 接触可能会发生化学反应，生成难分解的 Li_2CO_3 副产物[式(5.23)、式(5.24)]。并且充电电位在 4 V 以上时碳电极易发生分解，生成碳酸盐、羧酸盐等，导致充电过电位增大，进一步加剧碳电极的腐蚀，极大限制了锂-空气电池的循环寿命。

$$Li_2O_2 + C + 1/2\,O_2 \longrightarrow Li_2CO_3 \qquad \Delta G^{\ominus} = -542.4 \text{ kJ/mol} \tag{5.23}$$

$$2Li_2O_2 + C \longrightarrow Li_2O + Li_2CO_3 \qquad \Delta G^{\ominus} = -533.6 \text{ kJ/mol} \tag{5.24}$$

2）电解液不稳定

电解液是锂-空气电池的重要组成部分，Li_2O_2 的形成和分解过程中，Li^+ 和 O_2 的传质效率在很大程度上取决于电解液中的溶剂、盐阴离子和功能性添加剂。这些电解液成分还起到稳定反应中间体的作用，促进 Li_2O_2 的生长。然而，这些高活性中间体也会对电解液造成损害，并降低电池的循环稳定性。

3）锂负极不稳定

电解液中的 O_2 和 H_2O 等物质易扩散至锂负极表面发生副反应，生成 LiOH 和 Li_2CO_3 等副产物，使得电池循环稳定性变差。此外，充电过程中锂枝晶的生长可能会导致电池短路并带来安全隐患。

4）放电产物 Li_2O_2 难分解

随着放电程度的加深，锂-空气电池放电产物 Li_2O_2 会逐渐堵塞碳正极，放电过程中生成的副产物也容易包覆在 Li_2O_2 表面，阻碍其后续充电时的离子、电子传输。因此，分解 Li_2O_2 需要较大的过电势，引发诸多副反应，降低电池的循环稳定性。

5）倍率性能差

由于有机电解液中氧气的溶解度较低，放电时三相反应的动力学速度较慢，这导致电池在放电过程中出现较大的极化，使电池放电提前结束，并降低电池的容量。在充电过程中，由于 Li_2O_2 难以分解，当采用大电流密度进行充电时，会引起较大的充电极化，导致 Li_2O_2 分解不完全，残留的放电产物会堵塞正极孔道，影响电池的后续放电性能。

3. 常用催化剂

常见催化剂为贵金属（如 Pt、Au 和 Pd 等）、金属氧化物（如 MnO_2、Co_3O_4 和 Fe_2O_3 等）、金属硫化物（如 MoS_2、CoS_2 等）和金属碳化物（如 TiC、Mo_2C 等）。

其中贵金属 Ru 单质纳米颗粒具有粒子尺寸小、无毒、化学稳定性好等优点，更重要的是，它在多种金属-空气电池体系中已表现出优异的催化性能。因此，本实验中设计并制备了纳米尺寸的 Ru/Super P 复合正极材料，并测量它在锂-空气电池中的催化性能。

三、实验方法与步骤

1. 仪器与材料

超声波清洗机、真空烘箱、离心机、分析天平、压片机、擀膜机、电池测试系统、氩气手套箱、移液枪、电池封口机、烧杯、药匙、圆底烧瓶、冷凝管、磁子、集热式磁力搅拌器。

氯化钌粉末、乙二醇、Super P 炭黑、蒸馏水、乙醇、铝网、12% PTFE 溶液、扣式锂-空气电极壳、锂片、隔膜、玻璃纤维膜、电解液（1 mol/L LiTFSI/TEGDME）。

2. 操作步骤

1）制备 Ru/Super P 复合材料

（1）在氩气手套箱中称取 50 mg $RuCl_3 \cdot xH_2O$（其中 Ru 质量分数约为 40%）粉末。将其溶解于乙二醇中，然后加入 80 mg Super P 炭黑粉末，并密封容器，随后取出容器离开手套箱。

（2）将混合溶液置于超声波清洗机中，在室温条件下超声分散 30 min，以获得均匀分散的悬浊液。

（3）在 170℃下回流悬浊液 3 h。反应结束后，让其静置并冷却至室温。

（4）倒出溶液上清液，将剩余的固体产物分别用蒸馏水和乙醇洗涤后，置于80℃真空烘箱中干燥 12 h。

2）制备正极

（1）在天平上放置一干净 5 mL 小烧杯，去皮后向其中滴入 1 滴 12% PTFE 溶液，记录其质量并算出净 PTFE 的质量。

（2）按照 Ru/Super P：PTFE=95：5（质量比）的比例，称取制备好的 Ru/Super P 材料，并将其直接加入装有 PTFE 的小烧杯中。

（3）在小烧杯中，使用长柄药匙将 Ru/Super P 和 PTFE 混合成均匀的泥状物。

（4）利用擀膜机将形成的团状固体样品擀成薄膜，然后使用圆形模具裁剪成直径为 12 mm 的圆片，并称量其质量。选择质量在 6 mg 以下的圆片作为电极片。

（5）将电极片置于已裁好的直径为 14 mm 的铝网上，并使用压片机压实（压力约为 20 MPa）。

（6）将电极片放入真空烘箱中，在 80℃下干燥约 8 h。

3）组装电池

电池的组装过程在氩气手套箱中进行，具体操作顺序如下：

首先，将弹簧片和不锈钢垫片依次置于扣式电池的负极壳内，然后放入锂片。接下来，滴加 20 μL 电解液，铺上一层隔膜，再铺上一层玻璃纤维膜。继续滴加 30 μL 电解液，然后放入正极片。最后，将正极壳盖上，使用纽扣电池封口机对电池进行封装，从而完成电池的组装。

4）电池性能测试

将封装好的锂-空气电池放入充满氧气的测试装置中，使用电池测试系统进行充放电测试，实验均采用“恒流放电—恒流充电—循环测试”的程序。

全充放测试模式：电流密度设为 100 mA/g（基于正极催化剂质量），电压范围为 2～4.2 V；循环次数为 5 次。定容充放电测试模式：电流密度设为 100 mA/g（基于正极催化剂质量），放电容量和充电容量均为 1000 mAh/g，循环次数为 10 次。程序启动前将电池静置 6～8 h。记录电池的电压-比容量曲线和充/放电电压-循环次数曲线。全充放测试模式下锂-空气电池的首圈充放电曲线如图 5.28 所示。

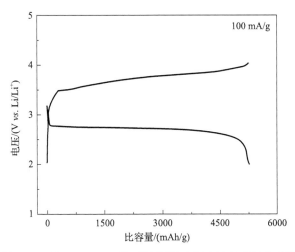

图 5.28　以 Ru/Super P 作正极的锂-空气电池的充放电曲线

四、实验数据处理

(1)绘制出不同充放电模式下锂-空气电池的电压-比容量曲线。

(2)绘制出不同充放电模式下锂-空气电池充/放电电压-循环次数的电化学曲线，并分析相关数据。

五、思考与讨论

(1)简述锂-空气电池的基本工作原理。

(2)分析影响锂-空气电池性能的主要因素。

参 考 文 献

Adams B D, Radtke C, Black R, et al, 2013. Current density dependence of peroxide formation in the Li-O_2 battery and its effect on charge[J]. Energy & Environmental Science, 6(6): 1772-1778.

Aurbach D, McCloskey B D, Nazar L F, et al, 2016. Advances in understanding mechanisms underpinning lithium-air batteries[J]. Nature Energy, 1(9): 1-11.

Imanishi N, Luntz A C, Bruce P G, 2014. The Lithium Air Battery: Fundamentals[M]. New York: Springer.

Yang S, Qiao Y, He P, et al, 2017. A reversible lithium-CO_2 battery with Ru nanoparticles as a cathode catalyst[J]. Energy & Environmental Science, 10(4): 972-978.

Feng N, He P, Zhou H, 2016. Critical challenges in rechargeable aprotic Li-O_2 batteries[J]. Advanced Energy Materials, 6(9): 1502303.

实验 33　质子交换膜燃料电池单电池组装和性能测试

一、实验内容与目的

(1)掌握质子交换膜燃料电池的工作原理。

(2)了解质子交换膜燃料电池的组装过程。

(3)掌握质子交换膜燃料电池性能测试方法,学会利用 CV 法测定电池催化剂的电化学活性面积和 LSV 法确定氢渗透的大小。

二、实验原理概述

1. 燃料电池工作原理与其核心部件 MEA

燃料电池(fuel cell, FC)是一种能源转化发电装置,能够直接将储存在燃料中的化学能转化为电能,无须受到热力学卡诺循环的限制。其能量转化效率接近60%,实际使用效率是内燃机的两倍。其工作原理相对简单,可视为水电解反应的逆过程。在阳极一侧,将燃料引入(常见的有氢气、一些碳氢化合物如天然气、甲烷或醇类),发生氧化反应;在阴极一侧,通入氧化剂(空气或纯氧),发生还原反应。电子通过外部电路形成封闭电路。与其他电池不同的是,燃料电池只需不断提供燃料和氧化剂,即可持续供电。

燃料电池的主要特点如下:

高效能量转换:实际效率高达 60%,通过余热二次利用,总效率可达 85%以上。

广泛应用领域:适用于车载电源、通信基站后备电源、家庭热电联产、航空航天等多个领域。

多种燃料适用:氢气、天然气、醇类甚至重整气等都可以作为燃料供给燃料电池发电。

环保特性:几乎没有有害物质排放,工作时安静、低噪声,相对于传统化石能源,温室气体排放量较低。

高比能量和比功率:能够满足不同功率需求,范围从数百瓦特每千克到数百千瓦每千克不等。

高安全性和模块化:燃料电池拥有坚固的固态机械结构,不包含运动部件,具备潜在的高可靠性和长寿命。

质子交换膜燃料电池以氢气和氧气(或空气)作为燃料和氧化剂,简单地由阳极、阴极和质子交换膜组成,阳极为氢燃料发生氧化的场所,阴极为氧化剂还原的场所,两侧都带有加速电极电化学反应的催化剂,质子交换膜为电解质。图 5.29给出质子交换膜燃料电池工作的简单原理示意图。具体地,阳极侧发生氢的氧化,

电极反应过程为 $H_2 \longrightarrow 2H^+ + 2e^-$，$H^+$ 通过质子交换膜到达阴极界面，电子则通过外电路到达阴极，形成电流，阴极侧电极反应过程为 $2H^+ + 2e^- + 1/2O_2 \longrightarrow H_2O$，总的电极反应为 $H_2 + 1/2 O_2 \longrightarrow H_2O$，整个反应过程中，产物水排出电池。

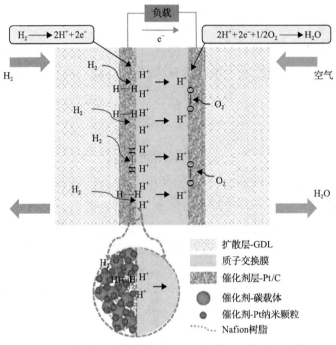

图 5.29　质子交换膜燃料电池 MEA 组件及工作原理示意图

膜电极（membrane electrode assemblies，MEA）是质子交换膜燃料电池的关键组件，它在很大程度上决定了电池的放电性能、效率和寿命。膜电极主要由五个部分组成，包括阳极扩散层、阳极催化层、质子交换膜、阴极催化层和阴极扩散层。

气体扩散层，也叫支撑层，通常由导电的多孔材料构成，包括基底层和微孔层。其作用包括支撑催化层、收集电流、传导气体和排水，理想的扩散层需要同时满足以下三个条件：出色的排水性、杰出的透气性和出色的导电性。目前，碳纸和碳布是广泛使用的扩散层材料，通常通过添加憎水剂（如聚四氟乙烯）来改善碳纸或碳布的疏水性，以促进气体和反应产物的传输。

催化层是发生电化学反应的关键地方。通常，它由质子交换膜（如全氟磺酸离子聚合物）提供质子传输通道，催化剂（如 Pt/C）提供电化学活性位点和电子通道，以及由各组成材料构成的多孔结构（扩散层）提供反应气体和产物水的传输通道。提高催化层性能的关键在于有效构建"三相反应区"，并提高反应气体和反应产物的传输能力。质子交换膜的主要作用是实现质子的快速传导，同时也阻隔氢气和氧气、氮气在阴阳极之间的渗透。质子交换膜的性能好坏直接决定着燃料电池的性能和使用寿命。理想的质子交换膜需要具备高质子传导率、低电子导电率、低气体渗透性化学以及良好的电化学和热稳定性等特点。

　　本实验的目的是通过单电池的组装了解燃料电池的核心部件的组成，学习评估燃料电池性能的表征方法。

2. 质子交换膜燃料电池性能评估

　　通常，电池性能的评估采用电池的放电极化曲线(I-V曲线)及功率密度($P = i \cdot v$)曲线，图 5.30 展示了单电池的典型 I-V 曲线及功率曲线。在理想情况下，燃料电池的开路电压可以达到 1.23 V，但由于不可避免的损耗，实际燃料电池的电压输出总是低于热力学理论值。一般来说，主要存在三种燃料电池损耗，这些损耗决定了一个燃料电池 I-V 曲线的特征形状，可以看出，随着放电电流的增加，这些损耗也会增加。

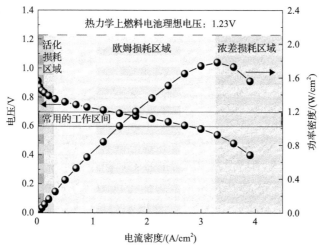

图 5.30　电池放电极化和功率密度曲线

　　这三种损耗分别为：活化损耗、欧姆损耗和浓差损耗，分别对应图 5.29 中标示的三个相应的区域。活化损耗是由电化学反应动力学引起的损耗，主要影响 I-V 曲线的初始部分，一般在 200 mA/cm² 以下的放电区域。欧姆损耗，又称为 iR 损耗，由离子(H^+)和电子的传导引起的阻抗损耗，主要影响 I-V 曲线的中间部分。在这个区域，离子电导性，即电解质传输质子的能力，尤为关键，它在很大程度上决定了该区域的电势损耗。离子电导性差会导致曲线的陡峭下降，电池电势迅速下降。浓差损耗，又称质量传输损耗，由反应物供给和生成物排出过程引起，在曲线的尾端出现。这一损耗受催化剂内部状态的影响，催化剂表面的反应物耗尽或生成物聚积，以及催化剂活性位丢失都会引发严重的电势损耗。通常情况下，电池工作在欧姆损耗区域，电压保持为 0.6～0.7 V 之间，以获得电池较长时间且稳定的性能输出。

除了简单的 *I-V* 或功率曲线这一评价手段之外，通常的电化学分析手段，如 CV 曲线在质子交换膜燃料电池测试中也有应用。将电池保持在氢/氮（阳极/阴极）氛围，以阴极侧电极为工作电极，阳极侧电极作对电极和参比电极，通过 CV 和 LSV 曲线分别获得催化剂电化学活性面积（阴极侧）和膜电极渗氢电流的大小。图 5.31 展示了 LSV 和 CV 的特征曲线。

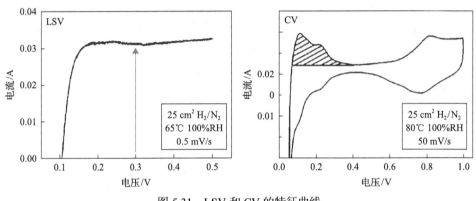

图 5.31　LSV 和 CV 的特征曲线

渗氢电流值通常以 LSV 曲线中 0.3 V 下的电流为依据，该值大小主要反映氢气从阳极渗透扩散至阴极侧的严重程度，数值越大表示有更多的氢气扩散至阴极侧。阴极催化剂的电化学活性面积可以通过 CV 曲线中氢脱附峰的面积来计算。具体计算方法如下：首先，在电压范围大约在 0.05～0.4 V 的区域内对氢脱附峰（电流值大于 0 的区域）进行积分，得到一个面积 S（单位：A·V）。然后，按照式(5.25)计算电化学活性表面积（electrochemical active surface area，ECSA）：

$$ECSA = S / (C \times v \times M) \tag{5.25}$$

式中，ECSA 为 Pt/C 催化剂的电化学活性表面积，m^2/g；S 为氢脱附峰的积分面积，A·V；M 为膜电极上 Pt 的质量，g；v 为扫描速度，mV/s；C 为光滑 Pt 表面氢吸附常数，0.21 mC/cm^2。

三、实验方法与步骤

1. 仪器与材料

催化剂涂层膜（catalyst coated membrane，CCM，包含了催化层及质子交换膜）、碳纸、PTFE 密封层、流场板、热压机、单电池组装框架、Scribner 850e 燃料电池测试系统、高纯氮气、高纯氢气、空气。

2. 操作步骤

1) 单电池组装

(1) MEA：准备 3.5 cm×3.5 cm 的 CCM、2 个 2.5 cm×2.5 cm 的碳纸(扩散层)和 PTFE 密封层，将它们在热压机中进行 140℃、4 MPa、2 min 的热压。注意标注阴阳极。

(2) 组装的单电池结构如图 5.32 所示：组装顺序从里到外分别是流场板(起到隔离阴极和阳极反应物、提供反应气体流动通道、收集输出电流和提供膜电极支撑的作用)、PTFE 密封垫、扩散层、CCM 电极、扩散层、PTFE 密封垫、流场板，1 MPa 压制后得到单电池。本实验电池的有效面积为 6.25 cm²。

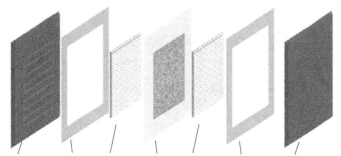

流场板　PTFE密封垫　扩散层　CCM电极　扩散层　PTFE密封垫　流场板

图 5.32　单电池组装示意图

(3) 将组装的单电池按照阴阳极连接到燃料电池测试系统上。图 5.33 是基本

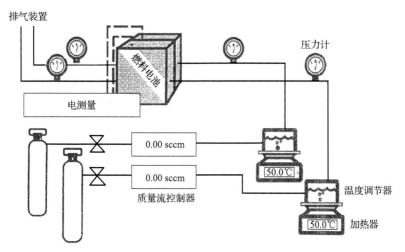

图 5.33　典型的燃料电池测试平台示意图

燃料电池测试平台示意图，包含气体、温度、压强、相对湿度等必要测试条件。

2) 电池测试

本实验中电池的测试均在 Scribner 850e 燃料电池测试系统上进行，包括放电性能测试、电化学测试如循环伏安、线性扫描等。

(1) 将 Scribner 850e 电源打开。

(2) 点击桌面 fuel cell 软件，设置电池的面积(本实验为 6.25 cm^2)、测试需要的温度和气体流量。具体测试条件如下：放电极化曲线(*I-V*)，电池电势在放电区间的表现，电池工作条件为：80℃、加湿罐温度均为 80℃(湿度为 100% RH)、氢气/空气(阳极/阴极)、环境压力。

(3) 循环伏安(CV)扫描，氢气/氮气(阳极/阴极)，扫描区间为 0.05～1.0 V，扫描速度为 50 mV/s，扫描 10 圈，取第 10 圈数据。

四、实验数据处理

做出燃料电池的放电极化曲线图(将电流密度与功率密度对电压的曲线做在一张图上)，如图 5.34 所示。

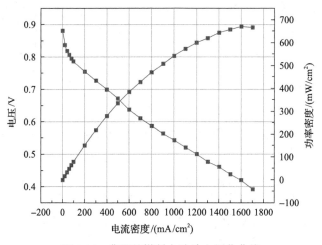

图 5.34 典型的燃料电池放电极化曲线

五、思考与讨论

(1) 影响质子交换膜燃料电池性能的因素有哪些？

(2) 简要说明电化学活性面积的含义是什么？

参 考 文 献

藤岛昭, 1995. 电化学测定方法[M]. 北京: 北京大学出版社.

衣宝廉. 2004. 燃料电池: 原理·技术·应用[M]. 北京: 化学工业出版社.

中华人民共和国国家质量监督检验检疫总局, 中国国家标准化管理委员会, 2009. 质子交换膜
　　燃料电池 第 5 部分: 膜电极测试方法[S].

第六章　原位测量技术实验

实验 34　原位测量锂离子电池材料的 X 射线衍射谱

一、实验内容与目的

(1) 掌握 X 射线衍射表征的基本原理。

(2) 掌握非原位 X 射线衍射与原位 X 射线衍射测量的方法与仪器操作步骤。

(3) 了解锂离子电池中 $LiFePO_4$ 正极材料的 X 射线衍射图谱与数据分析方法。

二、实验原理概述

1. X 射线衍射的基本原理

XRD，全称 X 射线衍射（X-ray diffraction），是一种研究表征手段，利用 X 射线穿过晶体时，由不同晶面产生不同的衍射现象，从而产生不同强度的 X 射线特征信号，进一步处理后可以生成相应的衍射图谱。通过分析这些图谱，可以获取材料的组成成分、晶体结构类型以及材料内部原子和分子的排列等信息。

1）X 射线的本质

X 射线最早是由德国物理学家伦琴（W. C. Röntgen）于 1895 年发现的。当时他正在研究阴极射线，为了控制外界光线对真空管高压放电的影响，偶然地发现了一种具有极强穿透力的射线，并将其命名为 X 射线。

2）X 射线的产生

X 射线的产生是通过高速运动的电子撞击某种金属靶材而实现的。在这个过程中，电子会突然减速，并与某个原子内部的电子发生强烈相互作用，从而产生 X 射线。因此，要产生 X 射线，通常需要满足以下几个基本条件：

①有能够产生自由移动电子的电子源；②存在一个能够施加高压电场，使电子做定向高速运动的设备；③存在一个能够承受电子撞击并使其突然减速的靶材。基于这些原理，X 射线管的大致结构可以被设计出来。

X 射线的本质与可见光、紫外线、红外线辐射以及宇宙射线是完全相同的，它们都属于电磁波或电磁辐射，如图 6.1 所示。同时，X 射线既具有波动性又具有粒子性特征，其波长相对于可见光非常短，约为 0.01~10 nm，与晶体的晶格常数大致在相同数量级。此外，X 射线具有高能量和动量，约在 124 eV~1.24 MeV

之间，因此具有很强的穿透性。

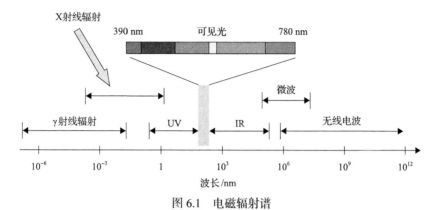

图 6.1　电磁辐射谱

X射线管一般包括两个电极(阳极和阴极)以及窗口部分，如图6.2所示。

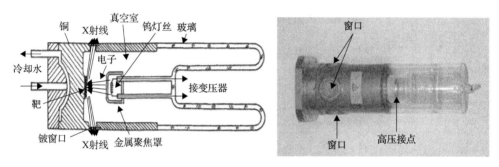

图 6.2　X射线管结构示意图及实物图

(1)阴极。阴极的主要作用是发射能够自由运动的电子。通常，阴极由钨丝制成灯丝。当灯丝通过足够大的电流时，会产生电子云。随后，当施加足够大的电压场时，这些电子会以高速运动形式发射出来。

(2)阳极。阳极也被称为靶材，主要作用是提供一个使电子突然减速并产生X射线的地方。除了软X射线使用Al靶材，常用的靶材主要包括Cr、Co、Ni、Cu、Ag、W等材料，具体情况如表6.1所示。

表 6.1　常见靶材的种类和用途

靶材种类	主要特长	用途
Cu	适用于晶面间距 0.1～1 nm 测定	几乎全部标定，采用单色滤波，测试含 Cu 试样时有高的荧光背面；如采用 Kβ 滤波，不适用于 Fe 系试样的测定
Co	Fe 试样的衍射线强，如采用 Kβ 滤波，背底高	最适宜于用单色器方法测定 Fe 系试样
Fe	Fe 试样背底小	最适宜于用滤波片方法测定 Fe 系试样

靶材种类	主要特长	用途
Cr	波长长	包括 Fe 试样的应用测定，利用 PSPC-MDG 的微区测定
Mo	波长短	奥氏体相的定量分析，金属箔的透射方法测定(小角散射等)
W	连续 X 射线	单晶的劳厄照相测定

注：靶材料的原子序数越大，其特征 X 射线波长越短，能量越大，穿透能力越强。

(3)窗口。窗口的主要作用是为 X 射线提供通道以射出。通常情况下，X 射线管会配备两个或四个窗口，窗口的材料需保证对 X 射线的吸收较小，并且具备足够的强度以维持管内的高真空状态。最常使用的窗口材料是金属铍。

3)布拉格方程

对于 X 射线衍射，当光程差是入射光波长的整数倍时，对应晶面的衍射线将进一步加强，这时满足的条件为

$$2d\sin\theta = n\lambda \quad (n=0,1,2,3,\cdots)$$

这就是布拉格方程，其中，d 为对应晶面的晶面间距；θ 为入射线与入射晶面或反射线与反射晶面之间的夹角；λ 为波长；n 为反射级数。需要注意的是 X 射线在晶体中产生的衍射一定满足布拉格方程，但有些情况下，满足布拉格方程不一定会产生晶体衍射，这就是系统消光现象的出现。

4)粉末衍射花样成像原理

粉末样品通常由许多不同尺寸的小颗粒组成，尺寸大约在 $10^{-4} \sim 10^{-2}$ mm 之间，每个颗粒包含许多不同取向的晶粒，这些晶粒随机分布其中。在典型的实验样品中，每组粉末包含大量小晶粒，每个晶粒的取向是完全随机的和无规则的。X 射线照射的体积通常约为 1 mm^3，这意味着在这个范围内存在各种不同取向的晶粒。因此，在这种粉末多晶物质中，某一组平行晶面(hkl)在空间中的位置分布与某一单晶物质在空间中绕各个方向旋转的那一组平行晶面(hkl)在空间位置的分布是等效的。

在粉末样品中，由于存在大量不同取向的晶粒，因此粉末衍射时，总有一些晶粒的取向恰好能使相应的晶面满足布拉格方程，从而产生 X 射线衍射现象，并获得相应的衍射图谱。

在粉末衍射中，如果采用倒易空间的概念，那么晶体中各个晶面的倒易矢量分布在整个倒易空间中的各个方向，而它们的倒易结点分布在以倒易矢量长度为半径的倒易球上。如图 6.3 所示，进行衍射的锥顶角为 4θ。不同晶面间距的每一组晶面根据它们各自的晶面间距 d 值产生各自不同的衍射锥，从而每一种晶体都会形成各自独特的一系列衍射锥构型。进一步地，通过衍射锥的强度和衍射锥角

θ值的不同，采用倒易点阵来描述这种分布，由于在单晶体中，某一个平行晶面(hkl)对应的正好是倒易点阵中的某一个倒易点，因此，对于粉末多晶来说，其中的某一组平行晶面相对应的一定是以倒易点阵原点为圆心，以$|H_{hkl}|=d_{hkl}$为半径的一个倒易球上，倒易点可以位于球面上的各个位置。

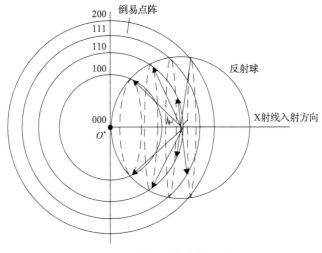

图 6.3　粉末衍射成像原理

据此，由于每一种不同晶体的内部原子的排列顺序以及方向都是独一无二的，因此它们所对应的衍射花样也应该是唯一的。我们根据观察到的每一组衍射花样，就可以获得其衍射图谱，从而推断该晶体的晶胞大小、形状和位向关系等。

2. X 射线衍射在二次电池中的应用

1）非原位 XRD（*ex-situ* XRD）

在室温下对某种材料进行一次性的 XRD 扫描，都可以视为非原位 XRD。这种表征方式通常用于较为稳定的材料，以进行晶体结构表征。它也是最常用的一种表征技术。

目前其应用主要有以下几个方面。

（1）物相分析

X 射线衍射在材料领域的主要应用之一是物相分析，通常分为定性分析和定量分析。定性分析是通过将测试获得的衍射图谱与已知物质的标准衍射图谱进行比对，以大致确定材料中可能存在的一些物相结构。而定量分析则通过分析材料的衍射数据，根据衍射强度等信息，计算材料中某种物相的含量。物相分析对于研究材料性能与相含量的关系、鉴定未知材料中的物相、探究材料的组成成分以及确定材料的后续处理方案是否合适都具有重要意义。

（2）精密点阵参数的测定

精密点阵参数的测定通常用于测定某一相图中的固态溶解度曲线。这是因为当溶解度发生一定变化时，材料的晶格参数也会随之改变。当材料达到溶解度的极限时，随着继续增加溶质，新相会析出，从而晶格参数不再改变，这一转折点表示材料的溶解度极限。有时，通过精密点阵参数的测定，可以确定某一个单位晶胞内部的原子数目，从而更准确地确定固溶体的类型。此外，通过这种方法还可以计算材料的密度、膨胀系数等常用物理常数。

（3）取向分析

X 射线衍射对取向的分析主要包括对单晶的取向测点和对多晶结构的择优取向分析两大类。通过分析材料的测定结果，可以研究某系列晶胞参数与衍射方向强度值之间的关系，从而进行晶体取向的判定。例如，对单质硅钢片的取向测定具有重要意义。此外，在金属材料中，变形过程中会产生孪生、滑移、位错等结构，也可以通过取向分析进一步研究这些特性。

（4）晶粒大小和微观应力的测定

通过分析材料测得的 X 射线衍射图谱中各衍射峰的峰强度和半峰宽等参数，可以计算晶胞中晶粒的尺寸以及分析微观应力。在金属材料的形变和热处理加工中，这两个参数都会发生明显变化，通过测定和调整它们可以决定材料的性能提升。

除了上述常见的应用方面，X 射线衍射还用于测定材料的宏观应力，研究晶体结构，包括孪生、位错、层错以及原子偏离平衡位置等；研究晶体结构中的短程有序、原子偏聚等方面；分析合金相变和结构变化；研究非晶态金属和液态金属的结构，以及研究材料在特殊状态下的性质等。

在二次电池领域，非原位 XRD 主要应用于电极材料的原始物相表征以及晶粒大小等方面。

目前，大多数锂离子电池的电极材料都具有一定的晶体结构。通过将测得的衍射图谱与已知物质的标准衍射图谱进行比对，可以在一定程度上鉴定未知材料中的各种物相和其对应的晶体结构信息。

XRD 衍射数据还可以用来半定量地测量晶粒大小。通常，选择较强的衍射峰，确定晶面间距后，使用 Scherrer 公式计算样品中某一晶面的晶粒尺寸。Scherrer 公式如下：

$$D = K\lambda / (B_{1/2}\cos\theta)$$

式中，D 为沿晶面垂直方向的厚度，可认为是晶粒的大小；K 为衍射峰形 Scherrer 常数，一般取 0.89；$B_{1/2}$ 为衍射峰的半高宽，弧度；θ 为布拉格衍射角；λ 为 X 射线波长，对于 Cu Kα 阳极靶，$\lambda = 0.154$ nm。需要注意的是，若采用此公式进行计算时，选用不同的衍射峰参数，计算得到的晶粒尺寸可能存在差异，往往需要选取几组峰进行计算，然后选用其平均值。

特殊条件下获得的 XRD 图谱数据还可以用来进行晶体材料中各元素的占位情况分析、键长和键能等精细分析。这种数据处理手段即为 Rietveld 图形拟合修正结构法。

图 6.4 展示了锂离子电池中市场上主要商业化的正极材料 $LiFePO_4$ 的 XRD 衍射图谱。通过进一步分析该图谱，可以得出 $LiFePO_4$ 材料具有正交晶系结构，其空间群属于 *Pbmn* 空间群，后来被科学家们称为橄榄石型结构。在 $LiFePO_4$ 的晶胞中，铁原子、锂原子和氧原子形成八面体结构，分别为 FeO_6 和 LiO_6，而磷原子和氧原子则形成 PO_4 四面体结构。锂离子在这个结构中有一个沿 *c* 轴平行的通道，它可以通过扩散方式自由进入或离开该通道。

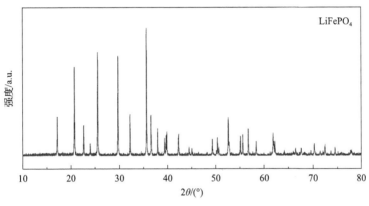

图 6.4 $LiFePO_4$ X 射线衍射图谱

2) 原位 XRD（*in-situ* XRD）

非原位 XRD 通常只能用于表征材料的某个稳定晶体结构，从而提供关于晶体相、晶格参数和缺陷的定性信息。然而，在二次电池研究中，特别是在电池的充放电过程中，伴随着多个物相的转变，各晶格参数也会发生明显的变化。因此，研究电极在充电和放电过程中的相变对于提高电池性能和增强电池安全性非常重要。为应对这一需求，原位 XRD（*in-situ* XRD）技术应运而生，它能够实时、动态地监测二次电池材料在充电和放电过程中的相变和结构演变，提供了强大的工具用于电池研究。

在常见的二次电池中，电极材料通常以电极片的形式组装到电池中。制备电极片的工艺参数差异较大，因此每个电极片之间可能存在明显的物理差异。如果采用非原位 XRD 进行相结构表征，通常需要拆卸电池并研究其中的材料。这一过程较为烦琐，且无法提供关于电池内部实时状态的信息。因此，原位 XRD 可以实时监测电池充电和放电过程中电极材料的相变，无需拆卸电池，有助于更深入地理解电池性能和稳定性。

举例来说，如果要比较不同充电和放电阶段的相结构变化，使用非原位 XRD 需要选择不同的电池电极片进行测试。由于每个电极片上的活性物质负载和分布各不相同，因此 X 射线衍射图谱的峰强度或峰位置可能会产生明显的变化，难以进行可靠的比较。此外，拆卸电池、清洗电极片可能会对其产生影响，因此所获得的结果与电池内部真实状态可能不符。

原位 XRD 利用专门设计的电池模具，能够在同一电极片的相同区域进行测试和分析，并且可以同时进行充电和放电过程。这使其可以获得实时、准确的衍射图谱序列，用于精确比对晶格参数、相结构等，并研究充电和放电过程中的变化。这种方法有助于更深入研究各种电极材料在特定充电和放电过程中的行为变化，对于改进材料和提高性能非常重要。

如图 6.5 所示，进行原位 XRD 表征需要准备一个特殊的电池模具，该模具可以让 X 射线顺利穿过并允许电池进行正常的充电和放电过程。与常规扣式电池不同，这种模具需要在正极外壳上添加一个窗口，并用铝箔密封，以便 X 射线能够顺利穿透铝箔并扫描材料，同时保证电池能够正常进行充电和放电，从而观察到材料晶体结构的变化。

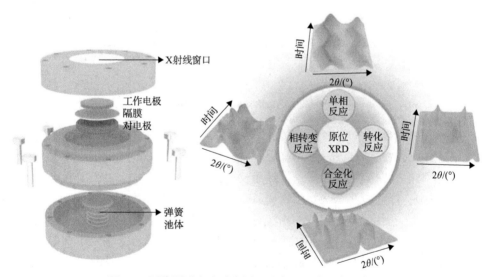

图 6.5　原位测试电池示意图以及常见四种反应示意图

三、XRD 衍射图谱的精修拟合

在通过 XRD 测试获取待测样品的 XRD 衍射图谱后，由于材料中各物质的谱峰存在一定的重叠，因此无法直观地从图谱中获取有关材料结构的一些信息。为了获得所需的信息，需要借助其他手段对 XRD 衍射图谱进行进一步的处理。荷兰晶体学家 Hugo M. Rietveld 提出了一种全谱拟合的方法，用于处理 XRD 测试数据。该方法能够克服多晶衍射的局限性，从而获得多晶材料的各种结构信息。目前，Rietveld 拟合方法已经成为获取材料结构信息和修正晶体结构的主要方法之一。通过对 XRD 数据进行全谱拟合，可以更准确地解析出材料中不同晶体的特征，并提供更详细的结构信息。Rietveld 拟合方法的应用使得研究人员能够更深入地了解材料的晶体结构，包括晶格常数、晶胞参数等重要参数。这种方法的优势在于能够有效地处理多晶样品的复杂衍射图谱，从而提供更可靠和精确的结构信息。因此，Rietveld 拟合方法在材料科学领域中已经得到广泛应用，并被认为是一种不可或缺的分析工具。

1. Rietveld 法的基本原理

如图 6.6 所示，Rietveld 法的基本原理是在给定一个初始结构模型的情况下，通过一定的峰形函数对测试获得的衍射图谱进行计算，同时利用最小二乘法不断地调整晶体结构的模型参数，从而使得计算图谱能够和实验图谱达到较好的重合，以此来确定实验图谱中所测材料的相应结构信息。

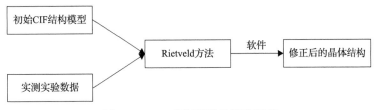

图 6.6　XRD 衍射图谱的精修原理

2. XRD 衍射图谱的精修步骤

近年来，随着 XRD 衍射图谱精修拟合的逐渐普及，研究人员陆续开发出多种精修软件，如 MDI Jade、GSAS、Fullprof、TOPAS 和 High Score Plus 等。其中，GSAS 软件是较早开发的一种，目前被广泛使用。以下以 GSAS 软件为例，简要介绍 XRD 衍射图谱的精修过程。

GSAS 的全称是 general structure analysis system，中文名为"综合结构分析系统"。该软件不仅可在 Windows 平台运行，还支持苹果公司的 Mac 系统和 Linux 等操作系统。GSAS 软件具有清晰简洁的操作界面，并配备图形化界面 EXPGUI，可通过官方网站方便下载和安装。

XRD 衍射图谱的主要精修步骤如下(以 $LiFePO_4$ 为例)：

(1)首先，安装 GSAS 软件，并提前准备好如图 6.7 所示的文件：待测材料的晶体结构模型(cif文件)、通过测量获取的 XRD 数据以及仪器的设置参数。cif 模型文件是一种常见的晶体结构信息文件，其文件格式由国际晶体学联合会指定，并可从 ICSD、COD 等网络数据库检索下载。常见的 XRD 数据格式有 raw、xy、txt、xrdml 等几种类型。可以使用 CMPR 软件将以上几种格式的文件转换成 GSAS 软件可读写的 gsas 文件格式。根据所选用的仪器品牌和型号对仪器参数进行设置和修改，仪器测试软件自带 inst_xry.prm 仪器参数文件，可以满足常规精修所需。

名称	修改日期	类型
inst_xry.prm	2009/2/10 18:42	PRM 文件
LiFePO4.cif	2024/5/2 20:21	CIF 文件
LiFePO4.gsas	2024/5/2 19:13	GSAS 文件

图 6.7　XRD 衍射图谱精修需要准备的文件

(2)启动 GSAS 软件，创建精修文件夹。如图 6.8 所示，选择精修文件储存路径，并输入项目名称(注意文件储存路径上不能有空格、汉字以及特殊符号等，否则会造成精修过程报错)，完成后点击 Read，弹出窗口上选择 Create。然后输入样品名称(如：LiFePO4)，点击 set，进入精修界面。

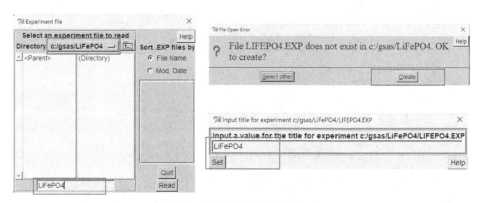

图 6.8　创建精修文件夹界面

(3)将准备好的结构模型、测试数据以及仪器参数文件导入相应的对话框中。

cif 模型导入(图 6.9)：在 Phase 菜单栏下选择 Add Phase 按钮，可以选择手动输入晶胞参数信息，也可通过读取 cif 文件自动输入。以读取 cif 文件为例，在弹出的列表中选择第二个 Crystallographic Information File(CIF)，找到 cif 文件所在路径，选择 Open。在随后弹出的两次对话框中均选择 Continue，进入晶胞参数界面，没有严格需要调整的地方可以直接点击 Add Atoms，有需要调整的可以直接在参数中进行修改。

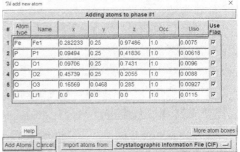

图 6.9　cif 模型导入界面

测试数据与仪器参数导入（图 6.10）：在 Powder（或 Histogram）菜单栏下选择 Add New Histogram，在弹出界面选择 Select File，分别添加 gsas 格式的 XRD 测试数据和 prm 格式的仪器参数文件，添加好数据后，点击 Add 完成数据的导入。

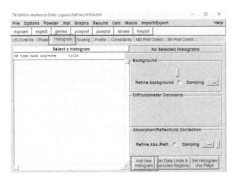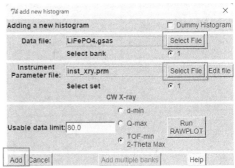

图 6.10　测试数据与仪器参数导入界面

（4）在建立精修文件夹后，设置拟合过程中的初步参数，例如每次拟合进行几次重复、每次拟合衰减的范围等。如图 6.11 所示，首先在 LS Controls 界面进行基本的精修拟合设置，Number of Cycles 为每次进行拟合操作的计算重复次数，根据

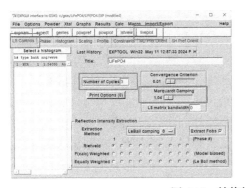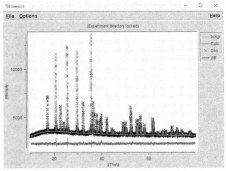

图 6.11　精修拟合操作界面

计算机性能适当选择,一般在 3～8 次;可通过调节 Marquardt Damping 数值,控制每次拟合衰减的范围。然后依次点击 powpref 和 genles,分别进行数据修改确认和拟合计算过程,后续的所有改变的操作步骤都需要依次点击这两个按钮,进行拟合,省略为"进行计算"。

(5)由于 XRD 测试条件、仪器以及状态等不同,每次获得的数据质量并不相同,需要对其背景基线进行拟合(图 6.12)。在 Powder 界面选择 Edit Background,在弹出界面 Function type 选 1,Number of terms 选 6～24 任意数字(并不一定越大越好,需要视情况而定),点击 set,勾选 Refine background 可以直接进行计算,若数据背景不完全平直,可以点击 Fit Background Graphically 进入手动添加基点界面,辅助进行拟合,然后再进行计算,提升拟合数据的质量。

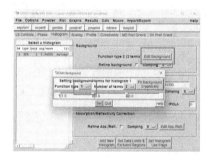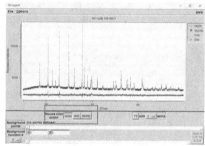

图 6.12　背景基线拟合界面

(6)当背景基线拟合完成后,为了使拟合计算数值显示与测试数据做到较好的匹配,还需要选择对标度因子进行拟合(图 6.13),在 Scaling 界面勾选 Refine 选项进行计算即可。然后对 XRD 的衍射峰形进行拟合,需要使用相应的峰形函数进行拟合。在 Profile 界面有较多的峰形函数可供选择匹配进行拟合计算,每次进行拟合时尽量选择一个函数进行计算,一个计算完成后再选择下一个函数进行计算,避免同时计算而产生冲突报错。这些函数并不用全选择,根据数据质量选择部分即可。在计算过程中,可以观察程序中 CHI*2 的数值的大小,数值越小代表拟合的准确度越高,拟合过程中实时观察数值是否降低。

图 6.13　标度因子和峰形拟合界面

（7）当峰形函数部分拟合完成后，拟合图谱的准确度已经较高。再进入详细的晶格参数、原子占位以及温度因子的拟合（图 6.14）。在 Phase 界面勾选 Refine Cell，进行一遍计算；然后对晶胞中各原子占位进行拟合，按原子相对质量从重到轻的顺序分别选中（同元素可以一起选择），勾选 X 前面的方框后开始计算，直至所有原子拟合完成；然后进行温度因子的拟合，勾选所有原子，勾选 U 前面的方框，开始计算；最后对原子占有概率进行拟合，同样操作步骤对 F 参数进行拟合计算。通过查看实时的 CHI*2 数值的大小以及拟合图谱中计算衍射峰与测试数据重合的程度判断拟合是否可以完成。

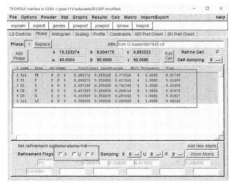
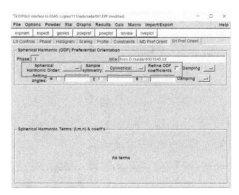

图 6.14　晶格参数和原子占位拟合界面

（8）当拟合完成后，仍然可以重复上述拟合过程中的任一操作步骤进行计算，不断优化拟合结果。最终，通过软件导出计算得到的晶体结构模型、详细晶胞参数以及图谱数据等信息。对于详细的晶格参数以及晶胞中各原子信息，可以直接从 Phase 界面读取，也可以点击 lstview 选项，查找相应数据以及读取拟合程度。在 liveplot 界面，选择 File-Export plot-as csv.file 可以导出相应的拟合数据图谱结果（图 6.15），方便进行精修拟合图谱的绘制。

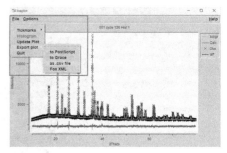

图 6.15　精修拟合结果和数据导出界面

使用 GSAS 软件还可进行多相物质的 XRD 衍射图谱精修，通过导入多个原始晶体结构模型进行计算，从而获得多相物质中各物相的相对比例等信息。

四、实验方法与步骤

1. 仪器与材料

电池测试仪 1 台、Bruker D8AA25 X 射线衍射仪 1 台、氩气手套箱 1 台、天平 1 台、原位测试专用电池模具 1 套、玛瑙研钵、药匙、镊子、烧杯、擀膜机、切片机、压片机、真空干燥箱、移液枪。

镍钴铝酸锂（$LiNi_{0.8}Co_{0.15}Al_{0.05}O_2$，NCA）正极材料、Super P 导电炭黑、质量分数为 12% 的 PTFE 黏结剂、铝网、锂离子电池用电解液、金属锂片、GF-D 隔膜、无水乙醇。

2. 操作步骤

1）样品准备

（1）取适量质量分数为 12% 的 PTFE 黏结剂加入烧杯中，按照 NCA∶Super P∶PTFE = 85∶10∶5 的质量比称取相应材料，研磨混合均匀后将 NCA 和 Super P 炭黑加入盛有 PTFE 的烧杯。

（2）滴加适量无水乙醇分散上述混合物，用药匙充分搅拌并团压至表面光滑，取出放置在擀膜机上擀制成薄膜，裁片称重后压在铝网集流体上作为正极，真空

80℃干燥 12 h 待用。

(3)在氩气手套箱中组装原位测试电池模具。从带窗口的一侧开始，按照正极（工作电极）—电解液—隔膜—电解液—锂片（对电极）—弹簧池体的顺序依次排列，拧紧后静置 6 h 待测。

2)原位 XRD 测试

(1)在进行实验前须仔细阅读测试仪器的使用说明书和操作规程等,严格遵守操作规程,按正确步骤启动仪器。

(2)打开 X 射线衍射仪的样品室门,将组装好的原位测试电池模具放置到样品底座上,然后连接好测试仪与电池,关闭样品室门,设置电池充放电测试参数,倍率选择 0.1C,电压窗口选择 2～4.3 V。

(3)编辑原位 XRD 测试参数。测试角度范围选择 10°～70°,测试步长选择 2°～5°/min,根据充放电测试时长选择图谱采集数量。

(4)在确认测试参数无误后,点击开始按钮进行连续取谱,同时点击充放电测试仪软件的开始按钮进行充放电测试。

(5)测试完毕后,保存 XRD 和充放电测试数据。打开样品室门,将电池测试仪的测试线拆除,并将模具电池从样品底座取下,关闭样品室门,并按正确步骤关闭仪器。

五、实验数据及处理

(1)绘制 NCA 电池的充放电曲线图以及对应的原位 X 射线衍射图谱,如图 6.16(a)所示。

(2)分析充放电过程中 NCA 材料的相结构变化,判断各相的形成原因。

(3)使用 GSAS 软件对原位测试获得的 XRD 图谱进行拟合修正[图 6.16(b)],分析 NCA 的晶胞参数在充放电过程中的变化。

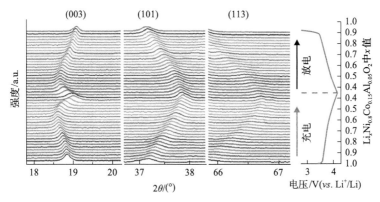

(a)

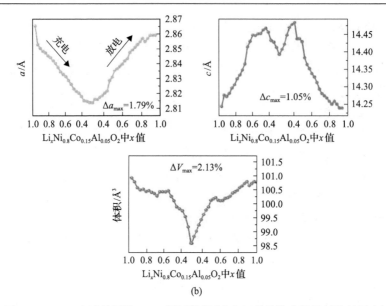

图 6.16　NCA 电池的原位 XRD 测试数据(a)和相应晶胞参数的精修结果(b)

六、思考与讨论

(1)简述 X 射线形成的机理。

(2)简述 X 射线衍射仪的结构和工作原理。

(3)X 射线衍射图谱分析鉴定应该注意哪些问题?

参 考 文 献

潘峰, 王英华, 陈超, 2016. X 射线衍射技术[M]. 北京: 化学工业出版社.

郑振环, 李强, 2016. X 射线多晶衍射数据 Rietveld 精修及 GSAS 软件入门[M]. 北京: 中国建材工业出版社.

周玉, 武高辉, 2007. 材料分析测试技术——材料 X 射线衍射与电子显微镜分析[M]. 2 版. 哈尔滨: 哈尔滨工业大学出版社.

Liu D Q, Shadike Z, Lin R, et al, 2019. Review of recent development of *in situ*/operando characterization techniques for lithium battery research[J]. Advanced Materials, 31: 1806620.

Zhang N, Zhang X, Shi E, et al, 2018. *In situ* X-ray diffraction and thermal analysis of $LiNi_{0.8}Co_{0.15}Al_{0.05}O_2$ synthesized via co-precipitation method[J]. Journal of Energy Chemistry, 27: 1655-1660.

实验 35 差分电化学质谱在线监测空气电池气态产物

一、实验内容与目的

(1)了解质谱分析的基本原理。

(2)了解差分电化学质谱监测电池反应的实验技术。

(3)掌握气相质谱实验数据的分析处理方法。

二、实验原理概述

1. 质谱仪介绍

质谱分析是一种测量离子质荷比(质量-电荷比,m/z)的分析方法,将气相离子置于已知的电场或磁场中,并通过分析它们的合成运动来确定气相离子的 m/z 值。其测量原理是将待测样品中的各组分在离子源中电离,生成带电离子,这些带电离子经过加速电场的作用,形成离子束,然后进入质谱仪。在质谱仪中,通过电场和磁场的作用,使这些离子发生速度色散,最终分离并聚焦,形成质谱图,从而确定其质量。由于质谱分析不需要对分析物进行化学改性,也不需要其具有特殊的化学性质,理论上,它能够测量任何带电离子的气相分子,从氢离子(H^+)到兆道尔顿 DNA,甚至完整的病毒等。因此,这项技术在各个领域广泛应用,包括有机化学、环境科学、法医学、生物学、反应动力学等。通过质谱分析,可以获得如下信息:分子质量的鉴定、物质结构的确定、元素组成的测定、同位素组成的测定等。

质谱仪主要由以下几个部分组成(图 6.17):

进样端:进样端的主要作用是将样品引入质谱仪中,包括进样器或进样口,分别用于引入气体或液体样品。

离子源:离子源负责将化合物转化为离子,通常使用电子轰击(electron impact, EI)、化学离子化(chemical ionization, CI)或电喷雾离子化(electrospray ionization, ESI)等技术。

真空系统:真空系统的作用是创建和维持低压或真空环境,以支持质谱分析过程,主要由多级真空泵组成,包括隔膜泵、分子泵等。

质量分析器:质量分析器用于根据离子 m/z 值进行分离和筛选,根据质量分析器不同,质谱仪可分为四极杆质谱仪、飞行时间质谱仪和离子阱质谱仪。

离子检测器:离子检测器用于检测分离后的离子,通过测量离子的电流或荧光来生成质谱图谱。

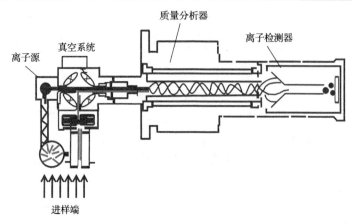

图 6.17　质谱仪组成示意图

2. 差分电化学质谱的工作原理及系统组成

差分电化学质谱(differential electrochemical mass spectrometry, DEMS)是一种将电化学反应池与质谱仪联用的技术，能够检测电化学反应界面产生或消耗的气体和挥发性中间产物，以及最终产物，并进行定性、定量分析。DEMS 能够在毫秒时间内迅速检测到反应过程中微量气体的变化，是研究电化学反应机理和评估电化学反应性能的重要工具。目前，DEMS 已在多个领域得到广泛应用，例如监测金属-空气电池充放电过程中的气体消耗与析出，分析锂/钠离子电池反应过程中的产气情况等。

图 6.18 展示了用于原位监测电池反应过程中气体响应的 DEMS 系统示意图。该系统主要由以下组成部分组成：载气系统、电池单元、质谱仪和分析系统。

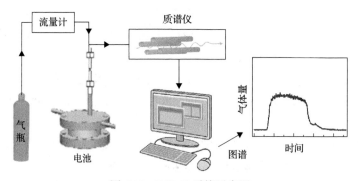

图 6.18　DEMS 系统示意图

载气系统负责提供稳定的气流输出，通常采用高纯度的惰性气体或反应气体。通过稳压阀或自动流量控制装置，使气流按设定值稳定输出，从而连续将电化学反应产生的气态产物吹扫至质谱仪的进样端。

电池单元是电化学反应和气体产生或消耗的场所，具有匹配的进气口和出气口。如图 6.19 所示，DEMS 模具电池包括正极、负极、浸有电解液的隔膜、集流体等组成部分。产气的一极通常位于模具电池顶部，并通过电化学测试仪器控制反应过程。

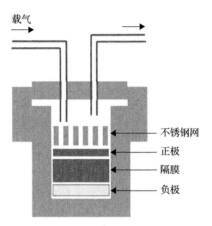

图 6.19　DMES 模具电池示意图

质谱仪接收由载气传送的气态产物，并进行质谱分析。通过将载气传送的气体分流，其中大部分被排空系统排出，而少量气体通过毛细管进样引入质谱仪内部。在内部，对产物进行离子化，质量分析器对不同离子的 m/z 值进行分离和筛选。最终，通过检测器检测分离后的离子并将其转化为可测量的电流信号。

分析系统将质谱检测器接收到的电信号进一步转化为可视化数据，以便进行深入的分析和研究电化学反应机理。

3. DEMS 在线监测锂-空气电池气态产物

锂-空气电池以空气中的氧气作为反应活性物质。在放电时，氧气被还原生成过氧化锂产物；而在充电时，过氧化锂分解并释放氧气。DEMS 测试的应用使得能够在线监测锂-空气电池反应过程中氧气的变化。表 6.2 显示了锂-空气电池充电时实时记录的氧气流量。图 6.20 中，以反应时间为横坐标，氧气的摩尔流量及电池的充电电压为纵坐标，描绘出氧气与电池电压的时间同步变化曲线。通过对氧气析出量的积分，可以定量计算充电过程的转移电荷量与氧气析出量比（n_e / n_{O_2}）。具体计算过程如下：

当锂-空气电池的充电电流（I）为 0.1 mA、充电时间（t）为 1 h 时，理论电荷转移量（n_e）应为

$$n_e = \frac{It}{F} = \frac{0.1\,\text{mA} \times 1\,\text{h} \times 3.6\,\text{C/mAh}}{96485\,\text{C/mol}} = 3.73 \times 10^{-6}\,\text{mol} = 3730\,\text{nmol}$$

根据氧气流量对时间的积分面积，得到氧气析出量（n_{O_2}）为 2046 nmol，所以

$$\frac{n_e}{n_{O_2}} = \frac{3730 \text{ nmol}}{2046 \text{ nmol}} = 1.82$$

实际测得锂-空气电池的 n_e / n_{O_2} 值为 1.82，与理论值 2 接近，表明锂-空气电池充电过程的主反应为过氧化锂氧化析氧。

表 6.2　锂-空气电池充电过程的 DEMS 测试结果

（因数据点较多，表中所列为每隔 20 个数据点取一个）

质谱记录时间 t/min	O_2 流量 n/(nmol/min)	质谱记录时间 t/min	O_2 流量 n/(nmol/min)
0	44.76180451	4.31096	34.26746
8.902556391	49.24421053	26.85008	39.70885
13.38496241	53.72661654	42.85998	33.52672
17.86736842	58.20902256	49.53232	28.05917
22.34977444	62.69142857	38.16674	33.65038
26.83218045	67.17383459	36.16662	10.65377
31.31458647	71.6562406	36.13078	6.64145
35.79699248	76.13864662	31.58448	0.56836
40.2793985	80.62105263	41.10769	1.38527

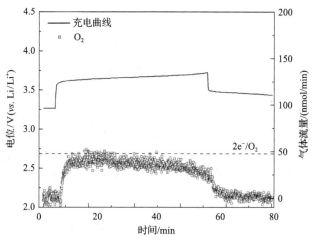

图 6.20　锂-空气充电过程的 DEMS 曲线，电流为 0.1 mA，充电时间为 1 h

三、实验方法与步骤

1. 仪器与材料

氩气手套箱、移液枪、电池测试仪、Pfeiffer质谱仪、DEMS模具电池、流量计(Sevenstar，D07)、擀膜机、切片机、压片机、真空干燥箱、烧杯、镊子。

Super P炭黑、质量分数为12%的PTFE黏结剂、铝网、金属锂、隔膜(Whatman，GF-D)、锂-空气电池电解液(1 mol/L LiTFSI/TEGDME)、高纯氩气、高纯氧气。

2. 操作步骤

1)电池组装

(1)取质量比为85∶15的Super P炭黑和PTFE黏结剂，加入5 mL烧杯中，混合均匀后使用擀膜机擀制成膜。

(2)利用切片机将Super P炭黑膜刻成直径为12 mm的圆片，然后将刻好的圆片放置在直径为15 mm的不锈钢集流体上。使用压片机将其压制在一起，形成正极。将压制好的正极在80℃条件下进行真空干燥12 h，待用。

(3)在氩气手套箱中组装DEMS模具电池。按照锂片—电解液—隔膜—电解液—Super P炭黑正极的顺序依次摆放。紧固后将电池从氩气手套箱取出，通氧气约30 min，然后密封并静置8 h，随后进行恒流放电。设置电流为0.1 mA，截止电压为2.0 V。

2)DEMS测试

(1)在完成放电后，将模具电池安装到质谱仪的进样端。打开氩气钢瓶，通过气体净化装置(去除水和二氧化碳等杂质气体)，控制气阀输出压力为0.1 MPa，将载气送入气体流量计。根据实验要求设置载气流速，通常为1 mL/min。(注：如果测试体系不易挥发，可选择使用较大的载气流速，以获得更快的信号响应；反之，如果体系易挥发，则应使用较小的载气流速，以防止将待测体系吹干，影响电化学反应)。

(2)将载气连接到模具电池进行背景吹扫。打开质谱软件，点击"Run"按钮，在下拉菜单中选择"5 测试文件"，在打开的弹窗中设置质谱测试参数，在"SenorScans and Bins"中配置需要测试的不同荷质比碎片和记录时间,在"Review and Start"中设置测试结果的保存路径，最后点击"Start Once"开始测试，实时记录不同荷质比碎片信号随时间的变化，如图6.21所示。

(3)设置电池的充电测试参数，将电流设置为0.1 mA，使充电容量与放电容量一致。

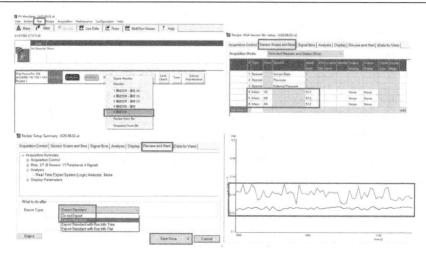

图 6.21　质谱测试软件操作界面及参数设置

(4)当氧气和二氧化碳信号的绝对强度随时间变化趋于稳定后，启动电池充电测试。

(5)测试完成后，在质谱测试软件界面，先点击"Emission"关闭灯丝，再点击"Acquisition Stop"停止测试(图 6.22)。拆卸并清洗已完成测试的模具电池。

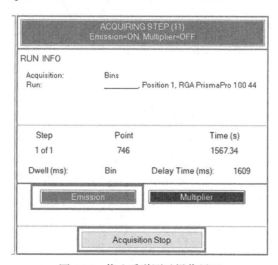

图 6.22　停止质谱测试操作界面

四、实验数据处理

(1)绘制锂-空气电池的充放电曲线及充电过程的 DEMS 曲线，分析充电过程中氧气的变化。

(2)定量计算锂-空气电池充电过程的 n_e/n_{O_2} 值，并与理论值进行比较。

五、思考与讨论

(1)简述差分电化学质谱的工作原理。

(2)讨论 n_e/n_{O_2} 小于理论值的原因。

参 考 文 献

赵志伟, 彭章泉, 2019. 微分电化学质谱:研究锂离子电池的一项关键技术[J]. 储能科学与技术, 8(1): 1-13.

Yang S, He P, Zhou H, 2016. Exploring the electrochemical reaction mechanism of carbonate oxidation in Li-air/CO_2 battery through tracing missing oxygen[J]. Energy & Environmental Science, 9(5): 1650-1654.

Yang S, Qiao Y, He P, et al, 2017. A reversible lithium-CO_2 battery with Ru nanoparticles as a cathode catalyst[J]. Energy & Environmental Science, 10(4): 972-978.

实验 36　拉曼增强光谱原位测定电池反应产物

一、实验内容与目的

(1)掌握拉曼光谱和表面增强拉曼光谱的基本原理。

(2)掌握表面增强拉曼光谱的测试方法与仪器操作步骤。

(3)掌握使用表面增强拉曼光谱分析锂-氧气电池反应产物的方法。

二、实验原理概述

1. 拉曼光谱的基本原理

拉曼(Raman)光谱是建立在拉曼散射效应基础上的光谱分析方法。当来自激光光源的光照射到物质上时，除了被样品吸收的光外，绝大部分光会沿着入射方向穿透样品，但极少部分光会发生方向改变，产生散射。若散射光的频率与入射光相同，这种散射称为瑞利(Rayleigh)散射；若散射光的频率不同于入射光，这种散射称为拉曼散射。拉曼散射效应由印度物理学家 C. V. Raman 于 1928 年首次发现和提出。它遵循以下规律：散射光谱中在每条原始入射谱线(频率为 v_0)两侧对称地伴随着频率为 $v_0 \pm v_i (i=1,2,3,\cdots)$ 的谱线，其中频率小于入射光的为斯托克斯线，频率大于入射光的为反斯托克斯线(图 6.23)。

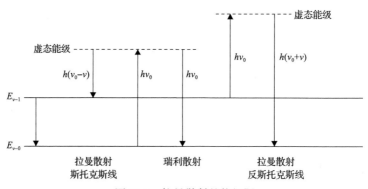

图 6.23　拉曼散射的能级图

散射光相对于入射光的频率位移与散射光强度形成的光谱被称为拉曼光谱。在拉曼光谱中，纵坐标表示散射强度，可以用任意单位表示；横坐标是拉曼位移，通常以相对于瑞利散射的位移来表示其数值，单位为波数(cm^{-1})。拉曼光谱的主要特点包括：

(1)瑞利线的位置位于零点，代表散射光与入射光的频率相同，没有发生频率位移。瑞利线的强度通常相对较弱。

(2)斯托克斯线对应的频率位移为正数,表示散射光的频率比入射光低。斯托克斯线通常位于瑞利线的低频一侧。它提供了与物质的振动模式和结构信息相关的数据。

(3)反斯托克斯线对应的频率位移为负数,表示散射光的频率比入射光高。反斯托克斯线通常位于瑞利线的高频一侧。它也提供了与物质的振动和结构信息相关的数据。

在实际应用中,通常只关注拉曼光谱中的斯托克斯线,因为这部分包含了与物质结构和振动模式相关的重要信息。拉曼光谱分析可用于研究物质的分子结构、化学成分、晶体性质和振动模式等各个方面,因此在多个领域中都有广泛的应用。

2. 表面增强拉曼光谱的原理和应用

拉曼光谱因其强度相对较弱,通常仅为入射光强度的 $10^{-9} \sim 10^{-6}$ 左右,这一特点严重制约了其应用和发展。在 1974 年,Fleishmann 等研究人员的发现为拉曼光谱的应用开辟了新的道路。他们发现,对光滑的银电极表面进行粗糙化处理后,吸附在电极表面的吡啶分子的拉曼光谱强度显著增强。此后,Van Duyne 等科学家通过一系列系统实验和计算研究发现,吸附在粗糙银表面上的吡啶分子的拉曼光谱强度相较于溶液中的吡啶分子增强了约 6 个数量级。他们认为这是一种与表面粗糙度相关的表面增强效应,并将其称之为表面增强拉曼光谱(surface-enhanced Raman spectroscopy,SERS)效应。值得注意的是,目前只有金、银、铜和一些碱金属(如锂和钠等)在粗糙化金属表面上才具有明显的 SERS 效应。

对于表面增强拉曼光谱的增强机理,目前主要有两种理论观点:

电磁增强机理:金属表面的粗糙化有助于激发表面等离子体共振,从而增强金属表面的电场强度。这样,靠近金属表面的分子将受到增强的电场激励,产生强烈的拉曼散射。电磁增强机制是一种长程作用,能够影响到距离金属表面几百埃的范围,并且其增强因子在 $10^4 \sim 10^6$ 之间,与吸附分子的特性关系不大。

化学增强机理:在强光作用下,金属表面与吸附分子发生电荷转移,生成电子-空穴对,并在复合时产生电子共振。这使得吸附分子的有效极化率大幅提高,从而增强了拉曼散射。化学增强机制是一种短程作用,通常发生在第一层吸附分子表面。此机制的增强效应受到吸附分子和基底之间相互匹配的影响,其增强因子通常在 $10 \sim 100$ 之间。

表面增强拉曼光谱成功地弥补了常规拉曼光谱灵敏度较低的不足之处,使我们能够获得痕量分子的结构信息。这项技术独具特色,是唯一具有单分子检测灵敏度的振动光谱技术。SERS 已经广泛应用于固-液、固-气和固-固等多种界面体系的原位研究,通过分析物种在界面上的键合、构型、取向和表面结构等信息,使我们能够从分子水平理解界面结构特征以及相关反应过程。

3. 表面增强拉曼光谱探究锂氧电池正极界面反应

锂-氧气电池是一个典型的界面电化学反应体系,由多孔正极、浸润电解液的隔膜和金属锂负极组成。在电池放电过程中,正极表面的氧气接受电子并被还原,生成过氧化锂并沉积在正极表面。而在电池充电时,则发生该过程的逆反应。在图 6.24(a)中,展示了以 Super P 炭黑作为正极的锂-氧气电池在放电后正极的表面增强拉曼光谱图。除了 Super P 炭黑的 D 峰和 G 峰之外,还可以观察到放电产物过氧化锂的特征峰(约 790 cm^{-1})。需要指出的是,实际电池反应要比此简化描述更加复杂,可能涉及超氧化锂中间产物(约 1120 cm^{-1})及碳酸锂(约 1098 cm^{-1})、氢氧化锂(约 620 cm^{-1})等其他反应产物[图 6.24(b)]。

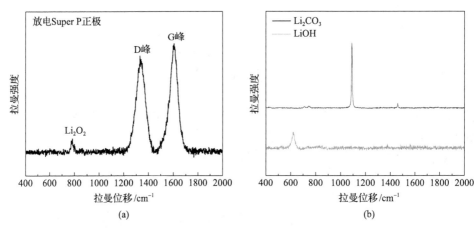

图 6.24 锂-氧电池放电 Super P 正极的拉曼光谱图(a)和碳酸锂、氢氧化锂的拉曼光谱图(b)

本实验以 Super P 炭黑作为正极材料,通过在其表面添加具有表面增强效应的二氧化硅壳包覆金纳米颗粒(SiO_2@Au NPs),以原位方法来测定锂-氧气电池的反应产物(图 6.25)。

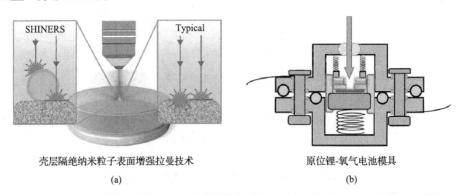

图 6.25 (a)壳层隔绝纳米粒子表面增强拉曼技术和(b)原位锂-氧气电池模具示意图

三、实验方法与步骤

1. 仪器与材料

氩气手套箱 1 台、新威电池测试系统 1 台、Renishaw inVia 拉曼光谱仪(激光光源：633 nm)1 台、锂-氧气电池原位拉曼模具 1 套、集热式磁力搅拌器 1 台、pH 计 1 台、离心机 1 台、擀膜机 1 台、切片机 1 台、压片机 1 台、圆铣(直径 3 mm)、容量瓶、烧杯、量筒、玻璃棒、圆底烧瓶、冷凝管、磁子、橡胶管、移液枪等若干。

Super P 炭黑、PTFE 黏结剂、不锈钢网、锂-氧气电池用电解液、锂片、氯金酸、柠檬酸钠、(3-氨丙基)三甲氧基硅烷、硅酸钠、盐酸、蒸馏水、乙醇、氧气。

2. 操作步骤

1)制备 SiO_2@Au NPs

(1)将 200 mL 0.294 mmol/L 氯金酸溶液加入圆底烧瓶，加热使之沸腾。

(2)将 1.4 mL 38.8 mmol/L 柠檬酸钠溶液快速加入沸腾的氯金酸溶液中，回流 40 min 后冷却至室温，制得 Au NPs 溶液。

(3)取 30 mL Au NPs 溶液加入圆底烧瓶，加入 0.4 mL 1 mmol/L(3-氨丙基)三甲氧基硅烷溶液，在室温下搅拌 15 min 后加入 3.2 mL 稀释酸化的硅酸钠溶液(pH 约 10.2)，继续搅拌 3 min。

(4)转移至 90℃水浴，搅拌 30 min 后转移至冰水中迅速使之冷却。

(5)离心洗涤 3 次后分散于 4 mL 无水乙醇中，制得 SiO_2@Au NPs 溶液。

2)组装锂-氧气模具电池

(1)取质量比为 85：15 的 Super P 炭黑和 PTFE 黏结剂加入 5 mL 烧杯中，混合至均匀后用擀膜机擀制成膜。

(2)用切片机将 Super P 炭黑膜刻成直径为 12 mm 的圆片，然后将刻好的圆片置于直径为 15 mm 的不锈钢集流体上，用压片机压制在一起作为正极。

(3)用移液枪取 20 μL SiO_2@Au NPs 溶液分四次滴加到 Super P 炭黑正极表面，然后将正极置于 80℃真空干燥箱中加热 12 h，降温后转移到氩气手套箱中待用；用直径为 3 mm 的圆铣分别将锂片和隔膜中心打孔备用。

(4)从模具带窗口一侧开始，按照"打孔锂片—打孔隔膜—电解液—Super P 炭黑正极"顺序依次放好，组装成锂-氧气模具电池。

(5)原位拉曼测试前向锂-氧气模具电池中通纯氧约 20～30 min，使模具内充满氧气。

3. 原位拉曼测试

(1)依次打开拉曼光谱仪的电源开关、显微镜开关、计算机开关、WiRE 拉曼测试软件。待 ⚗ 自检完成后，进入软件操作界面(图 6.26)。打开激光器，预热 15 min 左右后，进行后续的测试操作。

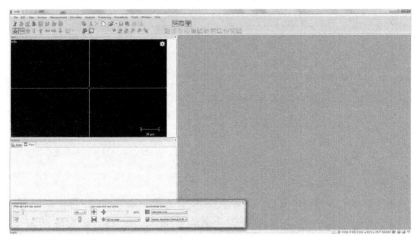

图 6.26　WiRE 拉曼测试软件操作界面

(2)用硅片进行仪器校准。将硅片置于拉曼光谱仪的显微镜载物台上，在光学操作模式下进行聚焦，聚焦清晰后转换到激光模式，点击 ✛ 调出光斑，微调显微镜获得最小光斑(图 6.27)。点击 🎸 设置取谱参数，在 Range 中选择 Static 模式，光谱范围使用默认参数(图 6.28)；在 Acquisition 中设置曝光时间 1 s、激光功率 100%、累积取谱 1 次(图 6.29)，点击确定。然后点击 ⚗ 进行取谱，获得如图 6.30 所示曲线。将硅峰 520 cm^{-1} 附近的区域局部放大，点击鼠标右键，选择 Tool-Curve fit(图 6.31)，查看硅峰位置是否在 520.5($\pm$0.2) cm^{-1} 范围(图 6.32)。若超出范围，点击 🔲 进行自动校准，重复上述测试拟合操作，直至将硅峰调整到合适范围。

(3)取下硅片，将已连接电化学工作站的锂-氧气模具电池置于显微镜载物台上，检测电池开路电位，并设置充放电参数。

(4)对空气正极表面进行聚焦，按硅峰校准步骤设置拉曼测试参数。对于锂-氧气电池的原位测试，Range 中一般选择 Extended 模式，波数范围可设置 400～1200 cm^{-1}(图 6.33)；Acquisition 中设置曝光时间 30 s、激光功率 50%、累积取谱 3 次(图 6.34)；File 中进行命名，如 Li-O$_2$ *in situ*(图 6.35)；Timing 中设置取谱数量与间隔，如连续取谱 20 次，每两次之间间隔 300 s(图 6.36)，点击确定。然后点击 ⚗ 进行取谱，同时启动电池充放电测试。

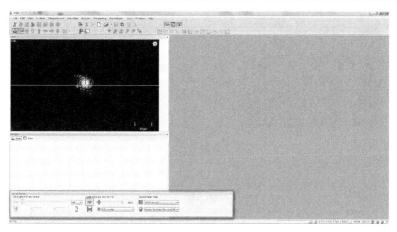

图 6.27 激光操作模式下硅片聚焦清晰后的软件界面

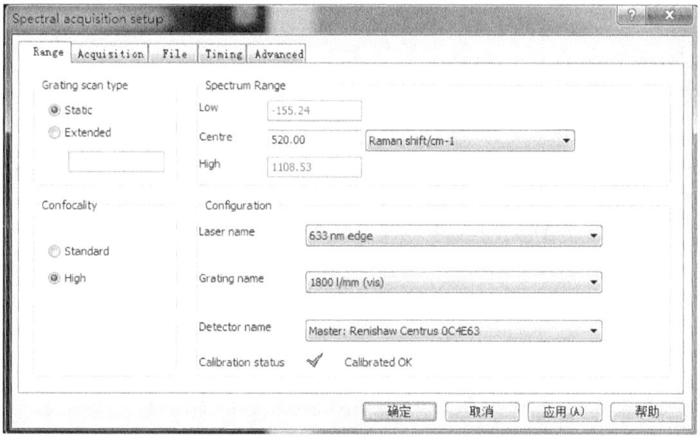

图 6.28 硅峰校准测试波数范围设置界面

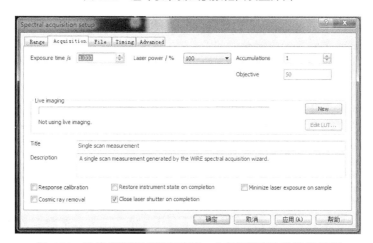

图 6.29 硅峰校准测试曝光时间、功率和累积次数设置界面

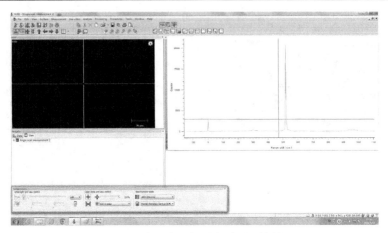

图 6.30　硅片的拉曼光谱测试结果

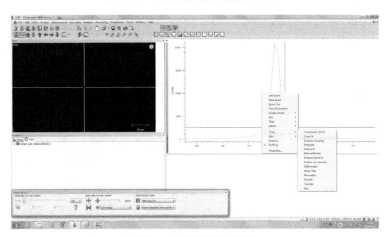

图 6.31　硅峰拟合界面

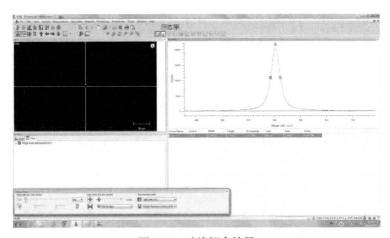

图 6.32　硅峰拟合结果

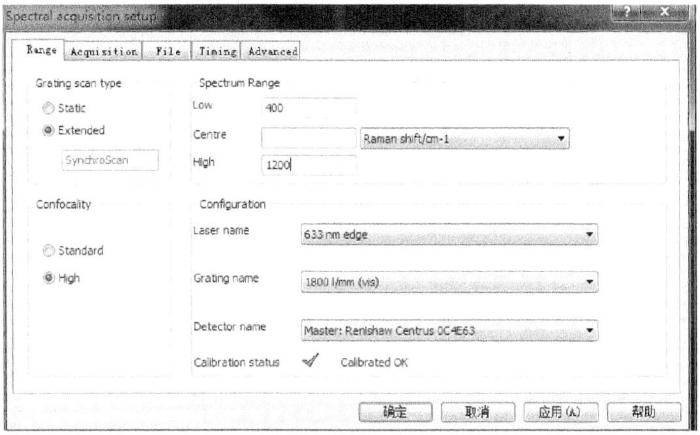

图 6.33 原位锂-氧气电池测试波数范围设置界面

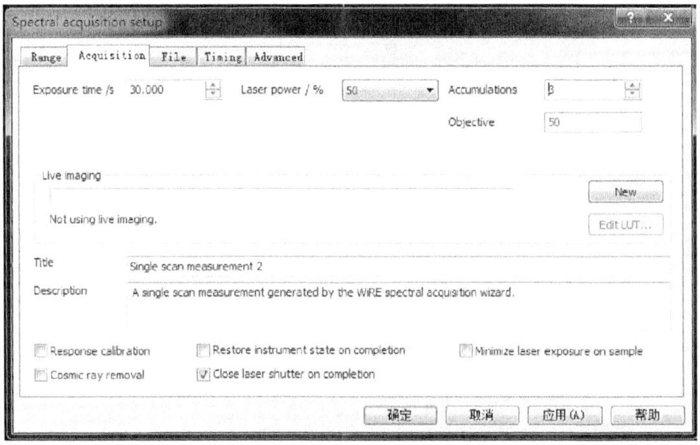

图 6.34 原位锂-氧气电池测试曝光时间、功率和累积次数设置界面

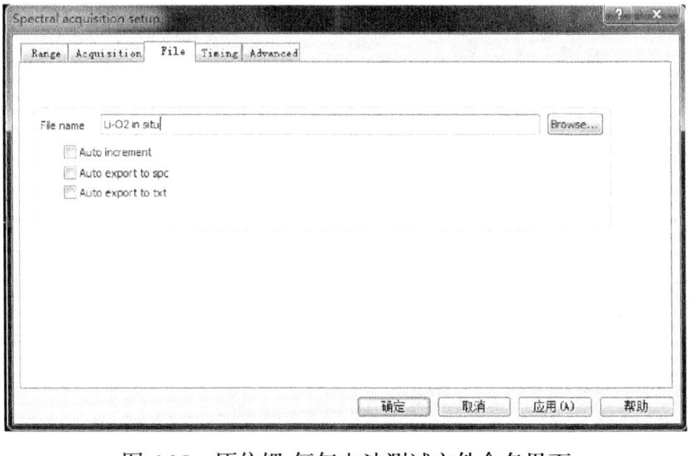

图 6.35 原位锂-氧气电池测试文件命名界面

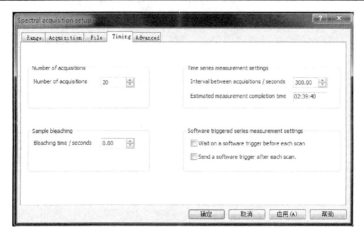

图 6.36　原位锂-氧气电池测试取谱数量与间隔时间设置界面

(5)测试完毕后，保存拉曼和充放电数据为 txt 格式。依次关闭激光器、测试软件、显微镜开关、拉曼电源和电化学工作站电源。拆除连线，并将模具电池从拉曼光谱仪的显微镜载物台上取下。

四、实验数据处理

(1)绘制锂-氧气电池充放电曲线及相应的原位表面增强拉曼光谱图(图 6.37)。

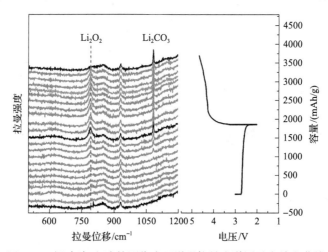

图 6.37　锂-氧气电池的原位表面增强拉曼光谱图及充放电曲线

(2)分析不同容量和电位下对应的锂-氧气电池反应产物，推断反应历程。

五、思考与讨论

(1)简述表面增强拉曼光谱的机理。

(2)简述锂-氧气电池的工作原理。

(3)拉曼测试过程中有哪些注意事项?

参 考 文 献

田中群, 等, 2021. 谱学电化学[M]. 北京: 化学工业出版社.

吴国祯, 2014. 拉曼谱学: 峰强中的信息[M]. 北京: 科学出版社.

Li J F, Huang Y F, Ding Y, et al, 2010. Shell-isolated nanoparticle-enhanced Raman spectroscopy[J]. Nature, 464: 392-395.

Li J F, Zhang Y J, Ding S Y, et al, 2017. Core-shell nanoparticle-enhanced Raman spectroscopy[J]. Chemical Reviews, 117(7): 5002-5069.

实验 37　傅里叶转换红外光谱原位测定电池反应产物

一、实验内容与目的

(1) 了解红外光谱基本原理。

(2) 了解并掌握电化学-原位红外光谱测试的基本原理与操作方法。

(3) 学会用红外光谱分析锂-氧气电池的放电产物。

二、实验原理概述

红外光谱(infrared spectroscopy, IR)作为一种简便、快速、直接无损的分析技术, 常用来表征有机小分子、高分子和生物大分子的化学和立体结构, 对它们做出定性或定量分析。当用连续波长的红外光源辐射样品时, 如果红外光能量与样品分子振动跃迁所需的能量匹配时, 在被吸收的光的波长或波数位置会出现吸收峰, 通过对光谱上不同频率的吸收峰指认, 可获得丰富的化学键或官能团的结构信息。一般情况下, 红外光谱数据需要进行傅里叶变换处理, 因此红外光谱仪和傅里叶变换处理器通常联合使用, 得到的光谱称为傅里叶变换红外光谱。根据红外光区波长的不同, 可以将红外光谱划分为三个区域: ①近红外区(即泛频区): 波数在 4000 cm^{-1} 以上的区域, 主要测量 O—H、C—H、N—H 键的倍频吸收; ②中红外区(特征振动区/指纹区): 波数范围为 400~4000 cm^{-1}, 也是研究和应用最多的区域, 主要振动频率是基频和指纹频率; ③远红外区: 波数在 400 cm^{-1} 以下的区域, 主要是测量气体分子的转动信息。

传统的透射法通常需要使用压片或涂膜方法来制备样品, 这使得难溶解或难粉碎的特殊样品难以测试。此外, 传统透射法的分析灵敏度较低, 还存在两个明显的缺点: ①强烈吸收的水分子干扰, 使得难以对水溶液样品进行直接分析; ②难以进行原位和在线检测。衰减全反射(attenuated total reflection, ATR)红外光谱, 也称为内反射光谱, 以光照射到两种不同介质的界面并发生全内反射为基础, 无需使光透过样品, 而是通过样品与衰减波相互作用来获取表面上待测物质的结构信息, 已成为分析物质表面结构的有力工具。全内反射的发生要求光从折射率较高的介质进入折射率较低的样品介质, 即使得反射元件(介质 1)的折射率 n_1 大于样品(介质 2)的折射率 n_2, 并且入射角 θ 大于临界角 θ_c($\sin\theta_c = n_2/n_1$)。通常使用具有较低折射率的红外光窗材料, 例如锗(Ge)、硅(Si)、硒化锌(ZnSe)、氟化钙(CaF$_2$)等, 这些晶体材料具有不同的晶体形状, 例如等边三角形、半球形、梯形等。其中, ZnSe 棱镜的红外光谱截止波数可达 650 cm^{-1}, 足以满足大多数指纹区(1350~400 cm^{-1})结构分析的要求。

　　傅里叶变换衰减全反射红外光谱仪(attenuated total reflection Fourier transform infrared spectroscopy, ATR-FTIR)的应用极大简化了对特殊样品的检测，使组分分析变得更加便捷，同时显著提高了检测的灵敏度。然而，类似于其他红外光谱技术，ATR-FTIR 也存在着无法准确、灵敏地定量分析微量成分的问题。这个问题可以在很大程度上通过表面增强技术来解决。贵金属纳米颗粒(如金、银等)具有独特的光学性质，当入射光线照射到具有一定粗糙度的贵金属表面时，吸附在金属表面上的分子的红外信号会被显著增强，这种现象被称为表面增强红外吸收光谱(surface enhanced infrared absorption spectroscopy, SEIRAS)，它的增强效应随着分子与材料表面的距离增加而呈指数级的衰减，即遵循光学近场效应。SEIRAS 允许检测具有较强指纹吸收的反应物质，通过观察红外吸收频率和强度的变化，可以获得有关反应机理的重要信息。因此，使用红外光谱技术有望从分子水平上理解锂-氧气电池中各种界面反应过程，揭示其反应机理。

　　锂-氧气电池根据其工作环境和所使用的电解液不同，目前分为三种类型：①使用质子惰性有机电解液的系统；②使用有机-水混合电解液的系统；③使用全固态电解质的系统。这三种类型的锂-氧气电池均由金属锂负极和氧气正极组成。在电池放电时，负极上的金属锂失去电子被氧化为 Li^+，并溶入电解液中；同时，正极上的活性物质氧气在电解液与电极接触的三相界面上发生氧还原反应。在充电时，上述反应的逆反应发生，即正极上发生氧析出反应，而负极上的 Li 重新生成。对于有机电解液体系，研究者们提出了不同的反应机理模型。目前，大多数研究者认可如下多步放电过程：

$$Li^+ + O_2 + e^- \longrightarrow LiO_2 \quad E^\ominus = 3.0 \text{ V } (vs. \text{ Li/Li}^+) \tag{6.1}$$

$$Li^+ + LiO_2 + e^- \longrightarrow Li_2O_2 \quad E^\ominus = 2.96 \text{ V } (vs. \text{ Li/Li}^+) \tag{6.2}$$

$$或 \quad\quad\quad 2\,LiO_2 \longrightarrow Li_2O_2 + O_2 \quad （歧化反应） \tag{6.3}$$

　　研究表明，在有机电解质系统的锂-氧气电池的放电反应过程中，不仅会产生 Li_2O_2，还会产生 O_2^- 和 LiO_2。然而，它们的检测受实验方法和表征手段的影响。Li_2O_2 晶体的红外光谱特征峰位分别位于 530 cm^{-1}、422 cm^{-1} 和 337 cm^{-1}，而由于 ZnSe 红外吸收的截止波数约为 650 cm^{-1}，因此难以观测到 Li_2O_2 晶体的特征峰。然而，在使用溶解度较高的电解质(如二甲基亚砜 DMSO)或电极材料不易吸附 LiO_2 时，LiO_2 会溶解于电解液中，并发生歧化反应，生成 Li_2O_2。这一反应路径被称为溶液相反应路径。在这种情况下，可以在中红外波段的 1200~750 cm^{-1} 范围内观察到 LiO_2(1127 cm^{-1})和 Li_2O_2(780 cm^{-1})分子的 ν_{O-O} 和 ν_{Li-O} 伸缩振动峰，表明在溶剂介导的过程中形成了亚稳态的放电产物。

　　本实验将使用具有金(Au)表面涂层的 ZnSe 棱镜作为正极，金属锂作为负极，并通过原位表面增强红外吸收光谱，在三氟甲磺酸锂-二甲基亚砜(lithium trifluoromethanesulfonate-DMSO，LiOTf-DMSO)有机电解质中原位监测锂-氧气电池的充放电过程(图 6.38)。

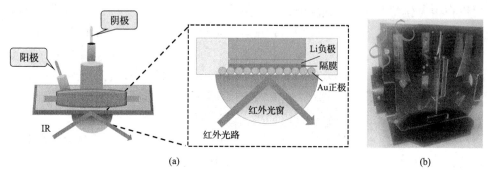

(a)　　　　　　　　　　　　　　(b)

图 6.38　原位红外锂-氧气电池装置示意图(a)及红外 ATR 光路附件
(北京中研环科科技有限公司)(b)
放大图为金膜表面光学近场效应

三、实验方法与步骤

1. 仪器与材料

　　超声清洗机 1 台、电化学工作站 1 台、磁控溅射仪(高真空多组元薄膜沉积系统)1 台、原位红外锂-氧气电池装置 1 套、配备液氮冷却碲化汞镉(MCT)检测器的 Nicolet 6700 傅里叶变换红外光谱仪(Nicolet，美国)1 台、红外 ATR 光路附件 1 台、红外光窗(硒化锌棱镜)1 个、氩气手套箱 1 台、移液枪 1 个、去离子水、乙醇、锂片电极 1 个、金靶 1 个、0.1 mol/L LiOTf-DMSO 溶液、氧气。

2. 操作步骤

1)金膜工作电极的制作
　　在麂皮上用质量分数为15%的氧化铝(粒径 0.05 μm)抛光液对 ZnSe 的平面进行研磨抛光，然后在去离子水和乙醇混合液中使用超声波清洗，使其干净并晾干备用。制备金膜工作电极采用了多靶磁控溅射和蒸发共沉积系统，将金薄膜沉积在 ZnSe 棱镜上，厚度约为 30 nm。
　　以下是溅射镀金的操作步骤：
　　(1)安放靶材和样品。
　　首先打开真空系统的取样门，拆下屏蔽罩和靶盖，然后将金靶材安装到位置，轻轻拧紧靶盖。

安装好绝缘套后，再轻轻拧紧屏蔽罩。

取出样品座，将红外窗片固定在样品座上，再将样品座放回原位并固定。关闭取样门，确保拧紧取样门和真空室腔体连接的手轮，以确保密封性良好。

(2) 溅射前真空操作。

首先启动总电源和循环冷却水，检查水压是否正常。

打开所有仪表电源开关，确保仪器工作正常，检查所有阀门的状态，确保磁控溅射真空室完全密封。然后开启机械泵开关和复合真空计开关。待真空计显示真空室内真空度降至低于 10 Pa 时，启动涡轮分子泵。一旦分子泵正常运转，继续抽真空。

(3) 溅射操作与取样。

待真空计电离规显示溅射室内真空度达到 5.0×10^{-4} Pa 后，启动流量计软件，打开高纯度氩气钢瓶阀门，并通过流量计调节氩气的进气速率至 100 标准立方厘米每分钟，以维持腔体内适宜的真空度(建议工作气压为 1～10 Pa)。

打开溅射靶挡板，然后启动相应的溅射电源。调节溅射功率至 200 W，并观察溅射室内的辉光状态，即可开始镀膜。样品台的直流偏压设定为−200 eV，溅射时长设置为 1 min(30 nm)。

溅射完成后，将溅射电源功率调至 0 W，并关闭溅射电源。

依次关闭流量计、减压阀和气瓶阀门。停止涡轮分子泵，直至分子泵减速至约 3000 r/min 时关闭机械泵和冷却循环水。

待分子泵完全停止后，打开充气阀，将气压调至与大气压平衡，然后打开气瓶角阀和减压阀。当真空计显示数值接近大气压 0 MPa 时，关闭减压阀，然后打开腔体取样门，取出样品，并关闭取样门。

最后，关闭所有电源开关和总电源。

2) 配制有机电解液

在氩气手套箱中配制一定体积的 0.1 mol/L LiOTf-DMSO 电解液。

3) 红外锂-氧气电池装置组装

以镀金膜的 ZnSe 棱镜作为正极，金属锂片作为负极，中间放置隔膜，滴加 100 μL 0.1 mol/L LiOTf-DMSO 电解液，在氩气手套箱中组装红外锂-氧气电池装置。从氩气手套箱中取出装置后，往装置中通入氧气约 20 min。

4) 红外光谱仪调试

将上述装置放入红外光谱仪中，并调整 ATR-SEIRAS 光学装置的反射镜，以使非偏振红外光以 70° 入射角进入棱镜中。在 4000～600 cm^{-1} 的中红外波段中收集光谱，光谱分辨率设置为 4 cm^{-1}。所得红外光谱图是对 32 次扫描的平均值。在所有实验中，样品仓内不断通入经过干燥(去除二氧化碳)的高纯氮气，且所有实验均在室温下进行。同时，采集在开路电压下的稳定红外光谱，以作为背景参比光谱。

5)锂-氧气电池-原位红外吸收光谱采集

采用电化学工作站中循环伏安法程序,从开路电压开始负向扫描至氧还原区域[~1.6 V($vs.$ Li/Li$^+$)],然后正向扫描至氧析出区域[~3.9 V($vs.$ Li/Li$^+$)],扫描速度为 10 mV/s。同时采集其红外吸收光谱(每次收集时间为 30 s),测试结果如图 6.39 所示。

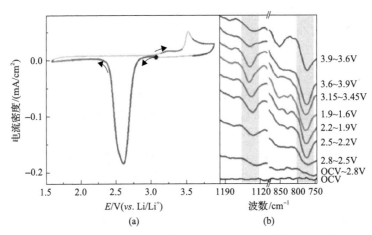

图 6.39　锂-氧气电池的(a)循环伏安曲线和(b)原位红外光谱图

四、实验数据处理

(1)绘制锂-氧气电池的电化学循环伏安曲线,分析氧化还原峰对应的反应产物。

(2)绘制 SEIRA 红外光谱,其信号为 $\dfrac{\Delta S}{S} = \dfrac{S_{variable} - S_{OCP}}{S_{OCP}}$。

其中,S_{OCP} 为在开路电压下采集的谱峰;$S_{variable}$ 为扫描过程中收集的光谱。根据不同电位下红外光谱变化,分析锂-氧气电池的放电产物,推测其放电机理。

五、思考与讨论

(1)简述表面增强红外吸收光谱的工作原理。

(2)红外测试过程中有哪些注意事项?

(3)比较红外光谱与拉曼光谱测试的优缺点。

参 考 文 献

Imanishi N, Luntz A C, Bruce P G, 2014. The Lithium Air Battery: Fundamentals[M]. New York: Springer.

Qiao Y, Ye S, 2016. Spectroscopic investigation for oxygen reduction and evolution reactions with

TTF as a redox mediator in Li-O$_2$ battery[J]. The Journal of Physical Chemistry C, 120(29): 15830-15845.

Vivek J P, Berry N G, Zou J L, et al, 2017. *In situ* surface-enhanced infrared spectroscopy to identify oxygen reduction products in nonaqueous metal-oxygen batteries[J]. Journal of Physical Chemistry C, 121: 19657-19667.

实验 38　石英晶体微天平的原位测量实验

一、实验内容与目的

(1) 了解电化学石英晶体微天平的基本原理。

(2) 掌握电化学石英晶体微天平在电池反应过程分析中的技术。

二、实验原理概述

1. 电化学石英晶体微天平的基本原理

在 19 世纪 80 年代，法国的 Currie 兄弟首次观察到了石英晶体的压电效应，这一效应表现为当施加机械应力于石英晶体上时，它的两端表面会产生电场；反之，当施加特定方向的电场于石英晶体上时，晶体会发生相应的机械形变。如果施加的电场是交变电场，那么石英晶体将振荡。如果振荡频率与石英晶体的固有频率相符，共振现象将发生，此时振荡最为稳定，且共振频率等于石英晶体的固有频率。基于这一原理，人们设计出了石英晶体微天平(quartz crystal microbalance, QCM)。当涂覆在石英晶体上的刚性沉积层与石英晶体的声学性质相匹配时，晶体的共振频率变化 Δf 与工作电极上的沉积层质量变化 Δm 成正比。满足以下条件时，可以使用 Sauerbrey 方程：①$\Delta f < 2\% f_0$(Δf 为频率变化，f_0 为石英的固有频率)；②溶液的黏弹性不变；③沉积层非常薄且均匀。Sauerbrey 方程为

$$\Delta f = -\frac{2}{\sqrt{\mu_q \rho_q}} f_0^2 \frac{\Delta m}{A}$$

式中，μ_q 是石英的剪切模量；ρ_q 是石英的密度；f_0 是石英的固有频率；A 是工作电极的面积；Δm 是工作电极上沉积层质量的变化。

因此，石英晶体微天平可以检测到纳克级的质量变化，在气相分析和检测领域被广泛应用。近几十年来，电化学领域的研究人员将其与电化学设备结合，开发了电化学石英晶体微天平系统(electrochemical quartz crystal microbalance, EQCM)。在 EQCM 电化学装置中，使用石英作为基底，金或铂作为电极，它可以将电极表面的纳克级质量变化转化为石英晶体微天平的频率变化，并显示出来。此外，EQCM 还可以同时监测电极表面的电量(Q，以 C/cm^2 表示)、电流(A/cm^2)和阻抗(Ω)等电化学参数随电位的灵敏变化，因此它是一种非常有用的电极表面原位动态表征的技术。

2. 电化学石英晶体微天平的电极和电解池构造

1)电极构造

石英晶体微天平的基本构件是压电石英晶振片。如图 6.40 所示，主要包括两部分：薄的石英晶体片做基底，以及喷镀于石英片的 Au 或其他金属做工作电极。实验中最好选用的石英晶体片的频率在 5～20 MHz 之间。石英晶体的基频越高，控制的灵敏度也越高，但基频越高，晶体片必须做得越薄，而过薄的晶体片易碎。所以一般选用的石英晶体片的频率范围在 5～20 MHz 之间。频率的最大下降应允许在 2%～3%之间，如果基频下降太多，振荡器将无法稳定工作，并可能产生跳跃现象。

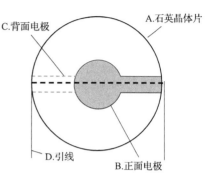

图 6.40 石英晶体谐振器示意图

2)电池构造

CHI400C 系列 EQCM 测试设计了特殊电池，如图 6.41 所示。电池由三块圆形的聚四氟乙烯组成。直径为 35 mm，总高度为 37 mm。最上面是盖子，用于安装参比电极和对电极。中间是用于放电解液的池体。石英晶体被固定于中间和底部的部件之间，通过橡胶圈密封，并用螺丝固定。石英晶体的直径为 13.7 mm，

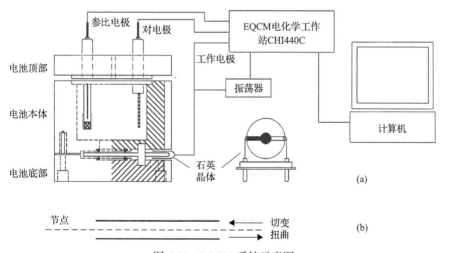

图 6.41 EQCM 系统示意图

(a)石英晶体的两面都用真空镀膜机镀上了金膜，其谐振频率为 7.995 MHz。晶体朝上一面的金盘与溶液接触同时也作为工作电极。晶体和安装支架的俯视图见电解池右边。(b)QCM 晶体振荡时晶体切变的侧视示意图。为了清晰，晶体的厚度和切变被放大

晶体两面的中间镀有直径为 5.1 mm 的金盘电极(其他电极材料可定做)。新晶体的谐振频率为 7.995 MHz。

3. 电化学石英晶体微天平的实验工作线路

实验工作线路如图 6.42 所示,通过将表面镀有金(Au)的石英工作电极与高频振荡器连接到电化学工作站,从而实现 EQCM 系统的联用。在这个系统中,金电极用于在压电石英晶体上产生交变电场,导致晶体以其谐振频率振动,以纳克级的精度探测电极表面的质量变化。该实验的主要目的是定量分析,将 EQCM 技术应用于锂-氧气电池系统,以原位测定产物的形成和分解,从而揭示电极表面的反应机理。

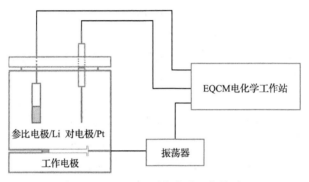

图 6.42　EQCM 系统实验工作线路

以镀金石英为工作电极、铂丝为对电极、金属锂为参比电极,在氧气气氛和有机电解液中组装成三电极测试电池。如图 6.43 所示,测得 CV 曲线及石英晶体振荡器的频率即时变化曲线。根据 Sauerbrey 方程可知,石英晶体共振频率的改变值 Δf 与金工作电极上沉积层质量的改变值 Δm 成正比,计算得 $\Delta m/\Delta f$ 比值为常量

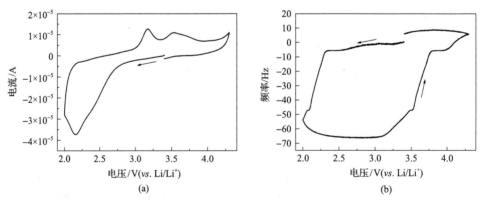

图 6.43　氧气饱和气氛下金电极在 $LiCF_3SO_3$-TEGDME 电解液基三电极体系的 CV 曲线,扫描速率为 20 mV/s(a)和石英晶体片的频率变化曲线(b)

1.323 ng/Hz，经转换即可得到电化学过程中金电极表面的质量随电压的变化曲线（图 6.44）。结合图 6.43（a）和图 6.44 结果可知：当电位从开路电压 3.4 V 负向扫描至 2.0 V 过程中，放电产物 Li_2O_2 不断在金电极表面沉积，石英振荡器上频率发生较大变化，金电极表面质量不断增加；再从 2.0 V 正向扫描至 4.3 V 时，随着放电产物 Li_2O_2 从电极表面氧化脱落，振荡器的频率变化值逐渐减少，金电极表面质量也逐渐减少。这一结果直观展示了锂-氧气电池体系中放电产物的形成与分解过程。

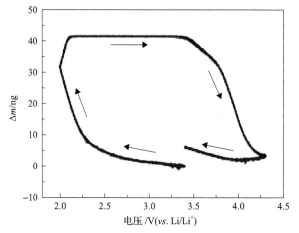

图 6.44　氧气气氛中对应金电极表面质量变化与电压关系曲线

三、实验方法与步骤

1. 仪器与材料

点焊机、上海辰华 CHI400C 系列电化学石英晶体微天平 1 台、CHI125A 型表面镀 Au 石英平板电极（Au 直径为 5.1 mm，本征频率为 7.995 MHz）1 个、特殊设计的聚四氟乙烯电解池（约为 3 mL）1 个、氩气手套箱 1 台、氧气手套箱 1 台、商用铂丝电极 1 支、不锈钢网（$\phi=15$ mm，# 304）、金属 Li 片（$\phi=15\times0.6$ mm）、镍丝、1.0 mol/L $LiCF_3SO_3$-TEGDME 电解液 10 mL。

2. 操作步骤

（1）确定实验体系：本实验采用了三电极体系。工作电极选用了商用的 CHI125A 型表面镀金的石英电极，其金电极直径为 5 mm，固有频率为 7.995 MHz。对电极则采用了铂丝电极，而自制的锂电极则被用作参比电极。自制的参比电极的制备步骤如下：首先，将不锈钢网剪成 1 cm×4 cm 的细长条，接着通过点焊将它与镍丝连接。随后，进行超声清洗和烘干。最后将金属锂条按压在不锈钢网上。这些电极组成了实验体系中的三电极系统，以用于锂-氧气电池反应的研究。

(2)组装三电极体系：按照图 6.42 所示结构，依次将工作电极、对电极、参比电极与电化学工作站连接：白色接头连参比电极；红色接头连对电极；绿色与黑色接头连工作电极。

(3)电解液的制备：向电解池中添加约 3 mL 0.1 mol/L LiCF$_3$SO$_3$-TEGDME 电解液，确保电解液液面将参比电极完全覆盖，并避免电解池底部焊点与电解液接触。

(4)电解液溶解气体：在电解液添加完成后，将电解池静置在纯氧气(或氩气)手套箱内至少一天，以确保 O$_2$(或 Ar)充分溶解于电解液中。

(5)饱和气体浓度：在进行电化学测试之前，使用滴管将 O$_2$(或 Ar)手动通入电解液，以确保电解液中 O$_2$(或 Ar)的浓度达到饱和。

(6)循环伏安测试：打开石英晶体微天平的电化学工作站和 CV 程序，并设置如下参数：电位范围为 2.0～4.3 V，扫描速度为 20 mV/s。点击运行按钮，首先进行负扫描，从开路电位扫描至 2.0 V，然后进行正扫描，从 2.0 V 扫描至 4.3 V，最后回到开路电位。分别记录下 LiCF$_3$SO$_3$-TEGDME 电解液在 Ar 或 O$_2$ 气氛下 CV 曲线及石英晶体振荡器上的频率即时变化曲线。

四、实验数据处理

(1)绘制在氧气饱和气氛下 LiCF$_3$SO$_3$-TEGDME 电解液中三电极体系 CV 曲线及石英晶体振荡器上的频率即时变化曲线。图 6.43 展示了氧气饱和气氛下的金电极表面 CV 曲线及频率变化曲线，供实验人员参考。

(2)计算对应金电极表面质量变化，并绘制其与电压关系曲线图。图 6.44 为氧气气氛下的金电极表面质量变化与电压关系曲线图，供实验人员参考。

五、思考与讨论

(1)叙述电化学石英晶体微天平的基本原理。

(2)绘制氧气气氛下在 1.0 mol/L LiCF$_3$SO$_3$-TEGDME 电解液中三电极体系的循环伏安曲线和对应的电极表面质量随电位变化的关系曲线图，并解释充放电过程中电极表面的电化学行为。

(3)将气氛切换至纯氧气下，绘制对应的三电极体系循环伏安曲线和相应的电极表面质量随电位变化的关系曲线图。通过比较这些曲线与(2)题中提到的氩气气氛下的实验结果，分析电极表面质量随电压变化的差异。

参 考 文 献

Curie J, Curie P, 1880. Développement par compression de l'électricité polaire dans les cristaux hémièdres à faces inclinées[J]. Bulletin de minéralogie, 3(4): 90-93.

Lu Y, Tong S F, Qiu F L, et al, 2016. Exploration of LiO$_2$ by the method of electrochemical quartz crystal microbalance in TEGDME based Li-O$_2$ battery[J]. Journal of Power Sources, 329: 525-529.

Sauerbrey G G, 1959. The use of quartz oscillators for weighing thin layers and for microweighing[J]. Zeitschrift für Physik C, 155: 206-222.

实验 39　核磁共振技术观测固态界面离子输运

一、实验内容与目的

(1) 了解固体核磁共振技术的基本原理。

(2) 了解核磁自旋弛豫和二维交换实验原理。

(3) 了解影响固-固界面离子输运的因素。

(4) 了解固体核磁共振技术在固态界面离子输运研究中的应用。

二、实验原理概述

1. 固体核磁共振技术的原理

具有自旋量子数 $I = 1/2$ 的原子核在静态磁场 B_0 中会产生与量子数 $m = -1/2$ 和 $1/2$ 相关的两个能级。如果施加的射频辐射能量与这两个能级之间的核自旋跃迁的能量相匹配，就会发生能级跃迁。在平衡状态下，宏观磁化是沿着外磁场的方向分布的。适当的谐振电路中由探针线圈产生的射频脉冲将使自旋系统产生极化。通过射频施加一个 90° 脉冲将使磁化相对于 Z 轴旋转 90°，因此固体核磁共振信号在 xy 面被检测到。随后宏观磁化在 xy 面的进动将在样品周围的线圈中感应出电流，从而产生信号，检测到的信号被称为自由感应衰减 (free induction decay, FID)。固体核磁共振谱可以通过对 FID 进行傅里叶转换，将时间尺度转化为频率尺度而获得。通常情况下，固态核磁共振光谱 (nuclear magnetic resonance spectroscopy, NMR) 显示为化学位移的函数，通过与参照物的频率差来定义。其中参照物频率是通过测量含有研究核的参照物来定义的。例如对于 ^6Li 和 ^7Li 元素的核磁共振实验，一般采用饱和的 LiCl 溶液作为参照物。^7Li 核磁共振频谱通常受到核的四极相互作用和双极耦合作用影响，导致测得的频谱较宽，因此 ^7Li 核磁共振一般适用于研究局部环境和动力学。相比之下，^6Li 的四极和双极耦合相互作用较弱，测得的样品光谱更窄，对不同的局部 Li 环境可以提供更好的分辨率，因此更适用于研究缺陷在离子传导中的作用和材料结构的变化。值得注意的是，核磁共振信号的强度与所测元素在样品中的丰度有关。对于 Li 元素而言，^7Li 核磁共振谱通常比 ^6Li 核磁共振谱具有更高的强度，这是由于 ^7Li 在自然界的丰度 (92.5%) 远大于 ^6Li (7.5%)。

顾名思义，固体核磁共振技术研究的对象是固体样品。不同于液态样品中快速的分子动力学可以均化掉偶极相互作用等使得谱线宽化的因素，固体样品内部分子的运动速率受到了极大的限制。因此，测得的核磁共振谱将受到化学位移各向异性等因素而发生宽化，大大降低了固体核磁共振谱的分辨率。通过使样品管（转子）在与静磁场 B_0 呈 54.7° 方向快速旋转（魔角自旋），达到与液体中分子快速运动类似的结果，可以有效提高谱图分辨率。

2. 核磁共振弛豫时间分析和二维交换核磁共振技术

固体核磁共振是研究电池材料的一种强有力的技术。利用不同的 NMR 技术，可以从宏观和微观尺度上得到电池材料的多种信息。比如通过分析样品 NMR 图谱中化学位移等信息，可以得到材料结构，尤其是局部的化学环境在充放电过程中的变化；而通过测量和分析样品的自旋-晶格/自旋-弛豫时间等信息，可以得到样品中离子的动力学扩散参数，如离子扩散活化能、离子扩散常数等。常用的固体 NMR 研究方法以及可获得的信息如表 6.3 所示，本实验主要介绍弛豫时间分析和二维交换核磁共振技术。

表 6.3　研究材料中离子动力学的常用 NMR 技术

尺度	NMR 技术	可以获取的信息
宏观尺度	脉冲梯度场 NMR	自扩散系数、活化能
	中心跃迁线宽分析	跳跃速率、活化能
微观尺度	弛豫时间 $(T_1, T_2, T_{1\rho})$ 分析	跳跃速率、扩散路径、活化能
	二维交换 NMR	不同位点间的跳跃速率
	自旋阵列回波 NMR	跳跃速率、活化能

1）核磁共振弛豫现象

在热平衡状态下，磁化矢量按照玻尔兹曼分布被填充，净磁化矢量位于所施加磁场 B_0 的方向上。当外界施加射频脉冲等扰动时，磁化矢量的平衡状态将会被打破，变成非平衡的状态。撤去外界的扰动后，磁化矢量将会经过进动过程逐渐恢复到平衡状态，也就是常说的弛豫。这种从非平衡状态恢复到平衡状态的速率可用弛豫时间来表示，通常分为自旋-自旋弛豫时间（横向弛豫时间 T_2）和自旋-晶格弛豫时间（纵向弛豫时间 T_1）。弛豫时间受到多种因素的影响，如核的偶极-偶极相互作用，四级相互作用和化学位移的各向异性。值得注意的是，两种弛豫过程分别对不同尺度的分子运动敏感。由于自旋-晶格弛豫速率对于局域的快速分子运动比较敏感，其一般被用来研究与拉莫尔进动频率相当的分子运动（MHz 级别）；自旋-自旋弛豫速率（T_2^{-1}）对于较慢的分子运动比较敏感，因此通常被用于研究频率为 Hz 级别的分子运动。弛豫时间的测定，不仅可以获得固体中分子运动性的相关信息，而且是许多 NMR 实验的基础。

2)二维交换核磁共振

自从被报道以来，二维交换核磁共振技术已广泛应用于表征各种化学系统的结构和核运动，特别是用于观察在 T_2 到 T_1 时间尺度上的原子和分子动力学。这强大的工具通过探测离子跳跃过程的时间尺度和能量势垒，能更好地了解促进或抑制离子迁移率的因素。二维交换核磁共振的基本原理如下：实验观察到的信号由测量的两个时间变量（t_1 和 t_2）构成，该信号经过傅里叶变换后产生具有两个频率维度（ω_1 和 ω_2）的二维频谱。具体来说，第一个 $\pi/2$ 脉冲将磁化矢量置于 xy 平面中，在这个平面上它将以拉莫尔频率围绕静态磁场进动。当存在两个不同的核化学环境 A 和 B 时，沿对角线的共振峰信号对应于保持在同一环境中的共振核，而非对角线共振信号将对应于 t 为 $0 \sim t_{mix}$ 时间段内从 A 移动到 B 的核，反之亦然。图 6.45 所示为 Li_2S-Li_6PS_5Br 复合正极粉末在室温下的固体核磁二维交换图谱，其中处于对角线的两个信号分别对应于 Li_2S 和 Li_6PS_5Br。在经过了 100 ms 的交换时间后，Li_2S 和 Li_6PS_5Br 中的锂离子扩散至对方的化学环境中，因此在非对角线区域也出现了明显的核磁共振信号。2D-NMR 能够检测在混合时间之前（t_1 维度）和之后（t_2 维度）共振核的环境变化。核在不同化学环境中迁移可以产生非对角线的交叉峰信号。根据菲克第二定律 $\dfrac{\partial m(\vec{r},\vec{t})}{\partial t} = \vec{\nabla} \cdot \{D(\vec{r})m(\vec{r},\vec{t})\}$，可将归一化后的非对角线的交叉峰强度进行拟合计算，得到核从 A 到 B 环境的扩散系数。其中 $m(\vec{r},\vec{t})$ 是核在 t 时刻、位置 $\vec{r}$ 处的磁化强度；D 是核的自扩散系数。通过使用 Schmidt-Rohr 等提出的自旋扩散模型，并假设总扩散率等于自扩散系数，核在 A 环境中的退磁系数可以近似为初始磁化强度减去核在 B 环境中的磁化率。因此，核从 A 环境交换到 B 环境的去磁化速率可表示为

$$m(t_{mix}) = \left\{ \frac{m_0}{2}\sqrt{4Dt_{mix}}\left[\mathrm{ierfc}\left(\frac{d}{\sqrt{4Dt_{mix}}}\right) + \mathrm{ierfc}\left(\frac{-d}{\sqrt{4Dt_{mix}}}\right) - \frac{2}{\sqrt{\pi}} \right] \right\}^3 \tag{6.4}$$

式中，$\mathrm{ierfc}(x) = 1/\sqrt{\pi}\exp(-x^2) - x[1-\mathrm{erf}(x)]$；$d$ 为核从 A 环境扩散到 B 环境的距离。通过测量不同温度下核的扩散系数，可以根据阿伦尼乌斯方程计算得到核在 A 环境和 B 环境中交换的活化能。值得注意的是，利用 2D-NMR 探测不同环境的离子交换有两个基本要求：自旋-弛豫时间应足够长以允许发生交换，并且核在两个化学环境的化学位移应存在较大差异。

3. 离子在全固态电池固-固界面上的传输

全固态电池具有远高于有机电解液电池的安全性，因此被认为是非常有潜力的下一代储能电池体系。然而，尽管在实验室阶段进行了广泛的研究，全固态电

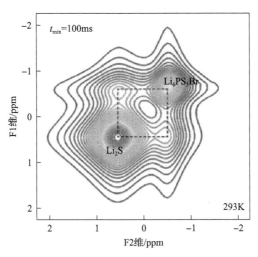

图 6.45 二维核磁交换图谱的简单示意图

池的循环稳定性、倍率性能和实际能量密度仍然不及已商业化的液态电池。长期以来，固态电解质的离子电导率一直是研究的重点。然而，随着近年来一些高离子导电电解质的开发和研究，固态电池发展的最大制约因素已经不再是电解质的离子电导率，而是固态电解质与正负极接触形成的固-固界面。

在液态电池中，电解液可以渗透进多孔电极并润湿正负极界面，离子可以在电池内部迅速传输。相比之下，在全固态电池中，由于固-固界面的物理接触性差，离子在界面上的传输受到了阻碍，这极大地影响了电池的电化学性能。除了固-固界面的物理接触外，正负极充放电过程中的体积变化、电解质本身的化学和电化学稳定性、负极界面锂沉积以及正极界面的空间电荷层都对固态电池内离子传输产生影响。因此，通过先进的表征手段来探测固-固界面上离子的动力学，理清不同因素对界面上离子传输的影响，将有助于引导高性能固-固界面的设计。

三、实验方法与步骤

1. 仪器与材料

布鲁克 500 MHz 固体核磁共振波谱仪 1 台、压片机 1 台、新威电池测试仪 1 台、固态电池模具 1 套、玛瑙研钵 1 套。

Li_6PS_5Cl 电解质、Li_2S 粉末、Super P 粉末、金属锂片、金属铟片。

2. 操作步骤

(1)制备正极混合物：将 Li_2S、Super P 和 Li_6PS_5Cl 按照 7∶1∶2(质量比)进行充分研磨混合。

(2)组装全固态锂硫电池：称取 200 mg Li_6PS_5Cl 作为固态电解质，200 MPa 压力下在固态模具中压制 5 min；然后称取 10 mg 正极混合物均匀铺在压制好的 Li_6PS_5Cl 一侧，将锂片、铟片依次放置在另一侧，在 200 MPa 压力下对电池压制 5 min。全固态电池的示意图如图 6.46 所示。将电池在 0.1 mA/cm^2 的电流密度下进行充放电 10 圈。

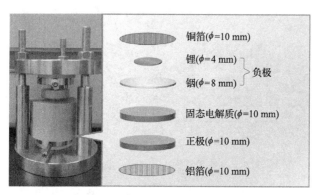

铜箔(ϕ=10 mm)
锂(ϕ=4 mm) ⎫
铟(ϕ=8 mm) ⎬ 负极
固态电解质(ϕ=10 mm)
正极(ϕ=10 mm)
铝箔(ϕ=10 mm)

图 6.46　全固态电池模具的光学照片及内部结构示意图

(3)固态核磁共振样品制样：拆解循环 10 圈后的全固态锂电池。将未循环正极混合物记为样品 1，将循环后的正极混合物记为样品 2。将两份样品分别装入两个核磁样品管中填满压实。

(4)一维固态核磁共振测试：将核磁探头置入 500 MHz 磁场中后，将样品管导入探头中。首先将样品管转速调至 3000 Hz，等待 5 min，让样品管内粉末在低转速下分布均匀。然后将转速调至 8000 Hz，待转速稳定后，通过旋动射频调节螺杆将射频频率调至 ^6Li 核在该磁场强度下的拉莫尔进动频率。选取一个脉冲长度列表进行一维核磁测试，每个脉冲值下扫描 10 次，若某一个脉冲长度(π)下核磁信号消失，则将 $\pi/2$ 设置为最终核磁测试的脉冲长度值。将扫描前延迟时间 D_1（通常为自旋弛豫时间的 1～5 倍）设置成 20 s，扫描圈数设置为 256，对两组样品进行 ^6Li 一维核磁实验，观察两组样品中锂化学环境的区别，并确定不同共振峰对应的成分。

(5)固态核磁共振自旋-晶格弛豫时间测试(静态)：将样品管转速调为 0，待样品管在磁场中停止旋转后，将核磁测试温度设置为 30℃，选取一个时间列表(T_1 list)，如{0.01、0.02、0.05、0.1、0.2、0.5、1、2、5、10、20}进行一维核磁测试，利用 Topspin 测试软件将核磁信号强度对 T_1 关系进行拟合，得到当前温度下的自旋-晶格弛豫时间。同样的，在–40～150℃中每隔 10℃（由低温到高温）重复该测试，得到每一个温度下样品中 Li_6PS_5Cl 的自旋-晶格弛豫时间。分别对两组样品进行此实验。

(6) 固态核磁共振二维交换实验测试 (魔角自旋)：将测试温度调至 30℃，然后将转速调至 8000 Hz，等待转速稳定。选取一个时间列表 (T_1 list)，如 {0.01、0.02、0.05、0.1、0.2、0.5、1、2、5、10、20} 进行一维核磁测试，利用 Topspin 测试软件将核磁信号强度对 T_1 关系进行拟合，得到当前温度下的自旋-弛豫时间。选取二维交换实验脉冲序列，将 D_1 设置为自旋-晶格弛豫时间的两倍，扫描圈数设置为 16。依次将交换时间 D_8 设置成 10 ms、100 ms、500 ms、1 s 和 2 s 进行测试，得到不同交换时间下的二维交换图谱。分别对两组样品进行此实验。

四、实验数据处理

(1) 分别以温度为 x 轴，$\ln(1/T_1)$ 为 y 轴做出两组样品中 Li_6PS_5Cl 的自旋-晶格弛豫时间和温度的关系图，并利用阿伦尼乌斯方程在高温区和低温区分别进行数据拟合，得到 Li_6PS_5Cl 中锂离子在不同温区的迁移活化能。图 6.47 展示了典型的固体电解质的自旋-晶格弛豫时间对温度的关系图。

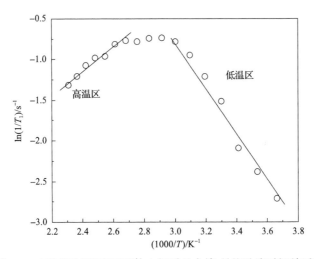

图 6.47　不同测试温度下固体电解质的自旋-晶格弛豫时间关系图

(2) 分别绘出两组样品在 30℃ 和 100 ms 交换时间下的二维交换图谱。

(3) 将二维交换图谱中非对角线的交叉峰强度归一化，并利用公式 (6.4) 分别算出两组样品在每一个温度下锂离子的扩散系数。以某样品室温下测得的二维图谱为例，演示该温度下扩散系数的计算过程。表 6.4 为室温下某样品在不同混合时间下测得的交叉峰强度。

表 6.4　室温下某样品的二维核磁交换谱中不同混合时间下测得的交叉峰归一化强度

混合时间 t_{mix}/s	0.00001	0.0001	0.001	0.01	0.1	0.2	0.4
归一化强度	0.29	0.30	0.31	0.32	0.43	0.52	0.59

将上述七组数据代入公式(6.4)进行拟合。假设初始磁化强度 m_0 为 0.015，扩散距离 d 为 60 nm，通过 Origin 软件拟合得到曲线如图 6.48 所示。通过拟合该组数据可得到扩散系数为 223.98 nm²/s，即 $2.23×10^{-12}$ cm²/s。

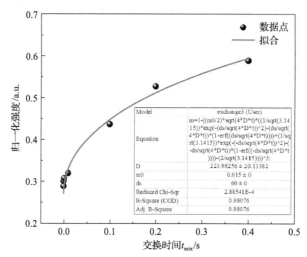

图 6.48　某样品在室温下交叉峰归一化强度与时间关系图
[插表为用公式(6.4)拟合得到的参数表]

(4)利用阿伦尼乌斯方程对扩散系数-温度图进行拟合，得到两组样品中锂离子在不同成分中的交换活化能。图 6.49 展示了典型的循环前 Li₂S-Li₆PS₅Br 正极在不同温度下核磁交换峰强度对时间的关系图以及对应的活化能拟合曲线。

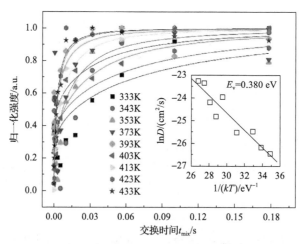

图 6.49　循环前 Li₂S-Li₆PS₅B 在不同温度下归一化强度对交换时间的关系图，插图为锂离子交换过程扩散系数对温度的关系以及对应的阿伦尼乌斯拟合图

五、思考与讨论

(1) 简述固态核磁共振技术的基本原理。

(2) 对比循环前后正极混合物的一维核磁共振谱，并解释两个图中不同共振峰对应的成分差异及原因。

(3) 解释两组样品中 Li_6PS_5Cl 内锂离子迁移活化能差异的原因。

(4) 对比循环前后正极混合物中 Li_2S 和 Li_6PS_5Cl 锂离子交换的活化能，解释造成交换活化能差异的原因。

参 考 文 献

张恒瑞, 沈越, 于尧, 等, 2020. 固态核磁共振在电池材料离子扩散机理研究中的应用进展[J]. 储能科学与技术, 9: 78-94.

Cheng Z, Liu M, Ganapathy S, et al, 2020. Revealing the impact of space-charge layers on the Li-ion transport in all-solid-state batteries[J]. Joule, 4: 1311-1323.

Yu C, Ganapathy S, Van Eck E R H, et al, 2017. Accessing the bottleneck in all-solid state batteries, lithium-ion transport over the solid-electrolyte-electrode interface[J]. Nature Communications, 8: 1086.

附录 大型仪器的原理和使用规范

附录 1   X 射线衍射技术

一、X 射线衍射技术简介

X 射线衍射技术（X-ray diffraction, XRD）是研究材料晶体结构和物相信息的重要方法。它利用 X 射线与晶体结构相互作用的原理，可以准确测定材料的晶体结构、晶粒尺寸、晶体缺陷、微观应力和择优取向等参数。XRD 技术具有多项优点，如不会损害样品、无污染、操作简便且具有高度精确性。近年来，随着商用 X 射线衍射仪的不断发展，XRD 技术还能够与电化学分析、热分析等测试设备结合使用，实现在不同实验条件下对材料结构动态变化的原位监测。

二、X 射线衍射的原理

X 射线是一种电磁波。当一束单色 X 射线入射到晶体中时，晶体中会产生周期性变化的电磁场。晶体中的电子受到电磁场的作用而振动，原子核因为质量较大，振动可以忽略不计。振动中的电子成为次生 X 射线的波源，其波长和相位与入射的 X 射线相同。基于晶体结构的周期性特征，晶体中不同电子的散射波会相互干涉叠加，形成所谓的相干散射或 Bragg 散射，也被称为衍射。衍射线的分布方向和强度与晶体结构密切相关。不同的晶体材料具有各自独特的衍射图案，这是 X 射线衍射的基本原理。

1. 衍射方向

1）Bragg 方程

Bragg 方程是 X 射线衍射的最基本定律。如图 附.1 所示为晶体的一个截面，原子排列在与纸面垂直且平行的一组平面 A、B、$C\cdots$上，设晶体的晶面间距为 d，X 射线的波长为 λ。当 X 射线以入射角 θ 入射到晶面上，如果在其前进方向上有一个原子，则势必发生散射。以波 1 和 2 为例，分别被 M 原子和 N 原子散射，两者的波程差为

$$ON + PN = d\sin\theta + d\sin\theta = 2d\sin\theta \tag{附.1}$$

如果波程差 $2d\sin\theta$ 为波长的整数倍，即

$$2d\sin\theta = n\lambda \quad (n = 0, 1, 2, 3, \cdots) \qquad (附.2)$$

散射波 1′和 2′的位相完全相同，则发生互相加强。式(附.2)就是 Bragg 方程，式中 n 为整数，被称为反射级数，是有限的正整数，其数值应使 $|\sin\theta| \leqslant 1$。

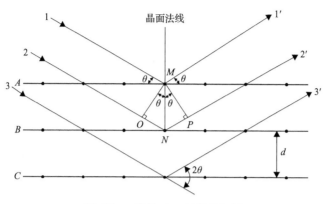

图 附.1 晶体对 X 射线的衍射

对于每种晶体结构总有相应的晶面间距表达式。将 Bragg 方程与晶面间距公式联系起来，就可以得到相应晶系的衍射方向表达式。衍射方向取决于晶胞的形状和尺寸。

2) Ewald 反射球

若以 $1/\lambda$ 为半径沿入射方向 S_0 过倒易格子原点 O 作一个球，该球面被称为 Ewald 反射球(图 附.2)。球面上的任意倒易格子点 (hkl) 都满足衍射条件，球心指向格子点的方向即为衍射方向。以倒易格子原点为中心，$2/\lambda$ 为半径得到极限球。当晶体绕原点以任意轴旋转时，极限球内所有倒易格子点均有可能与 Ewald 球相遇而产生衍射，球外的倒易格子点由于不可能与 Ewald 球相遇，因而不能被激发。

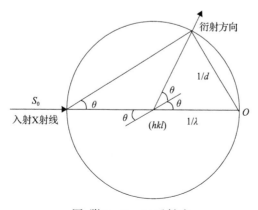

图 附.2 Ewald 反射球

当波长一定时，反射球的大小确定，倒易格子参数越小(晶胞越大)，倒易格子点越密集，所产生的衍射环数目也越多。根据反射球和倒易点阵的关系可以解释实际晶胞的大小和形状。

2. 衍射强度

X 射线衍射强度，即衍射峰的高度或积分强度由晶胞中原子的种类、数目和排列方式决定，同时也受仪器和实验条件的影响。综合诸多影响因素，可以得出多晶 X 射线衍射强度公式为

$$I(hkl) = I_0 \frac{e^4}{m^2c^4} \left(\frac{\lambda^3}{16\pi R\sin^2\theta\cos\theta} \right) \frac{1+\cos^2 2\theta}{2} \left(\frac{|F(hkl)|^2}{V_c^2} \right) DJV \qquad (附.3)$$

式中，I_0 为入射 X 射线强度；R 为衍射仪测角台半径；$|F(hkl)|^2$ 为晶胞衍射强度(结构因子)；V_c 为晶胞体积；V 为晶体被照射的体积；D 为温度因子；J 为倍数因子。

若不考虑吸收，式(附.3)可表示为

$$I(hkl) = KPLDJ|F(hkl)|^2 \qquad (附.4)$$

式中，K 是与样品和实验条件有关的常数；PL 为极化因子(或 Lorentz 因子)。

通过 X 射线衍射，可以分析材料的衍射图谱，从中获取关于材料成分、内部原子或分子的结构和形态等信息。X 射线衍射仪是用于进行这一测试的仪器，它存在于多种形式和用途中，但它们都具有相似的基本构造。一台典型的 X 射线衍射仪主要由以下部分组成：X 射线源、样品台、测角器、检测器和计算机控制系统。如图 附.3 所示，样品需要经过适当的预处理，然后放置在样品架上，该样品

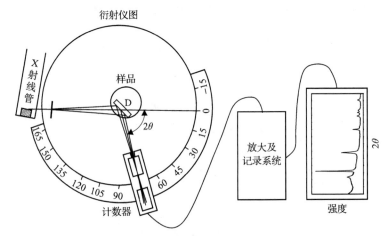

图 附.3　X 射线衍射仪原理示意图

架安装在测角器的中心底座上。计数管总是对准这个中心，并围绕中心旋转。当样品以角度 θ 旋转时，计数管以 2θ 的速度旋转，同时计算机记录系统或记录仪逐渐记录每个衍射点。衍射图谱通常以 2θ 作为横坐标，以相对衍射强度作为纵坐标来表示。通过将获得的衍射图谱与已知单相标准物质的衍射图谱进行对比，可以确定物质的相组成。

三、X 射线衍射仪的使用规范

1. 制样

1) 制备粉末样品的方法

(1) 在玛瑙研钵中将样品研磨至没有明显颗粒感。

(2) 使用药匙将适量的样品放入玻璃样品架的槽中，然后取一块载玻片，轻轻压实样品，并用载玻片轻刮掉样品架表面的多余粉末。重复这个过程几次，以确保样品表面平整。

(3) 将样品架上多余的样品刮掉，并擦拭干净，然后可以进行测试。

2) 制备非粉末样品的方法

(1) 对于难以研磨的样品，首先将其加工成与窗口尺寸相匹配的尺寸，然后将其一侧磨平。接着，使用橡皮泥或石蜡将其固定在窗口内，确保橡皮泥或石蜡略低于样品，而不是与样品齐平。

(2) 对于柔软的薄片、纤维片、薄膜等样品，可以先在载玻片上涂胶水或粘上双面胶，然后将样品平铺在载玻片上。

(3) 对于悬浊液或乳浊液，可以用玻璃棒蘸取一些液体滴在载玻片上，然后让其自然风干或使用热风吹干。

2. 样品测试

以德国布鲁克公司的 D8 Advance 多晶 X 射线衍射仪为例。

(1) 打开冷却水循环装置，水压稳定在 0.45 MPa 即可正常工作。在衍射仪左侧面，将红色旋钮旋至 "1" 位置，将绿色按钮按下，此时仪器开始启动和自检；启动完毕后，仪器主机左侧面的两个指示灯显示为白色；按下高压发生器按钮，高压发生器指示灯亮并显示为扇叶状。如果是较长时间未开机，仪器将自动进行光管老化，此时按键为闪烁的蓝色，并且显示 COND。

(2) 老化完毕后，打开计算机界面的仪器控制软件，进入软件界面，在 Commander 界面勾上 "check all drivers"，然后点击 "Initialize all checked drivers"，对所有马达进行初始化。

(3) 按下样品室门上的按钮，听到开门声后，轻轻拉开样品室门，将样品架插入样品底座，然后轻轻关闭样品室门。

(4)编辑测试参数。通常，电压(Voltage)和电流(Current)数值均为40(手动输入后点击"set")，步长(Increment)设置为0.02°，曝光时间(Time)默认为0.15秒/步。在特殊情况下，可以更改步长和曝光时间，通常将曝光时间设置为0.1~0.5秒/步。测量角度(2θ)可根据需要设置，一般在10°~90°之间。除非特殊情况，最大允许的范围为5°~135°。

(5)在确认测试参数无误后，点击开始(Start)按钮开始测试。

(6)在完成样品测试后，打开样品室，取出样品架，回收样品并清理样品架。保存测试数据。

(7)关机。将电压和电流分别设置为20和5，点击"set"，等待2分钟后按下高压发生器按钮，其显示由扇叶状变为"I"状。按照步骤(2)进行仪器初始化。X射线光管冷却5分钟后，按下在仪器左侧面的白色按钮，并将红色按钮旋至"0"位置，关闭冷却水循环装置，关闭软件和电脑。

注意事项：

(1)每次打开样品室门之前，务必按下开门按钮，小心地打开和关闭门，避免猛力碰撞。

(2)测试电压应设定为40 kV，电流范围为30~35 mA。在开始测试之前，必须确认这些参数的设置。当升高电压和电流时，应首先增加电压，然后逐渐增加电流，升降过程不应过于急促，每次的升降量最好不要超过10单位。在关机时，应采用相反的顺序，首先降低电流，然后再降低电压。请注意，这个过程会显著影响仪器的使用寿命。

(3)在测试时，尽量使用相同的参数来进行对比样品的测试，以确保结果的可比性。

(4)在实验过程中绝对禁止打开样品室的门，也不要直接关闭测试软件。

参 考 文 献

Guinebretière, René, 2013. X-ray Diffraction by Polycrystalline Materials[M]. London & Newport Beach: John Wiley & Sons.

Hammond C, 2015. The Basics of Crystallography and Diffraction[M]. Fourth Edition. International Union of Crystallography Texts on Crystallography. New York: Oxford Science Publications.

附录2 扫描电子显微镜

一、扫描电子显微镜简介

扫描电子显微镜(scanning electron microscope,SEM)是研究材料微观形貌的重要手段之一。利用细聚焦电子束在样品表面扫描时激发出的各种物理信号来调制成像。新式的扫描电子显微镜的分辨率可达1 nm,放大倍数从数倍连续放大到30万倍左右。此外,它还具有较大的景深、广阔的视野和出色的立体成像效果。由于电子枪效率的不断提高,扫描电子显微镜样品室附近的可用空间也不断增大,允许装入更多的探测器。这使得扫描电子显微镜能够与其他分析仪器相结合,从而在同一台仪器上实现多种微观组织结构信息的同步分析,包括形貌、微区成分和晶体结构等。

二、扫描电子显微镜的原理

扫描电子显微镜由电子光学系统,信号收集处理、图像显示和记录系统,真空系统三个基本部分组成。电子光学系统包括电子枪、电磁透镜、扫描线圈和样品室。图 附.4 为扫描电子显微镜的结构原理方框图。电子枪发射的高能电子束,经过电磁透镜逐级聚焦缩小,最终在样品表面形成一个带有一定能量的、数个纳米尺寸的微小斑点。通过在扫描线圈的磁场作用下,电子束在样品表面进行光栅式逐点扫描。如图 附.5 所示,当电子束与样品相互作用时,会激发出多种不同的信号,其中包括背散射电子、二次电子、吸收电子、透射电子、特征 X 射线、俄歇电子等。扫描电子显微镜主要以二次电子或背散射电子成像为主要手段,这两种成像模式具有较高的分辨率。二次电子是在电子束入射样品并与其相互作用后,被从样品表面释放出来的电子。这些电子通常来自样品表层的深度,大致在 5～10 nm 范围内,因此非常灵敏地反映样品的表面形貌。它们有效地显示了样品的微观结构和表面拓扑。另一方面,背散射电子是入射电子被样品原子核反弹回来的部分。它们主要来自样品表层几百纳米的深度。由于背散射电子的产额随着样品中原子序数的增加而增多,因此不仅可用于表面形貌分析,还可以用于识别样品中的化学成分。这些电子信号由相应的探测器捕获,然后被转换为图像,从而提供与电子信号相关的有关样品表面特征的信息。这使得扫描电子显微镜成为研究和观察微观和纳米尺度的样品的强大工具。

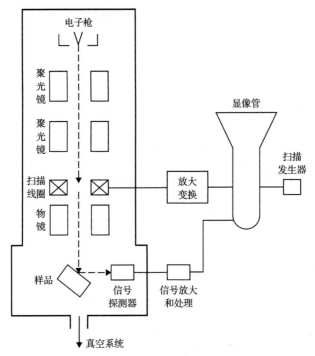

图 附.4 扫描电子显微镜结构原理方框图

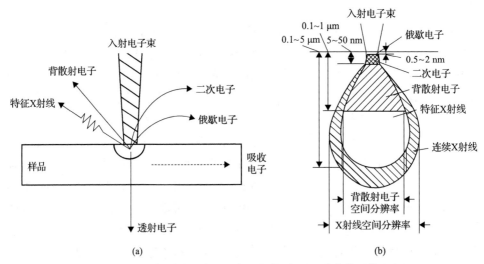

图 附.5 电子束与样品作用时产生的信号(a)及滴状作用体积(b)

三、扫描电子显微镜的使用规范

1. 制样

(1)对于粉末样品,首先在样品台上粘一层双面导电碳胶,然后使用牙签或棉签轻轻取适量粉末,将其均匀涂抹在胶带上。最后,使用洗耳球小心地吹去多余的粉末,以确保表面整洁。

(2)对于块体或薄膜样品,首先需要将样品切割或处理成适当的大小。然后,使用导电碳胶将样品稳固地固定在样品台上,确保样品与台之间良好接触。

(3)对于液体样品,首先将硅片安装在样品台上,然后使用导电碳胶将硅片固定好。接下来,将液体样品滴在硅片上,然后等待样品自然干燥或可以使用烘干的方式加快干燥过程。

这些步骤有助于确保样品准备得当,以获得高质量的测试结果。确保样品的表面整洁、均匀分布并与样品台充分接触将有助于获得准确的测试数据。

2. 样品测试

以日本日立公司的 SU8010 冷场发射扫描电子显微镜为例。

(1)检查真空、循环水状态,开启"Display"电源。电脑启动后,启动电镜程序。

(2)按交换舱上"Air"键放气,蜂鸣器响后将样品台放入,旋转样品杆至"Lock"位,合上交换舱,按"Evac"键抽气,蜂鸣器响后按"Open"键打开样品舱门,推入样品台,按"Close"键。

(3)根据样品特性与观察要求,在操作面板上选择合适的加速电压与束流,按"On"键加高压。

(4)用滚轮将样品台定位至观察点,选择合适的放大倍数,点击"Align"键,调节旋钮盘,逐步调整电子束位置、物镜光阑中、消像散基准。在"TV"或"Fast"扫描模式下定位观察区域,在"Red"扫描模式下聚焦、消像散,在"Slow"或"Cssc"扫描模式下拍照。选择合适的图像大小与拍摄方法,按"Capture"拍照。

(5)根据要求选择照片注释内容,保存照片。

(6)按"Home"键使样品台回到初始状态。按"Off"键关闭高压。按"Open"键打开样品舱门,蜂鸣器响后撤出样品台,并按"Close"键合上样品舱,按"Air"键放气,取出样品台,合上交换舱,按"Evac"键抽气。

(7)退出程序,关闭电脑,关闭"Display"电源。

注意事项:

(1)对于电导率较差或非导电的样品,通常需要进行喷涂金或喷涂碳等处理,以增强样品的导电性。

（2）对于强磁性样品，需要在测试之前进行脱磁处理，以防止对电子枪造成污染。

（3）对于容易受电子束损伤或电导率较差的样品，应适当降低测试电压，以避免对样品造成伤害。

参 考 文 献

章晓中, 2006. 电子显微分析[M]. 北京: 清华大学出版社.

张大同, 2009. 扫描电镜与能谱仪分析技术[M]. 广州: 华南理工大学出版社.

附录 3　透射电子显微镜

一、透射电子显微镜简介

透射电子显微镜(transmission electron microscope, TEM)是一种电子光学显微分析仪器，它使用高能电子束作为照明光源，并通过电磁透镜进行成像和聚焦。与光学显微镜不同，TEM 的分辨率主要由光源的波长决定，而电子的德布罗意波长非常短，因此 TEM 的分辨率远高于光学显微镜，能够清晰地观察样品的微观结构。随着电子显微镜技术的不断发展，目前 TEM 的空间分辨率甚至可以达到亚埃级别，使其能够清晰观测到原子级别的图像。此外，TEM 还可以结合电子衍射仪和多种信号探测器，用于分析样品的晶体结构、化学成分、内部电场和磁场等信息。

二、透射电子显微镜的原理

如图 附.6 所示，透射电子显微镜的光路图与光学显微镜类似，不同之处在于 TEM 使用高能电子束作为照明光源，并通过电磁透镜进行光学调焦。在工作过程中，电子束由电子枪发出，经过聚光镜聚焦成一束平行电子束，然后照射在待观察的样品上。样品透射电子后，电子束进入物镜，形成一次放大像。随后，这一次放大像通过中间镜和投影镜得到接力放大，最终将投影到荧光屏上，通过荧光

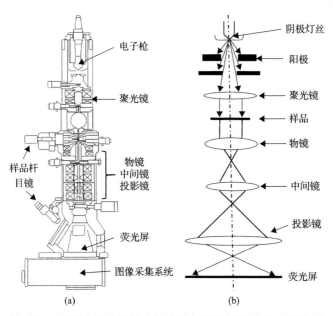

图 附.6　透射电子显微镜光学元件布局图(a)及光路示意图(b)

屏转化成可见光影像，以供观察和分析。透射电子显微镜的高能电子束和电磁透镜的使用使其能够获得极高的分辨率，清晰观察样品的微观结构。

1. 明暗场衬度图像

明场像示意图：如图 附.7(a)所示，通过使用物镜光阑来遮挡衍射束，只允许透射电子束通过，产生明亮的图像。这种明场成像模式提供了较好的衬度，适用于观察样品的形貌、尺寸等细节。

暗场像示意图：如图 附.7(b)所示，通过使用光阑孔，选择特定的单一衍射束，同时屏蔽其他衍射束和透射电子束，得到的图像称为暗场图像。在这种暗场成像模式下，所选择的衍射束倾斜于光轴，有时被称为离轴暗场像，通常具有较差的成像质量和畸变。

中心暗场像示意图：如图 附.7(c)所示，中心暗场图像是通过倾斜入射电子束，使所选择的衍射束与光轴平行得到的暗场图像。这种成像模式具有较高的分辨率，适用于分析样品中的晶体缺陷等微观结构特征。

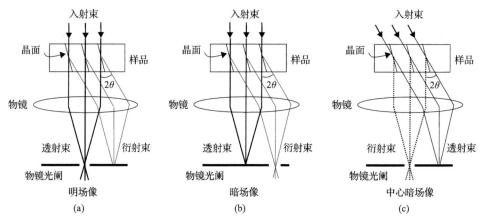

图 附.7　明场像(a)、暗场像(b)及中心暗场像(c)成像原理图

2. 电子衍射图像

通过调节中间镜的激磁电流，可以改变中间镜的焦距。如果中间镜的物平面与物镜的像平面重合，那么在荧光屏上将获得样品的放大像。如果中间镜的物平面与物镜的背焦面重合，那么在荧光屏上将看到样品的电子衍射花样。电子衍射花样的成像原理类似于 X 射线衍射技术，都遵循布拉格方程，因此可用于分析样品的晶体信息。这种功能使透射电子显微镜成为研究材料的晶体结构的有力工具。

三、球差校正透射电镜的原理

球差即球面像差，是透镜像差中的一种。在电磁透镜中，透镜的边缘部分往往拥有比中心更强的汇聚能力，这种差异使得所有电子束难以汇聚于单一焦点，从而显著影响了成像的清晰度。为了克服这一难题，科学家们研发出了基于凹透镜原理的球差校正系统。该系统通过精密的调节，能够确保无论是来自光轴还是偏离光轴的电子束，都能精确聚焦于同一点，从而极大地提升了电子显微镜的分辨率，实现了亚埃尺度的成像精度。1943 年，Scherzer 就提出了用四极-十极电磁系统来校正球差和色差，但实践中实现多极校正器的制作十分困难，直到 1998年，Haider 等人成功地制造出六极校正器系统来补偿 200 kV TEM 的球差。图附.8（a）和（b）分别为 TEM 和扫描透射电子显微镜(scanning transmission electron microscope，STEM)模式下的球差校正示意图，其中球差校正系统由两组六级电磁透镜和系列圆形传递透镜组成。因为 STEM 技术比 TEM 技术应用更加广泛，图像的分析解读更加直观，因此主要介绍 STEM 球差校正技术。

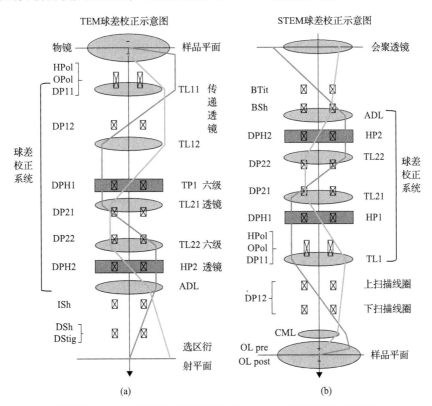

图 附.8　TEM 球差校正示意图(a)和 STEM 球差校正示意图(b)

STEM 是通过汇聚电子束在样品上逐行逐列扫描成像，如图 附.9 所示，根据收集角的角度大小，可以依次获取明场(bright field，BF)像、环形明场(annular bright field，ABF)像及高角环形暗场(high-angle annual dark field，HAADF)像。其中 HAADF 像衬度近似正比于原子序数的平方($\sim Z^2$)，直观易解释，而 ABF 像衬度近似正比于$\sim Z^{1/3}$，可以同时对重元素和轻元素进行成像。在电子与材料相互作用的过程中，除了用于成像的电子信号，还有其他信号产生，例如特征 X 射线、非弹性散射能量损失电子等，因此通过安装 X 射线能谱仪、电子能量损失谱仪，与球差校正 STEM 技术结合，获取原子分辨率的元素分布和价键信息。

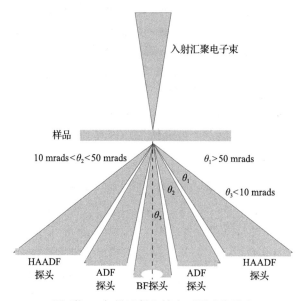

图 附.9 扫描透射电镜中不同成像模式

四、透射电子显微镜的使用规范

1. 制样

1）粉末样品的制样方法

将粉末样品放入玛瑙研钵中，并仔细研磨，直到没有明显的颗粒感。然后，取适量的样品并将其分散在适当的溶剂中。接下来，将分散后的样品转移到专用于 TEM 的铜网上。最后，使用红外灯将样品烘干，以便进行 TEM 分析。

2）非粉末样品的制样方法

（1）离子减薄。首先将块体样品研磨成薄片，然后将这些薄片置于离子减薄机中，使用高能离子束轰击样品直至穿孔。在这个过程中，可以选取孔边缘处的薄区进行电子显微镜观察。这种方法适用于各种样品，特别是那些需要被彻底减薄以便观察内部结构的情况。

(2)电化学抛光。适用于具有导电性的样品。首先将块体样品研磨成薄片，然后将薄片置于适当的电解液中。通过施加一定的电压，可以使样品发生腐蚀，从而产生适合观察的薄区。这种方法常用于金属或其他导电材料的样品制备。

(3)超薄切片。适用于生物样品或较软的无机材料。首先，将样品使用树脂包埋，待树脂固化后，使用特制刀具切出薄片。然后，可以通过合适的液体将这些薄片转移至铜网上，以供电子显微镜观察。这个方法有助于保持样品的原始结构。

(4)聚焦离子束刻蚀。使用聚焦的镓离子束对样品进行轰击，直至样品形成足够薄的薄片，可以用于电子显微镜观察。这种方法适用于各种样品类型，可以精确控制薄片的厚度和位置。

2. 样品测试

以日本电子株式会社的 JEM-2100F 场发射透射电镜为例。

(1)确认电镜冷却水箱、压缩机及真空系统正常，打开电镜主机电源和电镜控制计算机，启动 TEM CON 控制程序。程序启动后，系统自动启动抽真空。待"HT status"显示"ready"后，将电子枪转换为"COND"模式，点击"Auto Procedure"的"start"。待"HT conditioning"结束，等待 0.5～1 h，点击"Start Up"，系统自动升高压、发射电流，直至 200 kV。

(2)装入样品。确认先将测角台归零，再将样品杆装入测角台，并向冷阱填加液氮。待"Beam Valve"激活后，点击"Open"，打开 V1、V2 阀。

(3)按使用要求分别进行对中、消聚光镜像散。低倍观察样品，寻找合适的位置，高倍聚焦消像散。配合相应附件(STEM-HADDF、BF/DF、EDS)进行观察和记录。

(4)测试完成时，点击"Beam Valve"中的"Close"，关闭 V1、V2 阀。点击"Start Up"，系统自动将电压降至 160 kV，使灯丝进入待机状态，或者点击"Auto HT & Emission"中的"Turn Off"彻底关闭灯丝。

(5)确认将测角台归零，取出样品台。将液氮加热器装入冷阱，点击"Maintenance"下的"ACD & Bake"，将"ACD Heat"设为"on"。

注意事项：

(1)在使用电子显微镜之前，务必检查其状态，包括真空度、Spot size 以及样品坐标是否已归零。

(2)在拔出样品杆时要谨慎，确保控制力度，同时避免手触摸样品杆的前端部分，以防止样品污染或损坏。

参 考 文 献

黄孝瑛, 1987. 透射电子显微学[M]. 上海: 上海科学技术出版社.

宋海利, 李满荣, 薛玮, 等, 2023. 球差校正透射电镜简介[J]. 大学化学, 38 (11): 117-125.

Williams D B, Carter C B, 2009. Transmission Electron Microscopy: A Textbook for Materials Science[M]. 2nd ed. New York: Springer.

附录 4　原子力显微镜

一、原子力显微镜简介

原子力显微镜(atomic force microscope, AFM)是一种用于研究各种固体材料表面特性的高分辨率显微镜。它通过测量在探针尖端和样品表面之间的原子间相互作用力来创建表面拓扑图和力学性能的图像。AFM 具有许多优点,如高分辨率、可在不同环境下操作、样品制备简单等,因此在纳米科学、材料科学、生物学和许多其他领域得到广泛应用。该技术允许科学家观察和操作物质的微观和纳米级特性,对于研究纳米结构、纳米机械性能以及表面形貌具有重要价值。

二、原子力显微镜的原理

原子力显微镜由力学检测模块、位置检测模块和反馈系统组成。原子力显微镜的工作原理示意图见图 附.10,当原子力显微镜的探针针尖接近样品时,微悬臂会受到针尖原子与样品表面原子之间相互作用力的影响,从而发生偏转。这个偏转会导致反射光的位置发生变化。当探针在样品表面扫过时,光电检测系统记录激光的偏转量,即微悬臂的偏转量,并将其转换为电信号,然后传递给反馈系统和成像系统。通过信号放大器等设备,电信号被转化成样品表面的信息图像。这个信息图像反映了样品的表面拓扑和特征,使研究人员能够观察和分析样品的微观结构。

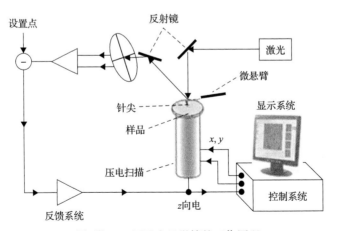

图 附.10　原子力显微镜的工作原理

如图 附.11 所示,根据针尖与样品之间相互作用力的形式,原子力显微镜的工作模式可以分为三类:接触式、非接触式和轻敲式。

接触式是原子力显微镜最直接的成像模式，扫描速率快，通常可以获得稳定的高分辨图像。在整个扫描成像过程中，探针针尖与样品表面始终保持紧密接触，利用的相互作用力为排斥力。由于是接触式扫描，微悬臂施加在针尖上的力可能会使样品表面弯曲，甚至破坏其表面结构，因而所施加的力一般控制在 $10^{-10} \sim 10^{-6}$ N；并且经过多次扫描后，针尖会产生钝化现象。该模式不适用于研究生物大分子、低弹性模量样品以及容易移动和变形的样品。

图 附.11　原子力显微镜的三种工作模式

非接触式探测样品表面时，微悬臂在样品表面上方 $5 \sim 10$ nm 处振荡，与样品之间的相互作用主要是长程的，包括范德瓦耳斯作用力和静电力等，这些作用力对样品没有破坏性，通常在 10^{-12} N 的范围内。由于样品不会受到损害，而且针尖也不容易受到污染，这种模式特别适用于研究柔软或有弹性的样品表面。然而，由于针尖与样品保持一定的距离，这种模式的横向分辨率相对较低。为了避免接触到吸附层导致针尖黏附，扫描速度通常要比接触式或轻敲式慢。非接触式模式通常不适用于在液体中或室温大气中进行成像。

轻敲式模式介于接触式和非接触式之间。在这种模式下，微悬臂在样品表面上方以其谐振频率振荡，针尖会周期性、瞬时地接触或轻敲样品表面。当针尖与样品表面接触时，由于空间阻碍，微悬臂的振幅会减小，从而在针尖接触样品时产生的侧向力明显降低，对样品的损害较小。轻敲式模式适用于柔软、脆弱或有较强粘附性的样品，广泛应用于高分子聚合物和生物大分子的结构研究中。

三、原子力显微镜的使用规范

1. 制样

(1)对于粉末样品，常用的方法是胶带法。首先，在样品台上粘贴双面胶带，然后将粉末撒在粘贴了胶带的区域上。接下来，可以使用洗耳球等工具，轻轻吹走未黏附在胶带上的多余粉末。如果涉及纳米粉末，可以先将其分散在适当的溶剂中，然后将溶液涂抹到云母片或硅片上，可以手动滴涂或者使用旋涂机进行均匀涂抹，然后等待自然晾干。

(2)对于块状样品，如玻璃、陶瓷和晶体，通常需要进行抛光处理，然后使用双面胶带将其牢固固定在样品台上。

(3)对于液体样品，需要确保其浓度不过高，以便获得准确的测试结果。

2. 样品测试

以德国布鲁克公司的 Dimension Icon 原子力显微镜为例介绍原子力显微镜的操作规程。

(1)首先，依次打开计算机主机、显示器、Nanoscope 控制器以及 Dimension Stage 控制器。

(2)然后，选择合适的探针和夹子，安装探针，并将其夹到仪器上。

(3)发射激光，照射在悬臂前端，并进行检测器位置的微调。

(4)启动相关软件，进入实验选择界面。在此界面中，选择适当的实验方案、实验环境和具体操作模式，并设置具体的实验参数。

(5)在显微镜视野中定位并找到探针。

(6)聚焦样品，然后开始扫描图像。

(7)保存所得图像，然后将探针退出。

(8)最后，依次关闭软件、Nanoscope 控制器、Dimension Stage 控制器和计算机。

注意事项：

(1)在对样品进行预处理时，务必在显微镜下仔细观察样品表面，确保其干净、平整。如果发现有污染或不平整的情况，务必重新制备样品，以免影响图像质量或导致探针受损。

(2)在选择扫描模式之前，请确保已定位好样品表面并进行了焦距的调整。最初扫描范围应设置为零，然后当探针接触到样品表面后，再逐渐扩大扫描范围，以避免损害探针。

(3)如果探针经过多次使用或者样品表面比较粗糙，可以考虑增大扫描范围，或在测试前将样品烘干，以确保获得更好的图像。测试过程中要保持环境安静，因为噪声会影响图像分辨率。可以降低扫描频率以减小噪声的影响。

(4)系统的反馈参数(I gain 和 P gain)主要用于设置探针的反馈响应。适度增加这两个参数的值可以提高系统的响应速度，但不要设置得过高，以免导致扫描器振荡并导致图像失真。

参 考 文 献

布鲁克中国客户服务中心, 2015. Dimension Icon 中文操作手册[EB/OL]. 4 版. http://nanoscale-world.bruker-axs.com/nanoscaleworld/forums/t/1177.aspx.

Binnig G, Quate C F, Gerber C, 1986. Atomic force microscope[J]. Physical Review Letters, 56(9): 930-933.

Eaton P, West P, 2010. Atomic Force Microscopy[M]. New York: Oxford University Press.

附录 5　X 射线光电子能谱

一、X 射线光电子能谱简介

X 射线光电子能谱(X-ray photoelectron spectroscopy, XPS)是一种分析固体样品表面的测试技术，利用 X 射线激发样品中的电子，测量这些电子的能量和数量，以获取有关样品的信息。XPS 分析能够提供样品的元素组成、元素的价态、表面化学状态和电子能带结构等关键信息，对材料科学和表面化学研究非常重要。其高灵敏度和分辨率使其成为一种广泛应用于材料研究、表面分析和质谱学领域的强大工具。

二、X 射线光电子能谱的原理

1. 光电效应

当使用 X 射线束照射固体样品时，入射的 X 射线光子与样品发生相互作用。光子会被样品吸收，将能量转移给束缚的电子。一部分能量被用于克服束缚能和功函数，而余下的能量被电子获得，使其脱离束缚并发射出来，形成光电子。这个过程被称为光电效应。光电效应可以用如下公式表示：

$$E_k = h\nu - E_b - W \tag{附.5}$$

式中，E_k 为光电子动能；$h\nu$ 为入射光子能量；E_b 为内壳层电子结合能；W 为光谱仪的功函数。通过测得的光电子动能可以计算得到电子的结合能，以结合能为横坐标，相对强度为纵坐标，得到光电子能谱图，从而对样品进行分析。

2. X 射线光电子能谱仪的基本构造

X 射线光电子能谱仪的构造如图 附.12 所示，通常由 X 射线源、超高真空系统、能量分析器、电子探测器和数据处理系统组成。X 射线源通常使用 Al 或 Mg 作阳极，这些阳极激发出的光子能量分别为 1486.6 eV 和 1253.6 eV。X 射线从光源发射后到达样品表面，激发出光电子。光电子的能量和相对强度由能量分析器检测，然后通过探测器中的电子倍增系统增强，最终转换为电信号，并通过数据处理系统进行呈现。能谱曲线的横坐标是电子结合能，纵坐标是光电子的测量强度。不同元素具有特征性的电子结合能，可以通过电子结合能标准手册对被分析元素进行鉴定。当元素处于化合物状态时，其电子结合能位置与纯元素相比可能会发生轻微变化，这被称为化学位移。通过测量化学位移，可以了解原子的状态和化学键的情况。

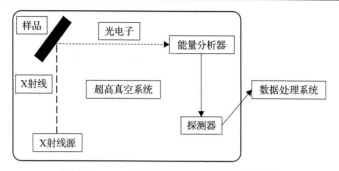

图 附.12 X 射线光电子能谱仪的基本构造

三、X 射线光电子能谱仪的使用规范

1. 制样

XPS 测试样品应为无磁性、无放射性、无毒性以及无挥发性物质，并且应当充分干燥。对于固体薄膜或块状样品，它们应该被裁剪成适当的大小(约 5 mm×5 mm)。对于粉末样品，应彻底研磨，均匀地铺满双面胶，并将其固定在样品台上，或将其压制成适当大小的薄片。对于液体样品，它们应该被滴在硅片、金属片、树脂等固体基片上，然后晾干或冷冻干燥后再进行测试。

2. 样品测试

以日本岛津公司的 AXIS Ultra DLD 型 X 射线光电子能谱仪为例。

(1)提前一天进样，抽真空一夜。

(2)打开电脑，打开软件 Vision Manager-window-Manual window。在 X-ray 控制面板界面，单色化的 X 射线源：Al/Ag，常规为1。选择 Al(mono)，设置 Emission：1 mA Anode,HT：8 kV,点 Standby 等待一定时间预热 X-Ray,观察 Status 中 Filament 到 1.5 A 点 On 开启；

等待分步增加 AnodeHT：10 kV，再分步将电流 Emission 增加至需要，一般为 10 mA。每设置一步，点击一次回车键，系统自动增加。

(3)根据需要在 Neutraliser 控制界面，打开中和枪，按 On 键。

(4)根据软件中的"Real timedisplay"实时监控窗口中谱峰面积 Area 值的变化，方法一：手动调节，调节各个坐标轴方向的按键(主要是 Z 轴)找到信号最强的位置。方法二：自动调节，点击 Name-updateAuto-Z-Status-required-optimize 系统自动调节，然后点 update 更新位置。

(5)按需求选择宽扫(wide)-定性分析，窄扫(narrow)-化学价态分析。

(6)测试结束后取出样品，关闭软件，关闭电脑，关闭仪器。

注意事项：

(1)在进行样品分析前，确保样品表面干净、无污染。如果需要清洁样品，可以使用分析纯的异丙醇、丙酮、正己烷或三氯甲烷等溶液来清洗，以确保样品达到分析的清洁要求。

(2)安装样品时要特别注意增加样品之间的间隔，以防 X 射线照射面积过大，可能对周围的样品造成损伤。确保样品的位置和布局合理，以最大限度地减少相互干扰。

(3)为了降低离子束的择优溅射效应和减少基底效应，应采取措施来提高溅射速率和降低每次溅射的时间。这将有助于获得更准确的分析结果。

(4)实验结束后，应及时将样品从仪器中取出，以防止长时间存放在仪器真空室内污染真空环境。维护干净的真空环境对于 XPS 分析的准确性至关重要。

参 考 文 献

范康年, 2011. 谱学导论[M]. 北京: 高等教育出版社.

Tsuji K, Injuk J, Van Grieken R, 2005. X-Ray Spectrometry: Recent Technological Advances[M]. West Sussex: John Wiley & Sons.

附录6 红外吸收光谱

一、红外吸收光谱简介

红外吸收光谱(infrared absorption spectrometry, IR)是利用分子对红外辐射吸收所产生的吸收光谱进行分析的一种测试手段,使用波长的倒数——波数进行描述,研究光谱范围主要为 4000~650 cm^{-1}。红外吸收光谱是由分子振动和转动能级跃迁产生的,通过将光谱与红外标准数据库进行对比,可以识别分子中的官能团。

二、红外吸收光谱的原理

1. 红外吸收光谱的产生

红外吸收光谱的生成必须满足两个基本条件:①红外辐射的光子能量必须与分子的振动跃迁所需的能量匹配。分子在吸收红外辐射后,会从其基态振动能级跃迁至更高的振动能级,产生红外吸收峰。②分子的振动必须伴随着瞬时偶极矩的变化。分子具有多种不同的振动方式,只有那些引起分子偶极矩瞬时变化的振动模式才会吸收特定频率的红外辐射。这两个条件的满足是红外吸收光谱产生的基础。

2. 分子振动类型

由于大多数分子都是多原子分子,其振动形式相对复杂,不容易直观解释。一种常见的方法是将多原子分子视为双原子分子的集合,并将其振动分解为多个简单的基本振动,即简正振动。

简正振动可以分为两大类:伸缩振动和弯曲振动。如图 附.13 所示,伸缩振动是指分子中的原子沿键轴方向周期性地来回伸缩,从而导致键长发生变化,而

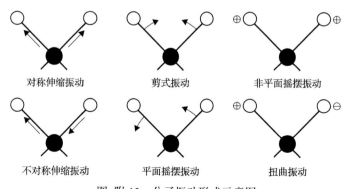

图 附.13 分子振动形式示意图

键角保持不变。这种振动形式可以进一步分为对称伸缩振动和不对称伸缩振动。另一方面，弯曲振动是指分子中的化学键角周期性变化，而键长保持不变。弯曲振动包括剪切振动、平面摆动振动、非平面摆动振动和扭曲振动。

这种将多原子分子的振动分解为简正振动的方法有助于理解和解释红外光谱中的吸收峰。每种类型的振动都对应着不同的频率和波数，因此它们在红外光谱中会表现为特定的吸收带。通过分析这些吸收带，可以确定分子中的不同振动模式，从而揭示其化学结构和官能团。

3. 红外吸收光谱与分子结构关系

在有机化合物中，某些化学基团的红外吸收频率不会随分子构型的改变而发生较大变化，通常出现在一个较窄的频率范围内。这些频率称为基团频率，主要分布在红外光谱的 $4000 \sim 1300 \ cm^{-1}$ 区域。它们受分子的其他部分振动的影响较小，因此这个区域通常被称为官能团区，并被广泛用于鉴别有机分子中的官能团。红外光谱中的 $1500 \ cm^{-1}$ 以下区域主要包括 C—X 键的伸缩振动和 H—C 键的弯曲振动频率，通常被称为指纹区。这些振动频率容易受到其他化学键的影响，微小的分子结构变化会引起这些振动频率的变化，因此指纹区可用于识别特定分子。

4. 红外光谱仪的基本构造

红外光谱仪分为两种主要类型：色散型和干涉型，其中干涉型红外光谱仪，也称为傅里叶变换红外光谱仪，是应用最广泛的一种类型。干涉型红外光谱仪的基本构造如图 附.14，在测试过程中，光源产生的光经过干涉仪，被转化成干涉光，然后通过样品，样品吸收一部分光，其余光到达检测器。随后，通过数据处理系统进行傅里叶变换，从而获得标准的光谱图。该仪器的基本原理涉及光的干涉现象，即光源发出的两束光在经过不同光程后会在某一点汇聚，发生干涉现象。当两束光的光程差是波长的二分之一的偶数倍时，它们会相互叠加并产生增强的干涉。相反，如果光程差为波长的奇数倍，则会发生相消现象，导致光强减弱。通过连续调整干涉仪中的反射镜位置，可以获得干涉强度与时间和频率的关系图。如果样品吸收了特定频率的光，将导致干涉图的强度发生变化，从而得到样品的吸收谱。

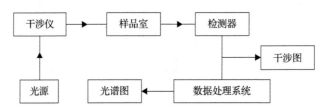

图 附.14　干涉型红外光谱仪(傅里叶变换红外光谱仪)的基本构造

三、红外吸收光谱仪的使用规范

1. 制样

气体样品：气体样品可以直接充入真空状态的气体样品池中进行测试。气体池由带有进出气口的玻璃筒制成，两端粘有红外窗片。

可溶固体和液体样品：选择合适的溶剂，将可溶固体或液体样品溶解成较为稀薄的溶液，然后将其转移到液体池中进行测试。难以挥发的液体也可以直接滴在两个窗片之间，形成液膜，然后进行测试。

固体样品：针对固体样品，可以采用不同的制备方法，如压片法、研糊法和薄膜法。

压片法：取少量样品与适量干燥的溴化钾混合，并彻底研磨均匀。然后，使用压片机将混合物压制成透明的圆片，以便进行测试。

研糊法：取适量研磨后的样品与石蜡糊混合均匀，然后将混合物涂抹在窗片上，以便进行测试。

薄膜法：对于高分子样品，可以将其加热熔融后，涂抹或压制成薄膜，然后进行测试。此外，也可以将样品溶解在低沸点的溶剂中，然后涂抹在窗片上进行测试。

2. 样品测试

以美国赛默飞公司的 Nicolet 系列傅立叶变换红外光谱仪为例。

(1)把制备好的样品放入样品架，然后插入仪器样品室的固定位置上。

(2)打开 Omnic 软件，选择"采集"菜单下的"实验设置"选项，设置需要的采集次数，分辨率和背景采集模式后，点击"ok"。

采集次数：采集次数越多，信噪比越好，通常情况下可选 16 次，如果样品的信号较弱，可适当增加采集次数；

分辨率：固体和液体通常选择 4 cm^{-1}，气体视情况而定，可选 2 cm^{-1}甚至更高的分辨率；

背景采集模式：建议选择第一项"每采一个样品前均采一个背景"或第二项"每采一个样品后采一个背景"。如果实验室环境控制的较好的话，可以选择第三项"一个背景反复使用___时间"。如果有指定的背景，也可选第四项"选择指定的背景"。

(3)背景采集模式为第一项、第二项和第四项时，直接选择"采集样品"开始采集数据，背景采集模式为第二项时，先选择"采集背景"，按软件提示操作后选择"采集样品"采集数据。

(4)选择"文件"菜单下"另存为"，把谱图存到相应的文件夹。

注意事项:

(1)待测样品应保持干燥,如有必要,可将其放在红外灯下烘烤几分钟。

(2)在压片完成后,应立即清洗压片机模具,以防腐蚀模具表面。

(3)使用高纯度的溴化钾,最好为分析纯级别或更高,使用前应充分研磨并在烘箱中干燥处理,存储时应存放在干燥器中。

参 考 文 献

陆婉珍, 2007. 现代近红外光谱分析技术[M]. 北京: 中国石化出版社.

吴瑾光, 1994. 近代傅里叶变换红外光谱技术及应用[M]. 北京: 科学技术文献出版社.

张叔良, 1993. 红外光谱分析与新技术[M]. 北京: 中国医药科技出版社.

附录 7　激光拉曼光谱

一、激光拉曼光谱简介

　　激光拉曼光谱是一种基于拉曼散射效应的光谱分析技术，用于获得材料的各种结构信息，包括分子的振动和转动、结晶度、分子取向、应力和应变状态等。激光拉曼光谱的主要优势在于制样简单、不需要特殊处理，测试迅速，具有很好的重复性，而且对样品无损伤。这一技术既可以单独使用，也可以与其他技术(如 X 射线衍射、红外吸收光谱、原子力显微镜等)相结合，实现对物质的鉴别、定性和定量分析。

二、激光拉曼光谱的原理

　　拉曼光谱是一种通过研究激发光照射样品后分子散射光的频率变化来分析物质结构和性质的技术。当激发光照射到样品上，其中大部分散射是瑞利散射，它的波长和频率不发生变化。然而，极少部分光子发生拉曼散射，其波长和频率发生改变，这个变化取决于样品的分子结构。拉曼光谱通过研究散射光的频率变化来分析物质的结构和性质。

　　拉曼散射光在频率上对称地分布在瑞利散射两侧，通常比瑞利散射弱得多，光强仅为瑞利散射的百万分之一至十亿分之一。因此，拉曼光谱的信号非常微弱。然而，随着激光技术的发展，现代激光拉曼光谱仪的出现使测量信号的强度可与红外光谱相媲美，从而扩大了拉曼光谱的应用领域。

　　激光拉曼光谱仪由激光光源、外光路系统、样品池、单色器、检测器等部分组成(图 附.15)。激光光源发出的激光通过外光路系统进行聚焦，汇聚到样品表

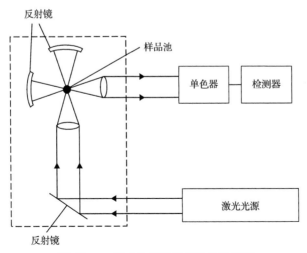

图 附.15　激光拉曼光谱仪结构示意图

面上。激发的拉曼散射信号被单色器进行增强，然后由光电倍增管作为检测器进行收集和输出。通过分析散射光的频率相对于入射光的位移，可以得到拉曼光谱。拉曼光谱中的每个峰对应于一种特定的分子键振动，因此可以用于快速确定材料类型。峰的强度还可以反映不同组分的浓度、结晶度、分子取向以及应力等信息。具体的原理在实验 36 中有较为详细的描述。

三、激光拉曼光谱的使用规范

以英国雷尼绍公司的 inVia 共焦显微拉曼光谱仪为例。

1）开机步骤

- 依次开启设备：主机电源、显微镜、计算机，然后启动仪器工作软件。
- 等待自检完成后，开启激光器预热，建议预热时间约为 15 min。

2）硅片测试

- 将硅片放置于显微镜下进行聚焦。
- 使用 50 倍物镜、1 s 曝光时间、100%激光功率采集谱线。
- 使用 "Curve fit" 命令检查峰位是否在 $(520.5 \pm 0.2)\,cm^{-1}$ 范围内。如超出范围，使用 "Off set" 进行峰位校准。

3）样品测试

- 取下硅片，将待测样品载玻片置于显微镜下聚焦。
- 设置测试参数进行谱线采集，并保存测试结果。

4）关机步骤

- 测试完成后，依次关闭激光器、测试软件、计算机、显微镜，最后关闭主机电源。

注意事项：

(1) 在测试前，激光器需预热约 15 min，以确保其使用寿命。

(2) 严禁用力触碰或撞击仪器及其平台，以免影响光路和造成损坏。

(3) 在测试过程中，激光功率和曝光时间应根据样品特性进行调整。

对于固体或液体等不易分解的样品，可采用较高功率和较长曝光时间。对于生物样品，建议选择较低功率和较短曝光时间进行激发。对于易光解的样品，除了降低激光功率和曝光时间外，还可采用分段扫描方法来减少光解影响。

参 考 文 献

Lewis I R, Edwards H, 2001. Handbook of Raman Spectroscopy: From the Research Laboratory to the Process Line[M]. New York: CRC Press.

Smith E, Dent G, 2019. Modern Raman Spectroscopy: A Practical Approach[M]. West Sussex: John Wiley & Sons.

附录 8　紫外-可见吸收光谱

一、紫外-可见吸收光谱简介

紫外-可见吸收光谱(UV-visible absorption spectrum, UV-vis)法是一种用于分析化合物的测试技术，利用电子在不同能级之间跃迁时所吸收的光谱信息。这一方法覆盖了波长范围，包括近紫外光区(200～380 nm)和可见光区(380～780 nm)。紫外-可见吸收光谱可用于对无机和有机物质进行定性和定量分析，其操作简便，且具有高度的灵敏度。因此，这一技术在化学、生物学、医学以及材料科学等领域广泛应用。

二、紫外-可见吸收光谱的原理

1. 紫外-可见吸收光谱的产生

电子在分子中处于不同的能级轨道。当外界辐射提供的能量与电子当前能级与更高能级之间的能量差相等时，电子会从较低能级跃迁至较高能级。通常情况下，电子进行能级跃迁所需能量约为 1～20 eV，对应的光波长为 1230～62 nm，可通过式(附.6)计算得到。紫外-可见光的波长范围在 200～800 nm 之间，提供的能量足以触发分子内的价电子进行能级跃迁。

$$\Delta E = h\nu = h\frac{c}{\lambda} \tag{附.6}$$

2. 有机化合物分子的电子跃迁和吸收光谱

根据分子轨道理论，有机化合物中的价电子轨道可分为形成单键的 σ 电子、形成双键的 π 电子以及未成键的 n 电子。当这些价电子吸收光波辐射后，处于低能级的电子会跃迁至更高能级的反键轨道。图 附.16 展示了有机化合物中的六种主要跃迁形式：σ→π*、π→σ*、σ→σ*、n→σ*、π→π*、n→π*。

其中，σ→π*、π→σ*、σ*→σ*跃迁所需能量较高，吸收光谱位于远紫外区，因此相关研究相对较少。在含有 n 电子杂原子的饱和化合物中可以发生 n→σ 跃迁，其吸收波长在 150～250 nm 之间，大部分位于远紫外区。

而 π→π*和 n→π*跃迁所产生的吸收光谱主要位于近紫外和可见光区，提供了紫外-可见光谱的主要信息。通过吸收波长，可以推测有机化合物分子中某些官能团的存在。具体而言，π→π*跃迁主要出现在含有不饱和键的有机分子中，而 n→π*跃迁则多发生在含有杂原子的双键有机化合物中。

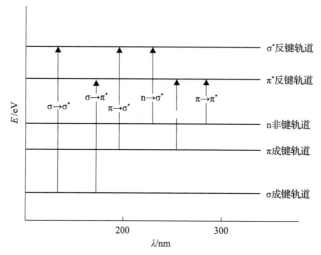

图 附.16 有机化合物分子中电子跃迁示意图

3. 无机化合物分子的电子跃迁和吸收光谱

无机化合物的吸收光谱主要涉及电荷转移跃迁和配位场跃迁。电荷转移跃迁指的是分子在受到外部辐射时，其中电子供体部分的电子转移到电子受体部分。典型情况下，配位化合物中的中心离子扮演电子受体的角色，而配体则是电子供体。配位场跃迁分为 d-d 跃迁和 f-f 跃迁。d-d 跃迁指的是在受到配位场影响下，未填满的过渡金属元素的 d 轨道在分裂后形成不同能级的跃迁。f-f 跃迁则是指镧系和锕系元素的 4f 和 5f 电子之间的跃迁。

4. 紫外-可见光谱仪基本构造

传统单光束紫外-可见光谱仪的基本构造如图 附.17 所示，由光源、单色器、吸收池、光电倍增管和数据处理系统组成。测试过程中，光源发出的光束经单色器转化为单波长光束，然后穿过吸收池进行吸光度的测定。光源的作用是提供连续的辐射光束，需要具有良好的稳定性和较长的使用寿命。可见光区所使用的光源为热辐射光源，如钨灯和卤钨灯，紫外区使用气体放电光源，如氢灯和氘灯。单色器可以使光源发出的光束转化为单波长的光束，其内部的色散原件可以将复合光分解为连续的单色光。通过转动色散原件，可以使不同波长的单色光通过出

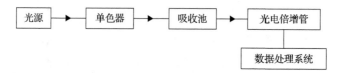

图 附.17 紫外-可见光谱仪的基本构造

口狭缝射出。在单色光透过吸收池后可以被光电倍增管检测到并转化为电信号，经过数据处理系统处理后呈现出样品的紫外-可见吸收光谱。

三、紫外-可见吸收光谱仪的使用规范

1. 制样

当制备可溶样品或液体样品时，首先需选择适合的溶剂将样品溶解或稀释。小心地将样品溶液转移至比色皿，轻轻捏住比色皿的毛面，确保液面达到比色皿高度的 2/3 即可。

对于粉末样品的制备方法：

(1)在玛瑙研钵中将样品研磨至没有明显颗粒感。

(2)在样品槽中加入适量硫酸钡，使用玻璃柱将其压实至表面平整，得到标准白板。

(3)取少量样品置于标准白板的中心位置，使用玻璃柱将其压实，得到样品板。

2. 样品测试

以日本岛津公司生产的 UV-3600 型紫外分光光度计为例。

(1)打开仪器电源开关，预热 20 min。进入软件，点击"连接"，待所有结果为绿色后则自检通过。

(2)在样品室参比和检测光路处同时放入空白样(空白溶液或标准白板)。

(3)点击"编辑"菜单中的"方法"按钮，在"测定"选项中设置测试波长范围、扫描速率等参数。

(4)点击"基线"按钮，进行基线校正。

(5)将检测光路处的空白样品换成待测样品，点击开始进行测试。测试完成后保存数据。

(6)实验完成后，打开样品室，取出样品，关闭样品室后点击"断开"按钮，先关闭软件，再关闭仪器。

注意事项：

(1)当液体样品使用比色皿进行测试时，切勿用手触碰比色皿光亮面，并且光亮面应使用擦镜纸进行擦拭。

(2)当更改测试参数后必须重新进行基线校正操作。

(3)打开样品室门时动作应轻缓，避免猛力碰撞，在测试过程中切勿打开样品室。

(4)固体粉末样品测试时需要仪器配置积分球装置。

参 考 文 献

黄凌凌, 胡蕊, 2023. 样品的常规仪器分析——电位分析法、紫外-可见吸收光谱法[M]. 北京: 化学工业出版社.

周向葛, 徐开来, 等, 2022. 波谱解析[M]. 2 版. 北京: 化学工业出版社.

附录 9　核磁共振波谱

一、核磁共振波谱技术简介

核磁共振波谱(nuclear magnetic resonance spectroscopy, NMR)与紫外和红外吸收光谱类似,都是利用微观粒子吸收电磁波能量后发生跃迁所产生的吸收信号。不同之处在于核磁共振波谱所使用的电磁波具有波长很长、频率在兆赫级别。这种低能量的电磁波不会引起分子的振动、转动或电子能级的跃迁,而是与处于强磁场中的磁性原子核相互作用。在核磁共振波谱中,这种电磁波与原子核在磁场中的相互作用会引起原子核磁能级的共振跃迁,进而产生特定的吸收信号。这些原子核对电磁波的吸收谱被称为核磁共振波谱,可用于确定分子中某些原子的类型、数目和位置。

二、核磁共振波谱技术的原理

1. 核磁共振现象的产生

原子核类似于电子,都具有自旋运动,并且其运动状态可以用自旋量子数 I 进行描述。自旋量子数与原子核的质量数和原子序数相关,如表 附.1 所示。当质量数和原子序数中有一个是奇数时,原子核的自旋量子数不为零,显示自旋现象。对于质量数和原子序数均为偶数的原子核,其自旋量子数为零,没有自旋现象,因此不会产生核磁共振吸收。原子核的自旋运动类似于宏观物体的运动,同样能够产生角动量。自旋角动量 P 与自旋量子数 I 之间的关系如式(附.7)所示。

$$P = \frac{h}{2\pi}\sqrt{I(I+1)} \tag{附.7}$$

式中, h 为普朗克常量。

表 附.1　各种原子核的自旋量子数

质量数	原子序数	自旋量子数 I	实例
偶数	偶数	0	^{12}C、^{16}O、^{32}S 等
奇数	奇数或偶数	1/2	^{1}H、^{13}C、^{15}N、^{19}F 等
奇数	奇数或偶数	3/2, 5/2, …	^{11}B、^{17}O、^{33}S 等
偶数	奇数	1, 2, 3, …	^{2}H、^{10}B、^{14}N 等

原子核带有正电荷,因此在自旋运动时可以视作带电的线圈,产生磁场。这导致原子核在自旋运动时会生成核磁矩 μ。磁矩与自旋角动量之间的比值称为磁

旋比 γ，是原子核的一个基本属性。不同原子核的磁旋比各不相同。数值越大，表示原子核的磁性越强，也更容易在核磁共振实验中被检测到。

当原子核的自旋量子数不为零且处于均匀外磁场 B 中时，原子核将围绕磁场方向做旋转运动，这种运动被称为进动。以 $I=1/2$ 的氢核为例，它在磁场中有两种取向。当核的磁矩与外磁场方向相同时，能量较低，进动方向为逆时针；当核的磁矩与外磁场方向相反时，能量较高，进动方向为顺时针。这两种状态构成了氢核的两个能级。当外部电磁波提供的能量恰好等于两个能级之间的能量差时，原子核就会吸收能量并发生能级跃迁，这种现象即为核磁共振。

2. 核磁共振波谱仪的基本构造

核磁共振波谱仪如图 附.18 所示，由多个关键组件构成，包括磁体、射频振荡器、射频接收器、扫场线圈和记录仪等。磁体是其基础组成部分，能够提供高强度且均匀稳定的外磁场。目前常用的是超导磁体，即由超导材料构成的线圈，能够产生高强度的磁场，适用于高频波谱仪。为维持超导磁体的超导性，需要使用液氦来保持低温环境。射频振荡器的功能是产生一个与外磁场频率匹配的电磁辐射信号，激发原子核的能级跃迁。射频接收器则接收携带核磁共振信号的射频输出，其感应线圈能够探测到原子核进行能级跃迁时的信号变化。扫场线圈可以微调外磁场，使仪器能够扫描所有可能产生共振的区域。

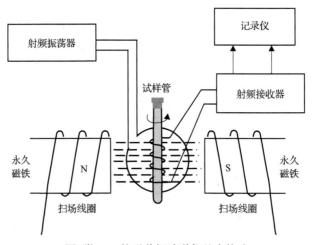

图 附.18　核磁共振波谱仪基本构造

三、核磁共振波谱仪的使用规范

1. 制样

(1) 一般使用 5 mm 标准样品管，样品纯度应大于 95%。氢谱测试所需样品量应多于 5 mg，碳谱测试应多于 15 mg。

(2)溶解样品需要选择适当的氘代试剂。常用的氘代试剂有氯仿、重水、DMSO 等。在使用氘代试剂前，应对其进行除水处理，并添加少量基准物质(如四甲基硅烷)。

(3)将完全溶解的样品倒入样品管中，液面高度大约为 3 cm，并严密封闭样品管。

2. 样品测试

以德国布鲁克公司的 AVANCEⅢ 500 核磁共振仪为例。

(1)依次打开空压机、电脑、Tospin 软件、机柜总电源、机柜内 AQS、BSMS 键盘和 BLAX 功放。

(2)把自动进样器放入磁体上，慢慢旋转直到完好契合，打开进样器前面的开关，进样器后面的灯变绿即装好。

(3)键入"cf"命令，检查谱仪配置并连接谱仪。键入"edhead"命令，选择正确的探头。键入"rsh"命令，选择 read 按钮，读入当前探头最近文件。打开控温：键入"edte"命令，在 probe heater 选项选 on 按钮，一般 Target temp 为 298.0 K 左右，绿色表示温度已稳定。输入"atma"命令，开机第一次 atma 时间会稍微变长。

(4)键入"ej"，当吹出气流时取出原样品以及装好待测样品，再键入"ij"，关闭气流把待测样品放入磁体。

(5)键入"edc"命令，建立新文件。Name：样品名；expno：实验号；user：操作者名字；solvent：选择相应的溶剂；Title：写入其他信息。键入"edhead"命令，选择试验所用的探头。键入"rpar"命令，读标准参数。键入"lockdisp"命令，显示锁场界面。键入"tospin"命令进行自动匀场。键入"getprosol"命令，自动设置频率参数。键入"atmm"命令，进行手动调探头。键入"rga"命令，自动调节接收机增益。

(6)键入"zg"命令或按开始按钮，即开始自动采样。

(7)实验结束后，依次关闭 Topspin 软件、机柜内 BLAX 功放、BSMS 键盘、AQS、电脑、机柜总电源和空压机。

注意事项：

(1)进入核磁共振室时，不应携带铁磁性物品，以防对磁场产生干扰。

(2)测试样品中不应含有磁性物质，同时样品管的外表面应该保持清洁，使用前要检查样品管是否有破损。

参 考 文 献

王乐, 2021. 基础核磁共振波谱实验及应用实例[M]. 哈尔滨: 哈尔滨工业大学出版社.

约瑟夫 B. 兰伯特, 尤金 P. 马佐拉, 克拉克 D. 里奇, 2021. 核磁共振波谱学: 原理、应用和实验方法导论[M]. 向俊锋, 周秋菊, 等译. 北京: 化学工业出版社.

附录10 质谱分析法

一、质谱分析法简介

质谱(mass spectrometry, MS)是一种化合物分析技术,通过将化合物离子化并根据其质荷比(m/z)的不同进行测定,从而分析物质的成分和结构。它将化合物击碎成离子或离子碎片,然后通过测定它们的质量与电荷比,提供了对分子的准确结构和组成的分析。作为研究有机化合物分子结构的重要方法之一,质谱技术能够准确测定有机物的分子量,并提供碎片信息用于结构分析。近年来,随着技术的不断进步,质谱与其他分析测试手段联用,例如气/液相色谱-质谱联用,扩展了质谱技术的应用范围,在生命科学、有机合成、环境化学等领域发挥着重要作用。

二、质谱仪的工作原理

质谱仪的基本构造如图 附.19 所示,由进样系统、离子源、质量分析器、离子接收器、信号放大记录系统和真空系统组成。在测试过程中,样品由进样口进入电离室,被一束高能电子束轰击,从而使样品分子发生电离。首先是样品分子的价电子被击出,形成带正电荷的分子离子,同时分子离子还可以继续反应形成碎片离子,碎片离子也可以进一步形成更小的碎片离子。

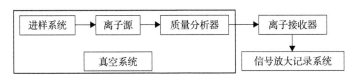

图 附.19 质谱仪的基本构造

在质谱仪中,离子源设置了一个几千伏的加速区,离子在此被加速到一定速度。通过磁场区的作用,离子在垂直于磁场方向的磁场中开始进行圆周运动,受洛伦兹力的作用。这个过程使离子能够以合适的速度到达质量分析器的出口,并被检测。控制着加速电压和离子圆周运动半径,连续扫描磁场,从而允许不同质量-电荷比的离子依次通过狭缝,形成质谱图。

质谱中的离子类型包括分子离子、准分子离子、多电荷离子、碎片离子和同位素离子。分子离子是有机物失去一个电子后形成的正离子,其质量即是化合物的分子量。准分子离子是通过软电离技术生成的质子或其他阳离子的加合物,例如 $[M+H]^+$、$[M+Na]^+$、$[M+K]^+$ 等。含有多个极性官能团的分子可能在离子化过程中失去两个或多个电子形成多电荷离子,如 π 电子的芳烃、杂环或高度不饱和的化合物。碎片离子是分子离子碎裂的产物,有时可能会进一步分裂成更小的离子。

同位素峰则对应重同位素形成的峰。通过对质谱图中质量-电荷比及其对应丰度的分析,可以获取化合物分子结构、浓度等相关信息。

三、质谱仪的使用规范

1. 进样方式

1)直接进样

探头进样:用进样杆将单组分、低挥发性的液体或固体样品在高真空条件下送入离子源,加热气化并进行离子化。

储罐进样:对低沸点样品,将其气化后通过加热气罐的分子漏孔导入离子源。

2)色谱联用进样

对于复杂多组分的样品,先通过色谱仪将混合物分离为单一组分,然后导入质谱仪进行分析。

2. 样品测试

以美国 Waters 公司的高分辨率四极杆飞行时间质谱仪 Xevo G2 Q-TOF 为例。

(1)打开相关设备电源,确认氮气发生器和氩气压力为标准范围。

(2)打开质谱电源、epc 电源,等待 5 min 左右。

(3)打开 Masslynx 软件,完成自检后打开 MS Console 窗口,选中/Xevo G2 Q-TOF/Intellistart,点击 operate 图标。

(4)打开 MS tune 窗口,在 Inlet Method 编辑液相方法并保存,平衡液相系统。设置质谱参数并编辑质谱方法。

(5)在 Masslynx 的主界面上编辑进样序列,点击进样按钮开始进样。

(6)测试结束后,在 MS tune 窗口点击 Vacuum/Vent,选择 yes 以关闭真空。逐步关闭软件、计算机、电源和氩气减压阀。

注意事项:

(1)确保仪器真空度满足要求,避免损坏分子泵或灯丝。

(2)使用 HPLC 级或等级的流动相,非 HPLC 级的试剂或溶液需通过 0.45 μm 薄膜过滤。

(3)流动相使用前须经过超声仪超声脱气。

参 考 文 献

盛龙生, 2018. 有机质谱法及其应用[M]. 北京: 化学工业出版社.

台湾质谱学会, 2019. 质谱分析技术原理与应用[M]. 北京: 科学出版社.

附录 11　热分析技术

一、热分析技术简介

物质的物理或化学状态变化时，伴随着热焓、比热、导热系数等热力学性质的变化。热分析技术以程序控制温度，测定材料热力学性能变化，研究其物理或化学过程的方法。主要技术包括热重分析(thermogravimetric analysis, TGA)、差示扫描量热分析(differential scanning calorimetry, DSC)、差热分析(differential thermal analysis, DTA)和热机械分析(thermomechanical analysis, TMA)。热重分析常与其他方法联用，如 TGA-DSC，能同时提供材料质量变化和热效应信息。

二、热分析技术的原理

1. 热重分析

热重分析是在控制温度下测量材料质量随温度或时间的变化的技术。它主要研究在惰性气氛、空气或氧气中材料的热稳定性、热分解作用和氧化降解等化学变化，以及包括所有质量变化的物理过程。通过以温度 T 或时间 t 为横坐标，样品质量分数 w 为纵坐标绘制热重曲线。热重曲线对温度或时间的一阶导数 dw/dT 或 dw/dt 称为微分热重曲线。图 附.20 展示了 Ru@Super P 材料在氧气中的热重曲线和微分热重曲线。从热重曲线可以获得 Ru 的载量，根据微分热重曲线中峰的数量和位置可判断不同反应阶段及其对应的质量变化。

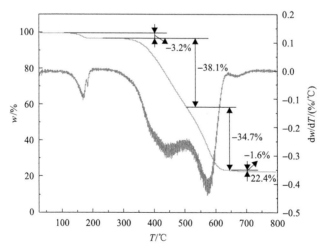

图 附.20　Ru@Super P 材料在氧气中的热重曲线和微分热重曲线

在热重分析中，所使用的设备称为热重分析仪，通常包括温度控制系统、检测系统以及记录系统。如图 附.21 所示，将待测样品放入能耐高温的坩埚中，随后将参考坩埚和含有待测样品的坩埚分别放置在高灵敏度和精准度的天平支架上。在测试过程中，这些坩埚会位于一个可程序控制温度的高温加热炉中。当待测物质随着温度变化而产生质量变化时，这些变化将被天平检测并由记录系统记录。

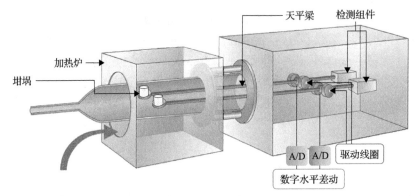

图 附.21　热重分析仪的结构示意图

2. 差示扫描量热分析

差示扫描量热分析是一种在程序控制下测量样品和参比物热流量差或功率差随温度或时间变化的技术。该技术主要涵盖热流式差示扫描量热法和功率补偿式差示扫描量热法。它可用于测量多种热力学和动力学参数，例如熔点、沸点、结晶温度、反应热和玻璃化转变。通过将温度 T 或时间 t 作为横坐标，样品吸热或放热速率(热流率)dH/dt 作为纵坐标制成差示扫描量热曲线；吸热峰向下，放热峰向上。

图 附.22 展示了两种差示扫描量热分析仪的工作原理。热流式差示扫描量热法中，样品与参比物置于一热流板下方，程序控制的加热块加热热流板，传递热量均匀地加热样品和参比物。在样品和参比物相同功率的条件下，测定其两端的

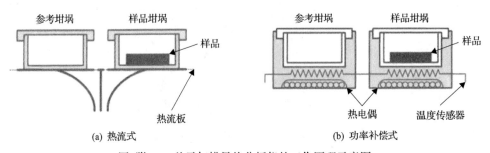

(a) 热流式　　　　　　　　　　　　(b) 功率补偿式

图 附.22　差示扫描量热分析仪的工作原理示意图

温差 ΔT，并根据热流方程将温差转换为热量差作为输出信号。功率补偿式差示扫描量热法中，保持样品和参比物在相同温度下，测定满足此条件所需的能量差 ΔQ，直接作为输出信号。当样品发生热效应时，其温度与参比物产生差异，差示热电偶产生温差电势，经差热放大器放大后送入功率补偿放大器，调节补偿加热丝的电流，改变样品与参比物的温度，使其温差 ΔT 趋于零，即样品与参比物始终维持相同温度。

3. 差热分析

差热分析是一种在程序控制下测量样品与参比物温度差随环境温度变化的技术，主要用于测定材料在热反应中的特征温度以及吸热或放热的热量。通过以温度为横坐标，样品与参比物的温差 ΔT 为纵坐标绘制差热曲线，不同的吸热峰和放热峰代表样品在不同的热转变状态。

如图 附.23 所示，差热分析装置主要由温度程序控制系统、差热放大系统和记录系统组成。在该装置中，待测样品和参比物置于相同的热条件下进行加热或冷却。在特定温度下，样品会发生物理或化学反应引起热效应的变化，而参比物在整个加热过程中都不发生热效应。记录系统记录两者之间的温度差，并将其作为输出信号。

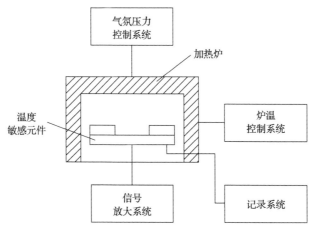

图 附.23　差热分析仪的结构示意图

4. 热机械分析

热机械分析是一种测量样品在恒定较小负载下随温度升高而发生形变的方法，采用一定的加热速率对样品进行加热，以记录样品温度和形变曲线。这项技术包括热膨胀法、静态热机械分析法和动态热机械分析法，主要用于材料的力学性能测定、玻璃化转变、熔化测试、弹性体非线性特性表征、树脂基复合材料固化工艺等领域。如图 附.24 所示，热机械分析仪通常由探头、加荷装置、加热装置、制冷装置、形变测量装置、记录装置以及温度程序控制装置等部件组成。探头包括悬臂梁和螺旋弹簧支撑，通过马达施加荷载于样品上。当样品长度(即样品管和探头的相对位置)发生变化时，差动变压器检测到这种变化，随后将温度、应力和应变等数据发送至中央处理机，通过热机械分析工作站进行数据分析。

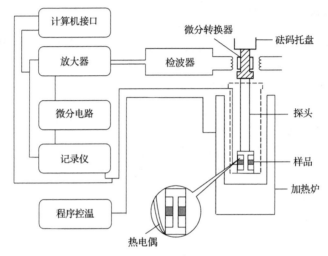

图 附.24　热机械分析仪的结构示意图

三、热分析技术的使用规范

以美国 TA Instruments 公司的 SDT Q600 差热-热重联用仪为例。

(1)打开气瓶，并调整出口压力至约 0.14 MPa。

(2)启动仪器电源，在仪器自检完成后，启动测试软件。

(3)点击"Control-Furnace-Open"打开炉子，然后在两个天平支座上放置空的坩埚；点击"Control-Furnace-Close"关闭炉子。点击"Take"进行坩埚质量测量，并将质量记录为偏移。

(4)再次打开炉子，取下外侧支座上的坩埚，加入待测样品后放回支座，并关闭炉子。

(5)逐一设置测试参数，并选择数据保存路径。

(6)点击"Start"开始进行测试。

(7)测试完成后，等待炉温降至50℃以下，打开炉子，取出坩埚后关闭炉子。点击"Control-Shutdown Instrument-Start"。

(8)依次关闭软件、计算机、仪器和气瓶。

注意事项：

(1)不得使用具有腐蚀性、毒性挥发物或卤素(Cl_2、F_2、Br_2)以及酸碱性较强的样品进行测试。

(2)通常测试时样品的用量约为 10 mg 或坩埚容积的 1/3。

(3)加样品时务必取下坩埚，以避免粉末洒落。

(4)测试完成后，请确保炉温降至 50℃以下才可开启。

参 考 文 献

丁延伟, 2022. 热重分析——方法·实验方案设计·曲线解析[M]. 北京: 化学工业出版社.

王玉枝, 周毅刚, 2008. 分析技术基础[M]. 北京: 中国纺织出版社.

附录 12　风光互补发电技术

一、风光互补发电技术简介

风光互补发电技术是利用太阳能电池方阵和风力发电机共同供电的技术。由于风能和光照资源都呈现间断性和不稳定性，传统的太阳能发电和风能发电都面临着能量转化率较低的问题。然而，中国的风能和光照资源在地理分布上存在相当一致性，且具有强烈的时间互补性。因此，在风能和光照资源丰富的地区建立风光互补发电系统，可以显著降低发电成本。

二、风光互补发电系统的工作原理

1. 风光互补发电系统的组成部分

风光互补发电系统的电力来源于两个部分，分别是太阳能电池利用光生伏打效应将太阳辐射转化为电能，以及风轮通过转动将风能转化为机械能，随后经由发电机将机械能转化为电能。如图 附.25 所示，系统包括太阳能电池阵列、风力发电机系统、控制器、蓄电池组、直流/交流逆变器等组成部分。

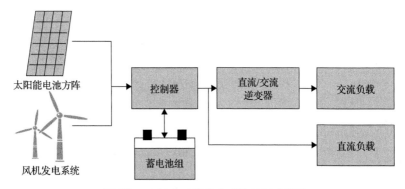

图 附.25　风光互补发电系统的组成部分

(1)太阳能电池方阵：太阳能电池组件是太阳能供电系统的核心组成部分，也是其价值最高的元素。其主要功能是将太阳辐射能转换为电能，用于驱动工作负载或存储到蓄电池中。该组件的质量和成本直接影响着整个系统的品质和性能。

(2)风机发电系统：风力发电机组是将风能转换为电能的设备。它主要由风轮、机舱和塔筒三部分组成。风轮是其中最关键的部件，负责捕获风能。其工作原理是通过桨叶具有良好的空气动力学外形，在气流作用下产生的空气动力推动风轮旋转，进而将风能转换为机械能。

(3)控制器：风光互补控制器是专门为风能和太阳能发电系统设计的智能控制

器。它的作用是整合风能和太阳能的控制功能，充分利用两种资源进行电力供应，有效避免单一能源可能导致的电力不足或不平衡问题。控制器不仅高效转化风力发电机和太阳能电池板产生的电能，还对蓄电池进行充电，同时具备强大的控制功能。通过对蓄电池组的状态进行调节，控制器能够提高风光互补发电系统的稳定性。在温差较大的地区，合格的控制器还应具备温度补偿功能。

(4)蓄电池组：一般采用铅酸电池，主要作用是将太阳能电池组件和风机发电所产生的电能存储起来，待需要时再释放出来。

(5)逆变器：太阳能直接输出电压通常是 12 V、24 V 和 48 V 的直流电。风机发电输出的电压波动较大，一般为 13～25 V 的交流电。逆变器的作用是将发电系统输出的直流电转换为稳定的直流电。对于需要提供 220 V 交流电的电器，需要将直流电能转换为交流电能。实现这个转换的装置就是直流/交流(DC/AC)逆变器。

2. 控制柜基本认知

1)监控与显示模块

监控模块主要包括触摸屏控制单元、总控制开关、单元控制开关、指示灯、温湿度表、风速表和电池电压监控等几个部分。

2)发电控制模块

发电控制模块包括风光发电控制器、最大功率点跟踪(MPPT)控制器、电流表、电压表、控制开关和接线端子。

风光发电控制器：这种控制器与普通的工业光伏控制器有所不同。普通工业用控制器的自动化程度较高，无法对内部工作方法进行调节。而这种控制器是开放型的，可以自由调节内部参数和进行控制与测量，因此学生可通过 MPPT 控制屏对控制器内部参数进行设置与更改，从而实现对系统工作的认知性实习。

MPPT 控制器：这种控制器是用于控制风光发电控制器的内部参数，学生通过它可以选择光伏控制和负载控制等多种模式，并进行脉冲宽度调制(PWM)占空比调节、最大功率点跟踪、输出电压调节等操作。

在实验室模拟装置中，风光发电控制器与 MPPT 控制器集成在一起。

3)发电逆变模块

发电逆变模块主要包括发电逆变器、电流表、电压表、多功能谐波表、控制开关和接线端子。

4)发电负载模块

发电负载模块主要由交流负载和直流负载组成，通过接入负载到风光发电系统，能够展示整个系统的工作状态。

3. 太阳能电池板的最大输出功率

太阳能电池板通常由一个或一个以上电池封装和连接而成。它们具有各种不同的电压和电流范围，但通常产生的功率在 50～300 W 之间。太阳能电池和电池板共享许多需要进行测试的参数，如 V_{oc}、I_{sc} 和最大功率点功率 P_{m}。

(1) 短路电流 (I_{sc})：在给定温度日照条件下所能输出的电流。

(2) 开路电压 (V_{oc})：在给定温度日照条件下所能输出的电压。

(3) 最大功率点电流 (I_{m})：在给定温度日照条件下最大功率点上的电流。

(4) 最大功率点电压 (V_{m})：在给定温度日照条件下最大功率点上的电压。

(5) 最大功率点功率 (P_{m})：在给定温度日照下所能输出的最大功率，$P_{m} = I_{m} \cdot V_{m}$。

太阳能电池在不同日照强度和环境温度下的端电压和输出功率都会发生变化，使得太阳能电池自身成为一种不稳定的电源。在这种情况下，寻找出在当前环境条件下太阳能电池板的最大输出功率是非常重要的，以提高整个系统的效率（图 附.26）。

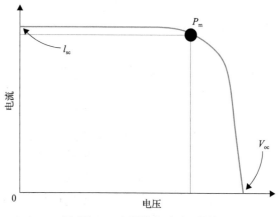

图 附.26 太阳能电池 I-V 曲线

为了在相同的日照强度和环境温度下获取最大的电能输出，我们需要跟踪太阳能电池板的最大功率点。这个过程实际上是一个自适应的过程。通过控制电池板的特定参数或 DC/DC 变换器开关管的开通时间，我们可以让电池板在不同的日照和温度环境下智能地输出最大功率。其原理如图 附.27 所示。

4. DC/DC 转换电路的工作原理

直流/直流变换器，又称为 DC/DC 转换器，通过调节控制开关，将一种持续的直流电压变换为另一种（固定或可调的）直流电压。DC/DC 转换电路有多种类

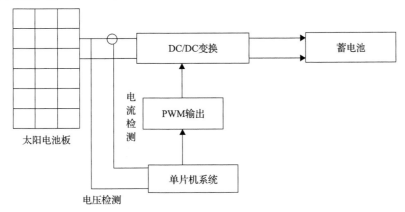

图 附.27　最大功率跟踪原理图

型，根据工作方式不同可分为升压式(Boost)、降压式(Buck)、升降压式(Buck-Boost)、库克式(Cuk)。这里着重介绍升压式和降压式。

1)降压式变换器

图 附.28 所示是一种降压式变换电路，其输出电压平均值 V_o 始终小于输入电压 V_{in}。为了在开关 S 断开时为负载中的电感电流提供通路，电路中加入了续流二极管 D。当开关 S 导通时，电源 V_{in} 向负载供电，电流通过电感 L 的一部分进入电容充电，另一部分流向负载，此时电路输出电压为 V_o。而当开关 S 断开时，电容放电，电流通过续流二极管 D，且二极管两端电压近似为零。电感电流 i_l 是否连续取决于开关频率、滤波电感 L 和电容 C 的数值，通常串联一个较大的电感 L 以保证电流连续。这种变换器适用于太阳能光伏阵列输出电压高而蓄电池电压低的情况，在稳态时输出电压的平均值为

$$:V_o = \frac{t_{on}}{T} \cdot V_{in} = D \cdot V_{in}$$

其中，$D = \dfrac{t_{on}}{t_{on} + t_{off}} = \dfrac{t_{on}}{T}$，$0 < D < 1$，称为占空比。

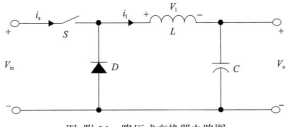

图 附.28　降压式变换器电路图

2)升压式变换器

图 附.29 所示是一种升压式变换电路，当开关 S 导通时，电源的电能流向电感进行储存，电感中的电流增加，二极管截断，电容 C 向负载提供电能，因此 $V_1=V_{in}$。开关 S 截断时，电感中的电流减小，释放能量，由于电感电流无法突变，这产生了感应电动势，该电动势使二极管导通，使得电源与二极管一同供应负载，同时向电容充电，此时 $V_1=V_{in}-V_o$。这样，输出电压大于输入电压。这种变换器适用于蓄电池电压高而太阳能光伏输出电压低的情况。

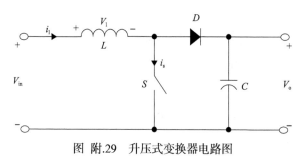

图 附.29　升压式变换器电路图

除此之外，DC/DC 变换器还有阻抗变换器的功能，可以通过阻抗变化来完成寻找最大功率点的过程。

三、风光互补发电系统的使用规范

以上海天威教学实验设备有限公司的风光互补发电综合实训系统为例。

(1)在小电压直流用电器上的应用：

将太阳能和风能发电输入到控制器中整合，然后连接直流风扇到控制器的输出端口。使用电压表测量电压，使用电流表测量电流。透过调节 PWM 占空比，确定直流风扇的最高和最低工作电压。

(2)在大电压交流用电器上的应用：

交流灯光系统需要将直流电能转换为交流电才能运作。

连接方式：将控制器的正极输出连接到逆变器的 12 V 输入正极，将控制器的负极输出连接到逆变器的 12 V 输出负极。将逆变器的 220 V 输出连接到 220 V LED 端口，确保在连接时关闭逆变器的电源开关。将 220 V 交流用电器与逆变器的输出连接。使用电压表测量电压，使用电流表测量电流。

连接完成后，打开逆变器开关，启动光伏和风力发电系统，通过调整用电器类型和电阻的大小，观察电压表和电流表的数值变化。

注意事项：

(1)在实验操作过程中，按照要求连接线路，以防发生短路。

(2)切勿混淆交流和直流电。

(3)务必注意用电器的使用条件。

(4)保持距离风机，以避免发生危险。

参 考 文 献

吴佳梁, 等, 2021. 风光互补与储能系统[M]. 北京: 化学工业出版社.

李春来, 杨小库, 等, 2011. 太阳能与风能发电并网技术[M]. 北京: 中国水利水电出版社.